AI智能办公

ChatGPT+Office+WPS
应用从入门到精通

徐捷　雷鸣◎编著

·北京·

内 容 简 介

7 大专题内容深度讲解、80 多个热门高频的 ChatGPT+Office+WPS 智能办公案例实战！

260 多分钟教学视频、140 多款素材效果文件、110 多页 PPT 教学课件和 7 课电子教案超值赠送！

全书通过理论+实例的形式，分别介绍了ChatGPT新手入门、ChatGPT+ Word文档创作、ChatGPT+Excel表格处理、ChatGPT+VBA代码编写、ChatGPT+PPT文稿生成、ChatGPT+WPS高效办公，以及WPS AI智能办公等内容。

本书内容结构清晰，案例丰富，适合 Office 初、中级用户，以及将 ChatGPT 与 Office、ChatGPT 和 WPS 结合起来高效办公的工作人员，如财务会计人员、人事行政人员、办公文秘等人群，也可作为计算机相关专业的教材。

图书在版编目（CIP）数据

AI智能办公：ChatGPT+Office+WPS应用从入门到精通/徐捷，雷鸣编著. —北京：化学工业出版社，2024.3（2025.1重印）

ISBN 978-7-122-45025-8

Ⅰ. ①A… Ⅱ. ①徐… ②雷… Ⅲ. ①人工智能－应用－办公自动化 Ⅳ. ①TP317.1

中国国家版本馆CIP数据核字（2024）第039299号

责任编辑：吴思璇　李　辰　孙　炜　　封面设计：异一设计

责任校对：李　爽　　装帧设计：盟诺文化

出版发行：化学工业出版社（北京市东城区青年湖南街13号　邮政编码100011）

印　　装：大厂回族自治县聚鑫印刷有限责任公司

710mm×1000mm　1/16　印张13　字数315千字　2025年1月北京第1版第2次印刷

购书咨询：010-64518888　　售后服务：010-64518899

网　　址：http://www.cip.com.cn

凡购买本书，如有缺损质量问题，本社销售中心负责调换。

定　　价：78.00元

前 言

在当今信息化、数字化飞速发展的时代，随着 AI（人工智能）技术的迅猛发展，智能办公已经成为企业和个人提高效率、降低成本的重要手段。为了响应国家科技兴邦、实干兴邦的精神，我们精心策划了这本《AI 智能办公：ChatGPT+Office+WPS 应用从入门到精通》。本书以实用性为宗旨，通过系统的理论学习和实例演练，帮助读者快速提升 AI 智能办公技能，从而适应不断变化的工作环境和需求。

目前，市场上关于 ChatGPT、Office 和 WPS 的智能办公教程多而杂，但大多只涉及单个软件的操作与使用，结合使用的案例较少。本书独辟蹊径，将这 3 个重要的工具完美结合，内容涵盖了从 ChatGPT 新手入门到 WPS AI 智能办公等 7 个专题。通过本书的引导，读者将掌握如何运用 ChatGPT 进行自然语言处理和生成文本、如何利用 Office 进行高效办公，以及如何借助 WPS 实现快速排版和自动化处理等技能。因此，本书完全符合当今市场的需求，具有很高的实用价值。

本书的亮点和优势主要体现在以下几个方面。

1. 系统性：本书内容全面、系统，从理论到实践，逐步引导读者掌握 AI 智能办公的核心技能。

2. 实用性：通过 80 多个实战案例和 570 多张彩插图解，让读者即学即用，快速提升办公效率。

3. 资源多：本书赠送了 7 课电子教案和多达 110 多页的 PPT 教学课件、140 多款素材效果文件、超过 260 分钟的教学视频，以及 10 个 VBA 代码、80 多个指令关键词，为读者提供全方位的学习支持。

4. 价值高：本书介绍了 ChatGPT、Office 及 WPS 这 3 款办公软件，读者花 1 本书的价格，可以同时学习 3 款软件的精华，物超所值。

5. 有实力：笔者拥有丰富的 AI 智能办公实战经验，曾在多个领域取得卓越成果。

综上所述，本书是一本紧扣市场需求、具有实用价值的读物。通过本书的指导，读者将真正领略到AI智能办公的魅力，从而在工作岗位上大展身手，为自己的职业生涯添砖加瓦！

特别提示：本书在编写时，是基于当前的办公软件Microsoft Office 365、WPS Office和ChatGPT 3.5的界面截的实际操作图片，但书从编辑到出版需要一段时间，在此期间，这些软件的功能和界面可能会有变动，请在阅读时，根据书中的思路举一反三，进行学习。还需要注意的是，即使是相同的关键词，AI工具每次生成的回复也会有差别，因此在扫码观看教程视频时，读者应把更多的精力放在指令或关键词的编写和实操步骤上。

本书由徐捷、雷鸣编著，参与编写的人员还有刘华敏等人，在此表示感谢。由于作者知识水平有限，书中难免有疏漏之处，恳请广大读者批评、指正，沟通和交流请联系微信：2633228153。

编著者

2023.11

目 录

第 1 章

AI 办公利器：ChatGPT 新手入门

在现代办公环境中，人工智能（Artificial Intelligence，AI）的角色变得越发重要。ChatGPT 作为一款强大的语言模型，凭借人机交互的系统模式，成为 AI 办公利器，改变着人们工作的方式。对于初次接触的新手，掌握它可能会有些挑战，本章将为大家提供 ChatGPT 的新手入门指南，帮助大家充分发挥这个强大工具的潜力，从而提高工作效率、创造力，并实现更多办公目标。

1.1　初识 ChatGPT

ChatGPT 是一款基于 AI 技术的聊天机器人，它可以模仿人类的语言行为，实现人机之间的自然语言交互。ChatGPT 采用深度学习技术，通过学习和处理大量的语言数据集，具备了自然语言理解和生成能力。ChatGPT 不仅可以自动问答，还可以通过自动化和优化流程来提高办公效率，帮助用户编写年度报告、编写 PPT 目录大纲、检查纠错、分析总结及处理表格数据等。

ChatGPT 的历史可以追溯到 2018 年，当时 OpenAI 公司发布了第一个基于 GPT-1 架构的语言模型。在接下来的几年中，OpenAI 不断改进和升级这个系统，推出了 GPT-2、GPT-3、GPT-3.5 及 GPT-4 等版本，使得它的处理能力和语言生成质量都得到了大幅提升。

用户使用 ChatGPT 的功能是通过访问 ChatGPT 平台来实现的。ChatGPT 平台是 ChatGPT 模型转化为应用程序接口（Application Programming Interface，API）服务的实践，也是 ChatGPT 实现商用的基础。本节将介绍如何访问和登录 ChatGPT 平台，以及 ChatGPT 平台的基本用法。

1.1.1　访问与登录 ChatGPT 平台

扫码看教学视频

ChatGPT 平台需要用户进行注册、登录后才能正式使用。要使用 ChatGPT，用户首先要注册一个 OpenAI 账号。下面简单介绍在 ChatGPT 平台注册与登录账号的方法。

步骤 01 打开 OpenAI 官网，单击页面下方的 Learn more about ChatGPT（了解 ChatGPT 更多详情）按钮，如图 1-1 所示。

图 1-1　单击 Learn more about ChatGPT 按钮

步骤 02 执行操作后，在打开的新页面中单击 Try on web（试用 ChatGPT 网页版）按钮，如图 1-2 所示。

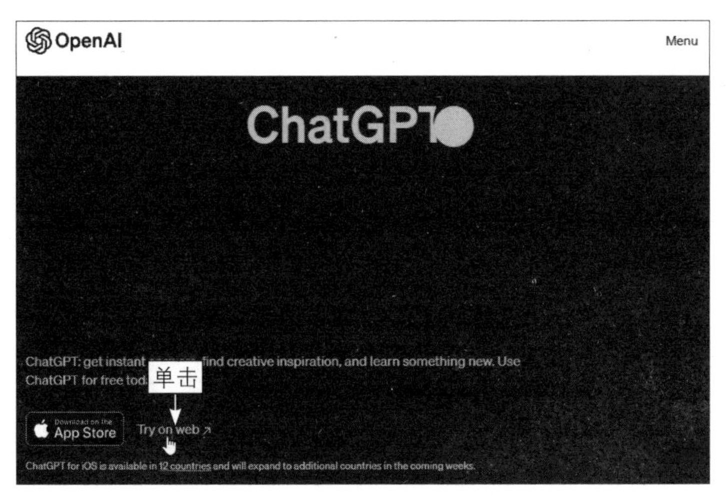

图 1-2　单击 Try on web 按钮

步骤 03 执行操作后，在打开的新页面中单击白色的方框，进行真人验证，如图 1-3 所示。需要注意的是，这个步骤并非每次登录都需要，有时可以直接到登录页面。

步骤 04 执行操作后，进入 ChatGPT 的登录页面，单击 Sign up（注册）按钮，如图 1-4 所示。注意，如果是已经注册了账号的用户，可以直接在此处单击 Log in（登录）按钮，输入相应的邮箱地址和密码，即可登录 ChatGPT。

图 1-3　单击白色的方框

图 1-4　单击 Sign up 按钮

步骤 05 执行操作后，进入 Create your account（创建您的账户）页面，输入相应的邮箱地址，如图 1-5 所示，也可以直接使用微软或谷歌账号进行登录。

步骤 06 单击 Continue（继续）按钮，在新打开的页面中输入相应的密码（至少 8 个字符），如图 1-6 所示。单击 Continue（继续）按钮，邮箱通过后，系统会提示用户输入姓名和进行手机验证，按照要求进行设置即可完成注册，然后就可以使用 ChatGPT 了。

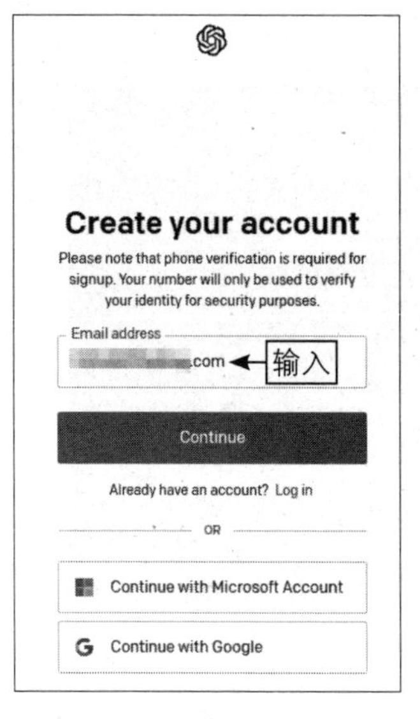

图 1-5　输入相应的邮箱地址

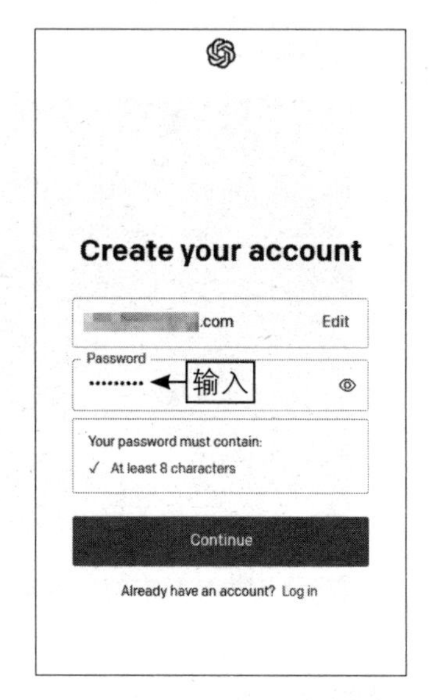

图 1-6　输入相应的密码

1.1.2　ChatGPT 的界面布局与功能

ChatGPT 平台有 Free Plan（免费计划）免费版本和 Upgrade to Plus（升级至 Plus）付费版本两种使用环境。

目前，ChatGPT 平台的免费版本仍可以使用户无须付费就能使用。登录 ChatGPT 平台之后，可以看到 ChatGPT 平台的主页面，如图 1-7 所示。用户与 ChatGPT 进行对话，通过其平台页面的对话框来实现。

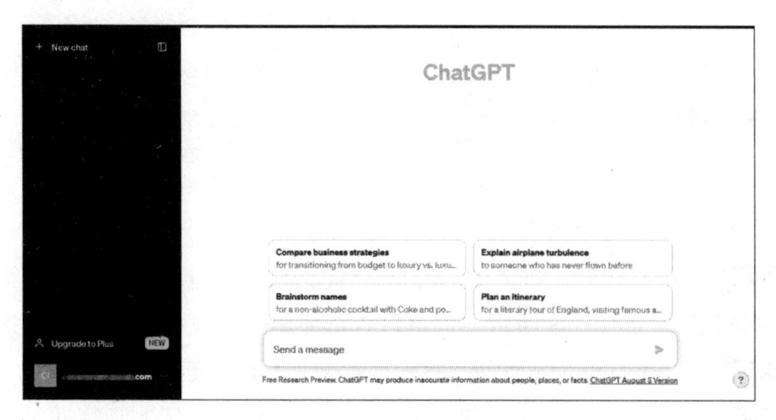

图 1-7　ChatGPT 平台的主页面

在 ChatGPT 平台的主页面中，用户可以看到 ChatGPT 的官方介绍和基本的功能按钮，按照从左往右、从上至下的顺序介绍如下。

（1）New chat（新的对话）按钮：用户可以通过单击该按钮，建立新的对话，类似于开启一个新的话题。用户在第一次使用时，无须单击该按钮，系统会自动建立对话记录，如图 1-8 所示。

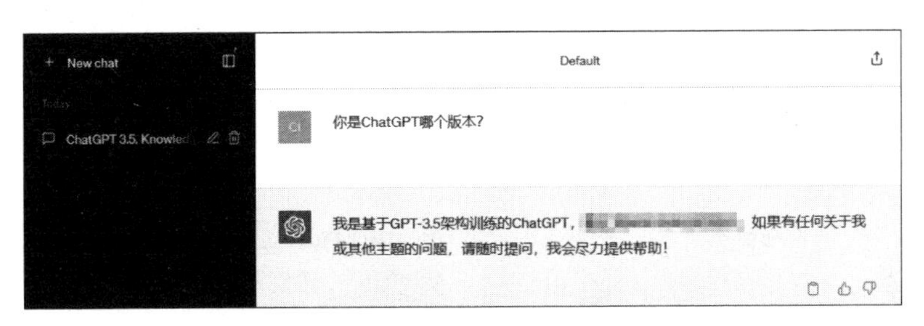

图 1-8　系统自动建立对话记录

（2）按钮：将鼠标指针定位至该按钮上，会出现 Close sidebar（关闭侧边栏）字样，在侧边栏中会显示历史聊天窗口列表，单击按钮，即可全屏显示单个聊天窗口，将聊天窗口列表隐藏起来，如图 1-9 所示，再次单击按钮即可展开侧边栏。

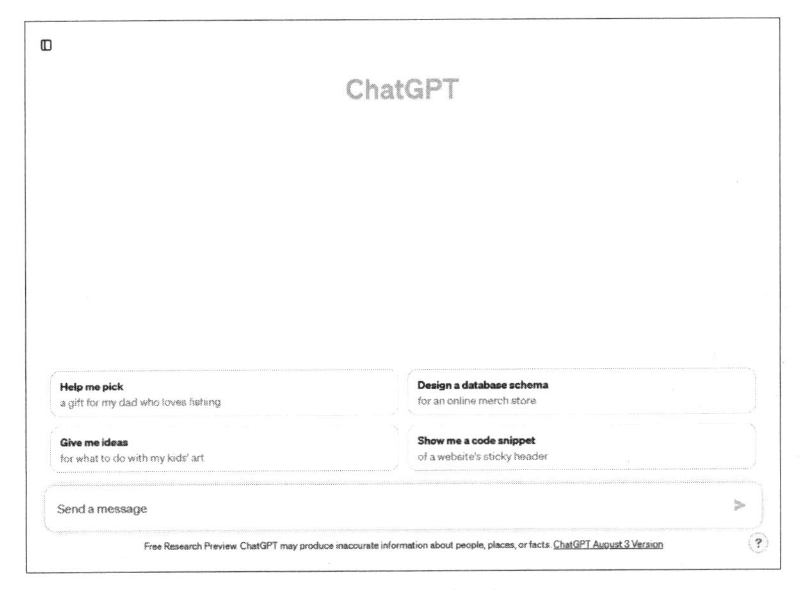

图 1-9　全屏显示聊天窗口

（3）Upgrade to Plus（升级到 Plus）按钮：用户单击该按钮可以升级 ChatGPT 的版本，享受更多的服务，升级后的 ChatGPT 有以下优势。

• 在 ChatGPT 的高峰使用时期可以仍然能够稳定地使用。

• ChatGPT 的文本生成速度将更快。

• 使用户优先体验新增的功能。

用户若是想要将 ChatGPT 的免费版本升级为 Plus 版本，可以先单击 Upgrade to Plus 按钮，然后在弹出的对话框中单击 Upgrade to Plus 按钮，如图 1-10 所示，接着按照要求填写付款信息，最后单击 Continue（继续）按钮，便可以完成 ChatGPT 升级，进入 ChatGPT Plus 模式。

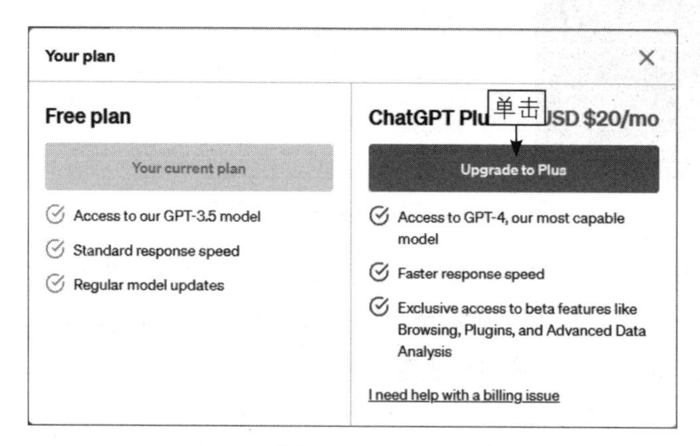

图 1-10　单击 Upgrade to Plus 按钮

（4）……按钮：表示用户的账户信息。用户单击按钮，可以在弹出的列表框中进行更多的操作，如图 1-11 所示。

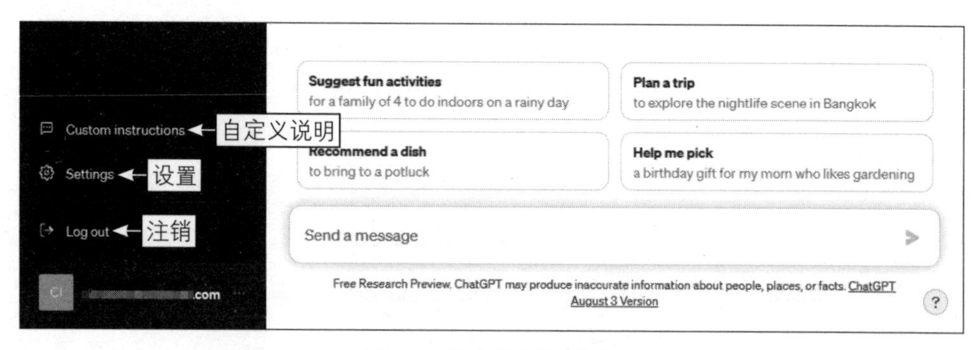

图 1-11　弹出相应的列表框

（5）在右侧的回复区中，如果当前为新的聊天窗口，还未产生对话，则回复区中会显示关于 ChatGPT 平台的使用示例，包括 Suggest fun activities（建议有趣的活动）、Plan a trip（计划一次旅行）、Recommend a dish（推荐一道菜）和 Help me pick（帮我挑选），用户感兴趣的话可以自行阅读进行了解。

（6）示例下方是 ChatGPT 对话窗口中的输入框，有 Send a message（发送消息）字样的提示，用户通过在输入框中输入信息发送给 ChatGPT，ChatGPT 接收后会给出回复。在输入框的下方有 OpenAI 团队对 ChatGPT 生成回复的说明。

1.1.3　用 ChatGPT 初次生成文本

扫码看教学视频

登录 ChatGPT 后，将会打开 ChatGPT 的聊天窗口，即可开始进行对话，用户可以输入任何问题或话题，ChatGPT 将尝试回答并提供与主题有关的信息，下面介绍具体的操作方法。

步骤 01 打开 ChatGPT 的聊天窗口，单击底部的输入框，❶ 输入相应的指令，例如“对比一下平板电脑和笔记本电脑的优异之处，并做成表格”；❷ 单击输入框右侧的发送按钮或按【Enter】键，如图 1-12 所示。

图 1-12　单击相应的按钮

步骤 02 稍等片刻，ChatGPT 即可根据要求生成相应的表格，如图 1-13 所示。

以下是平板电脑和笔记本电脑的优异之处的对比表格：

特点	平板电脑	笔记本电脑
便携性	超轻薄，容易携带，适合移动办公和旅行	相对较重，需要专用背包或箱子携带
触摸屏和手写笔支持	通常内置触摸屏和手写笔，支持手写和绘画	部分笔记本电脑支持触摸屏，但不是所有
键盘和鼠标输入	需要外接键盘和鼠标，可选性较高	内置物理键盘和触控板，适用于大部分任务
性能和多任务处理能力	性能因型号而异，适用于一般任务和娱乐	通常有更强大的处理能力，适用于复杂任务
操作系统选择	多数平板电脑使用iOS（iPad）或Android系统	笔记本电脑支持多种操作系统，如Windows、macOS和Linux
应用程序和软件兼容性	支持移动应用程序，应用商店丰富	支持广泛的桌面应用程序和专业软件
存储和扩展性	通常具有有限的内部存储，难以升级	通常具有更大的内部存储和更多的扩展选项
生产力和创作任务	适用于基本办公任务和娱乐活动	适用于复杂的生产力、创作和专业任务
价格	价格相对较低，适合预算有限的用户	价格因型号和配置而异，通常较高

这个表格可以帮助你比较平板电脑和笔记本电脑在不同方面的优势，以便根据你的需求选择适合你的设备。

图 1-13　ChatGPT 生成相应的表格

1.1.4　让 ChatGPT 生成有效文本

扫码看教学视频

用户在 ChatGPT 中获得回复之后可以对其进行简单的评估，评估 ChatGPT 的回复是否具有参考价值。若觉得有效，则可以单击文本右侧的复制按钮，将文本复制出来，但这个按钮只支持复制文本内容，不支持复制表格格式；若觉得参考价值不大，可以单击输入框上方的 Regenerate（重新生成）按钮，ChatGPT 将根据同一个问题生成新的回复，下面举例示范具体的操作方法。

步骤 01 在 ChatGPT 的聊天输入框中输入新的指令，例如“请简短地描述一下 AI 办公”，单击输入框右侧的发送按钮或按【Enter】键，稍等片刻，ChatGPT 即可生成关于 AI 办公的描述，如图 1-14 所示。

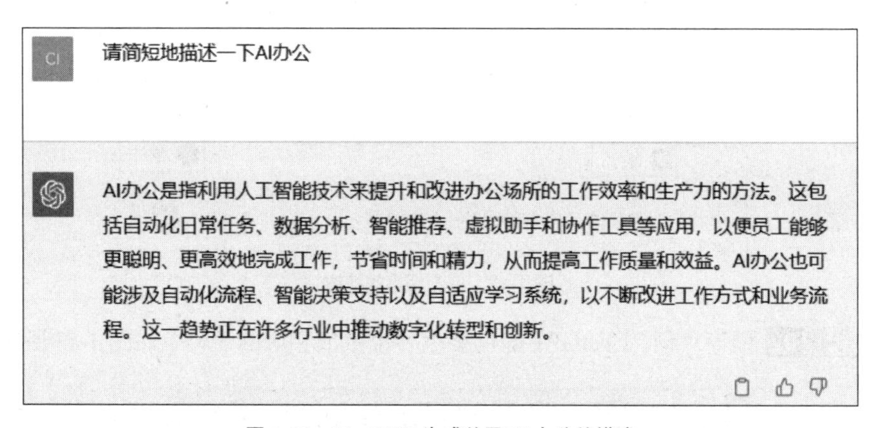

图 1-14　ChatGPT 生成关于 AI 办公的描述

步骤 02 单击输入框上方的 Regenerate（重新生成）按钮，让 ChatGPT 重新生成关于 AI 办公的描述，如图 1-15 所示。可以看出，相比于第一次描述，ChatGPT 的第二次描述变换了语言风格和表述方式。

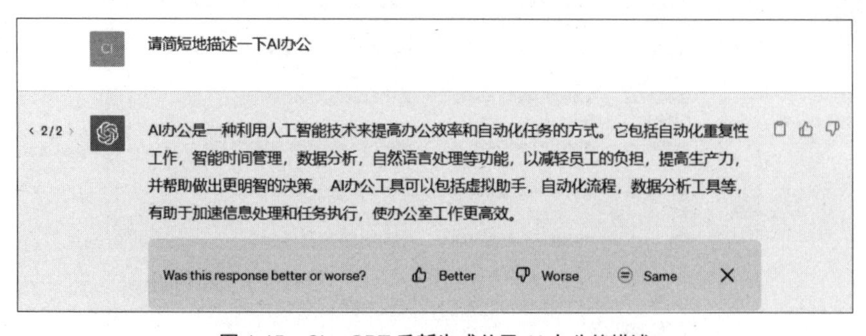

图 1-15　ChatGPT 重新生成关于 AI 办公的描述

用户通过单击 Regenerate（重新生成）按钮可以让 ChatGPT 对同一个问题进行多次不同的回复，相当于在不断地优化与训练 ChatGPT。ChatGPT 对同一个问题的二次回复会进行“2/2”字样的标记，表示页码，若是第三次回复则会标记“3/3”，每重新生成一次就会新增一页，前面生成过的回复会保留下来，单击页码左右两边的箭头可以分别进入上一页或下一页。

在 ChatGPT 生成二次回复之后，其文本下方会有一个对话提示，让用户对文本进行评价，用户可以自主选择评价或单击×按钮关闭对话提示。同样的，无论是 ChatGPT 第一次生成的文本，还是第二次生成的文本，在所生成的文本右侧都有评价按钮或者，用户若感兴趣可以进行评价。

1.1.5　管理 ChatGPT 的聊天窗口

扫码看教学视频

在 ChatGPT 中，建立的聊天窗口会自动保存在左侧的聊天窗口列表中，用户可以对聊天窗口进行新建、重命名及删除等管理操作。当给 ChatGPT 发送的指令或关键词有误或者不够精准时，可以对已发送的信息进行改写，具体如下。

步骤 01 打开 ChatGPT 并进入一个使用过的聊天窗口，在左上角单击 New chat 按钮，如图 1-16 所示。执行操作后，即可新建一个聊天窗口。

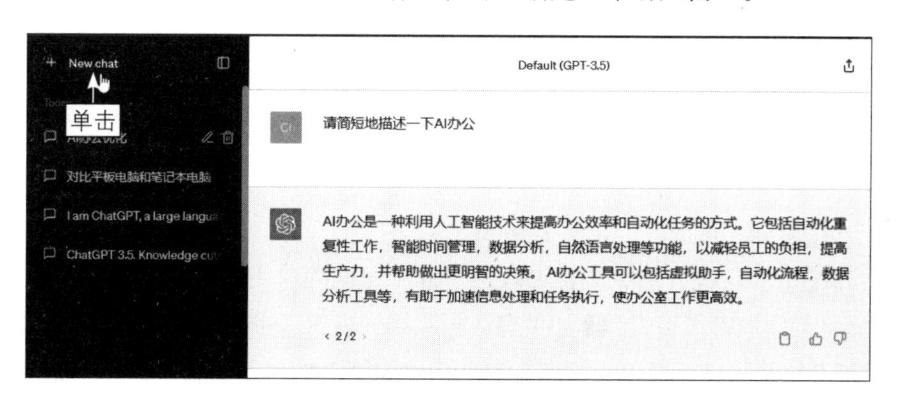

图 1-16　单击 New chat 按钮

步骤 02 在输入框中输入第 1 行信息内容“以 Excel 表格的形式，对以下内容进行分类：”，按【Shift+Enter】组合键即可换行，输入其他的内容“猫、葡萄、飞机、汽车、自行车、狗、蛇、汉堡、面包、西瓜、荔枝、饺子、香蕉、篮球、足球、乒乓球”，按【Enter】键发送，ChatGPT 即可根据内容进行回复，如图 1-17 所示。

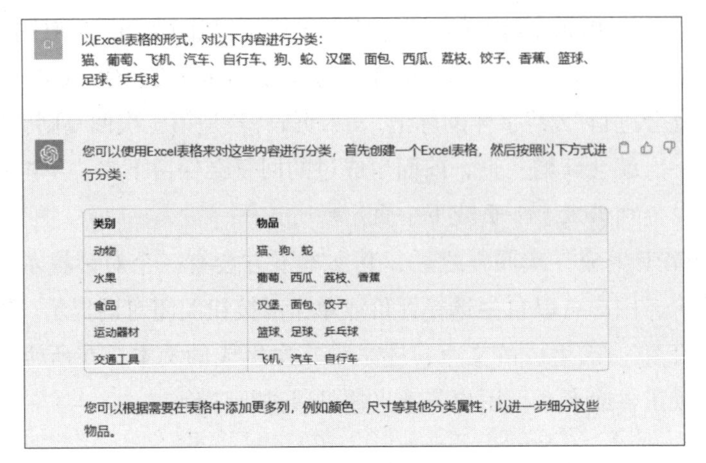

图 1-17　ChatGPT 根据内容进行回复

步骤 03 选择聊天窗口，单击按钮，如图 1-18 所示。

步骤 04 执行操作后，即可呈现编辑文本框，直接在其中修改名称，如图 1-19 所示。单击按钮，完成聊天窗口的重命名操作。

图 1-18　单击按钮

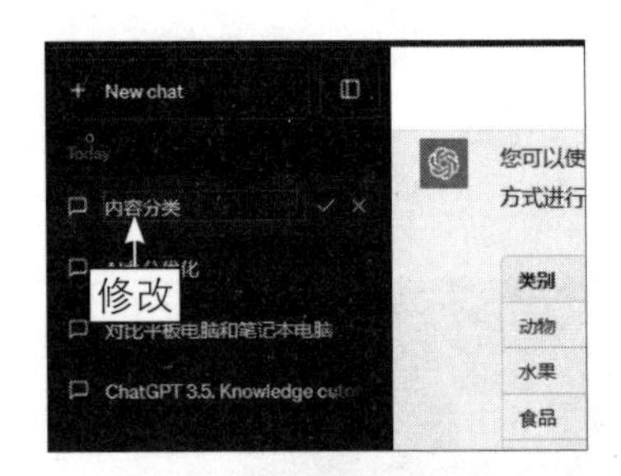

图 1-19　修改名称

步骤 05 单击按钮，如图 1-20 所示。

步骤 06 执行操作后，弹出 Delete chat？（删除聊天吗？）对话框，提示用户将删除创建的聊天窗口，❶ 如果确认删除聊天窗口，则单击 Delete（删除）按钮；❷ 如果不想删除聊天窗口，则单击 Cancel（取消）按钮，如图 1-21 所示。

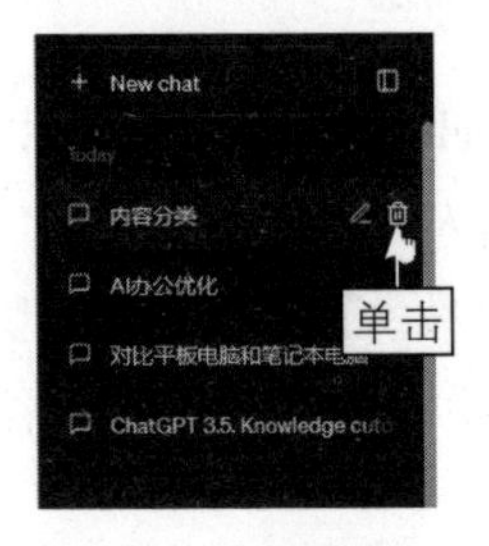

图 1-20　单击按钮

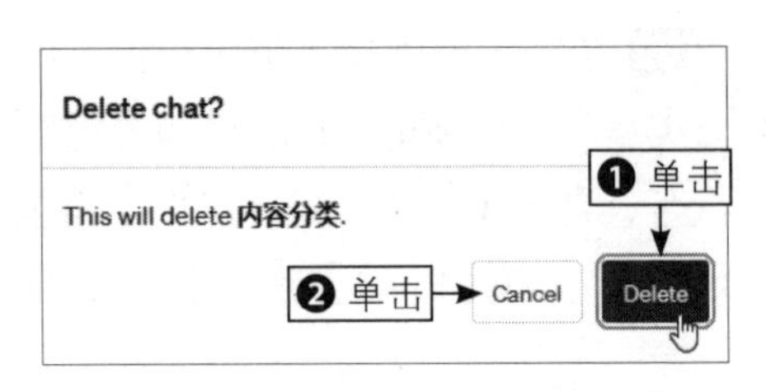

图 1-21　单击 Delete 按钮或 Cancel 按钮

1.2　ChatGPT 的提问技巧

ChatGPT 是一个语言模型，只要用户发送自己的所需所想，ChatGPT 就会根据发送的问题进行回复。由此可知，ChatGPT 生成文本的关键在于用户提供的指令或关键词，如果用户想要 ChatGPT 的回复内容更加精准、更加符合自己的需求，便需要多加注意正确的提问方式，以及掌握向 ChatGPT 提问的相关技巧，以便可以更好地使用 ChatGPT。

1.2.1　编写指令的 3 个原则

ChatGPT 是对话聊天形式的 AI 模型，我们获得有效的回复需要与其建立起清晰的沟通，而沟通的前提在于用户提供 Prompt，即指令。用户所提供指令的准确性决定了 ChatGPT 生成回复的有效性。下面介绍编写指令的 3 个原则，帮助用户更好地运用 ChatGPT。

1. 语言明晰原则

语言明晰是人与人之间建立沟通与联系的第一要义，我们在与 ChatGPT 沟通的时候也一样，应该准确地表达词意、句意和语意，避免使用一些模棱两可或有歧义的语言。下面通过举例对语言明晰原则进行对比说明，如图 1-22 所示。

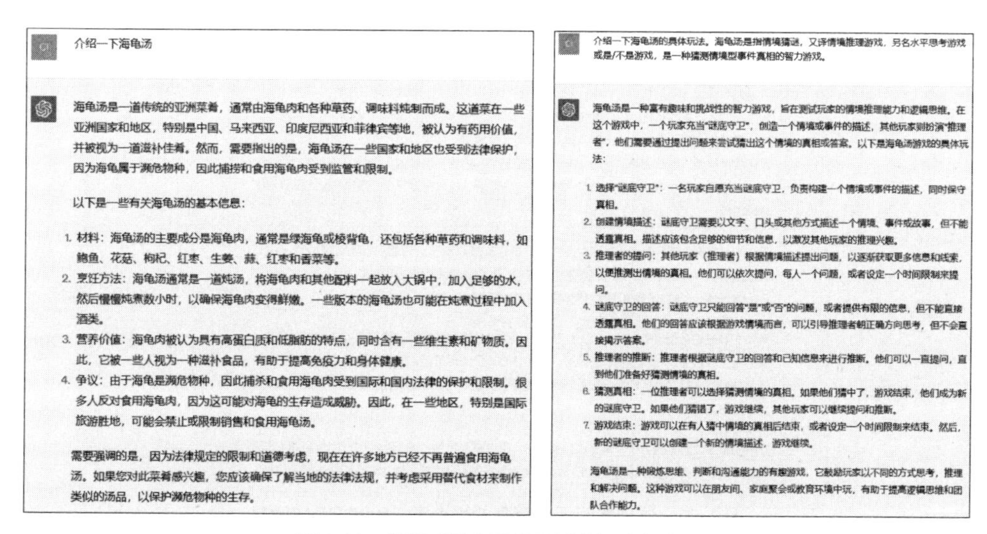

图 1-22　举例对语言明晰原则进行对比说明

对于两次指令中的"海龟汤"，ChatGPT 给出了两种不同的回答，第 1 个指令由于描述较为模糊，没有准确的解释，因此 ChatGPT 给出的答案是指关于食物中的“海龟汤”，并且ChatGPT给出的答案还强调了“海龟汤”是禁止食用的；而第2个指令则具体指出了什么是“海龟汤”，因此ChatGPT给出的答案更加准确，也更加具有参考价值。

2. 简明扼要原则

这里所说的简明扼要原则一方面是指用语简洁，但不限于字数的要求，能够让ChatGPT理解并给予回应即可；另一方面是指简单的提示，尽量不使用符号或切线，确保ChatGPT能够准确理解。例如，在ChatGPT的输入框中输入“请提供一篇有关海洋生态保护的文章”，ChatGPT给出的回复紧扣海洋生态保护的主题，如图1-23所示。

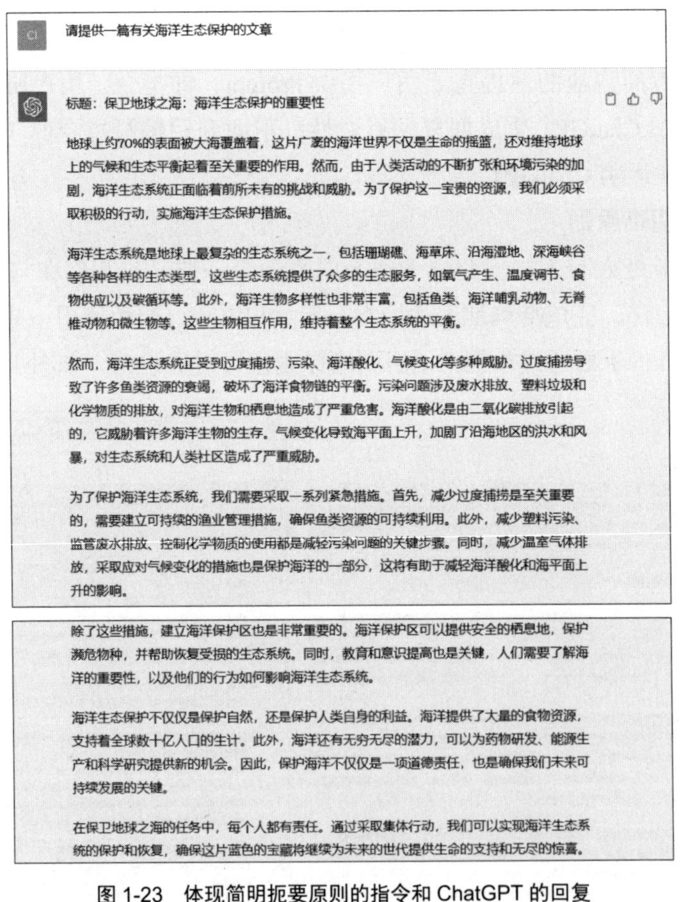

图1-23　体现简明扼要原则的指令和ChatGPT的回复

3. 关联需求原则

ChatGPT作为AI模型，虽然能够进行连续性的回复，但其生成的答案仍属于直线式的思考，即一个提问对应一个答案。因此，我们在编写关键词时，需注意紧扣自己的需求，尽量不要引入不相关的话题，以免分散 ChatGPT 的注意力。例如，在 ChatGPT 中输入“针对智能家居主题生成广告文案，要求简洁明了，但不能像‘让 AI 守护您的家’一样过于直白”，ChatGPT 给出的回复如图 1-24 所示。

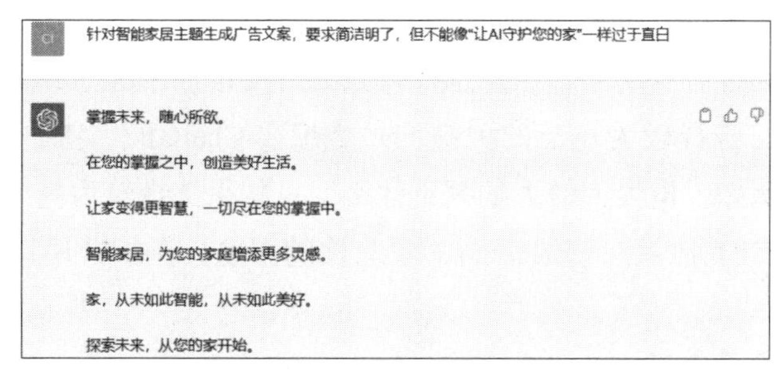

图 1-24　体现关联需求原则的指令和 ChatGPT 的回复

1.2.2　挖掘指令的 3 个方法

当我们想要 ChatGPT 给我们提供帮助时，需要输入恰当的指令，让 ChatGPT 识别、理解并提供回复。因此，有效地运用 ChatGPT 的关键在于挖掘指令。下面将为大家介绍 3 种挖掘 ChatGPT 指令的方法。

1. 选择贴切的关键词

挖掘指令的第一步是选择贴切的关键词。关键词大致可以分为两类，一是较为宽泛的关键词，例如向 ChatGPT 发送“请列出 10 个关于智能办公的文章标题”时得到的回复，如图 1-25 所示。

二是较为具体的关键词，例如向 ChatGPT 发送“请列出 10 个关于使用 ChatGPT 智能办公的文章标题”时得到的回复，如图 1-26 所示。

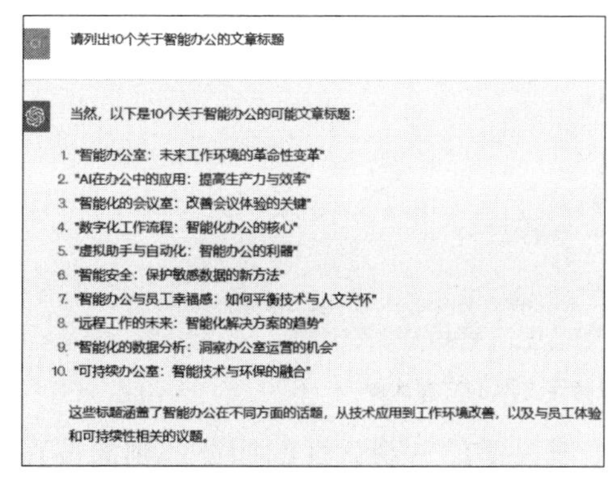

图 1-25　使用较为宽泛的关键词得到的回复

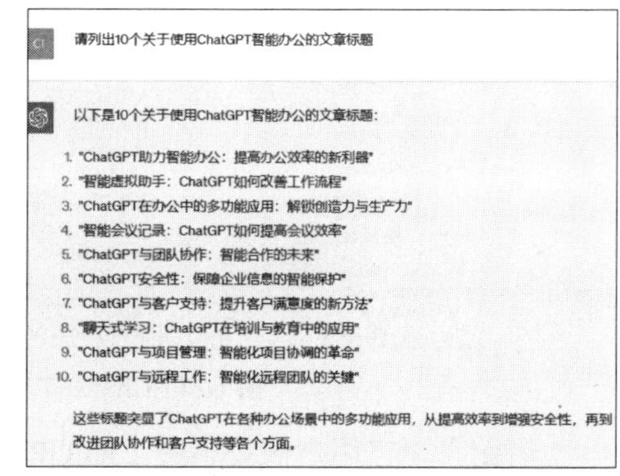

图 1-26　使用较为具体的关键词得到的回复

由图 1-25 和图 1-26 可知，ChatGPT 对于宽泛的关键词和具体的关键词的识别度是不同的，会给用户提供不一样的回复。在输入“智能办公”这个宽泛的关键词时，ChatGPT 给出的回复会比较概念化，涉及多个方面的信息；而输入“使用 ChatGPT 智能办公”这个具体的关键词时，则在回复中凸显了 ChatGPT 在各种办公场景中的多功能应用。

两种关键词各有其用处，用户选择输入哪种关键词取决于其真正的需求是什么。一般来说，选择较为宽泛的关键词，是想要 ChatGPT 生成一些事实性、概念性的回复，例如“世界上最大的湖是什么”；如果选择较为具体的关键词，多数是想要 ChatGPT 提供一些灵活的、观念性的回复，例如“用诗意的语言描述一下武功山”。

2. 确定指令的主题

挖掘关键词的方法在于如何确定较为具体的关键词提示，第一要义是确定提示的主题，详细介绍如下。

用户首先要明确提示的主题是什么，且在确定具体的关键词的基础上，用户应明确提示的主题也应该是具体的。

例如，用户想通过 ChatGPT 生成一篇文章大纲，是关于呼吁爱心和关爱他人的，那么“呼吁爱心和关爱他人”便是提示的主题，而“一篇文章大纲”则是用户的需求，组织一下语言，便可以向 ChatGPT 发送“请提供一篇关于呼吁爱心和关爱他人的文章大纲”，ChatGPT 会通过识别这一指令，给予用户相应的回复，如图 1-27 所示。

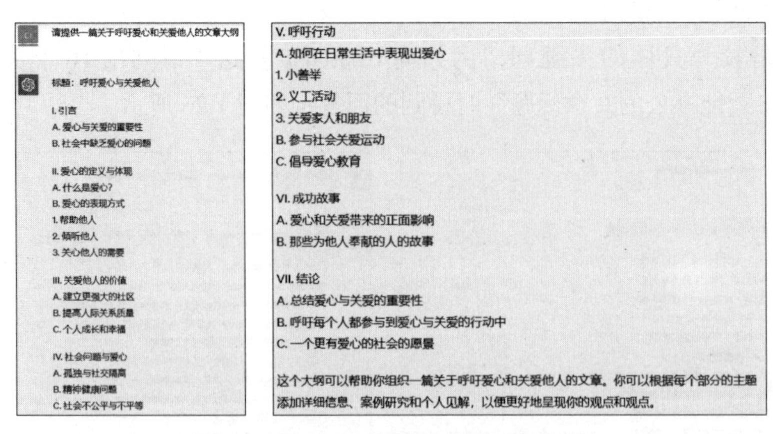

图 1-27　ChatGPT 生成特定主题的文章大纲

简而言之，用户想要通过 ChatGPT 生成灵活的、观念性的回复，则需要在指令中说明主题，主题需要具体到某个领域、某个行业或某个话题。

3. 细化主题描述

当用户在给 ChatGPT 的指令中说明了主题的情形下，仍旧没有得到理想的回复时，可以进一步细化主题描述，多加入一些限定语言或条件，具体的方法如下。

（1）加入限定语言。

用户可以在拟写指令时，加入一些副词、形容词等限定语言，让整体的关键词更加具体，更能接近我们所期待的答案。

例如，用户需要 ChatGPT 提供中秋节的贺词，则可以在拟写关键词时加入“突出团圆美好的祝福和欢快的心情”等限定语言，整合为“提供中秋节的贺词，要突出团圆美好的祝福和欢快的心情”，向 ChatGPT 发送后，ChatGPT 的回复如图 1-28 所示。

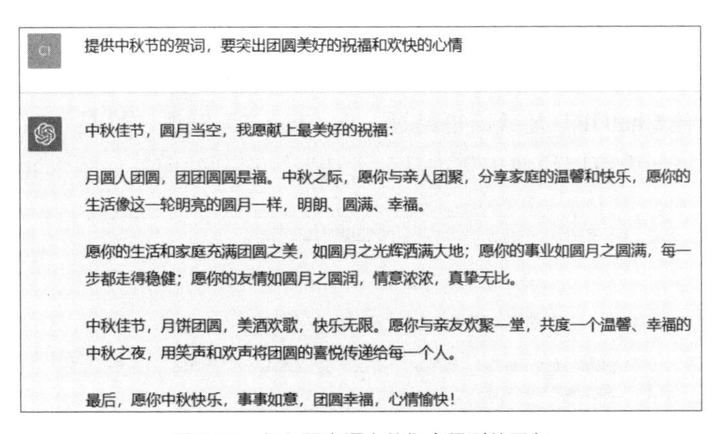

图 1-28　加入限定语言的指令得到的回复

用户还可以进一步细化主题描述，例如加入不同受众需求，修改关键词为“重新提供中秋节的贺词，针对不同的年龄层”，在同一个 ChatGPT 的输入框中输入，得到 ChatGPT 的回复如图 1-29 所示。

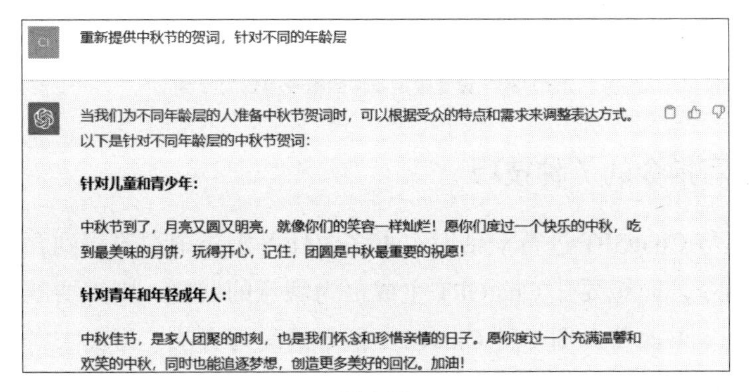

图 1-29

针对中年和老年人：

在这个中秋佳节，让我们珍惜家人团聚的时光。岁月虽然在流逝，但家人之间的爱和关怀永不褪色。愿你们度过一个宁静祥和的中秋，满怀感恩之情，心满意足。

针对长辈和老人：

中秋节是传统的团圆时刻，也是我们向长辈表达尊敬和感激之情的时刻。愿您在这个中秋，健康安康，快乐如意，家人团团圆圆，幸福满满。请接受我们深深的敬意和祝福。

针对朋友和同事：

中秋节是个美好的季节，也是分享快乐的时刻。愿你们与亲朋好友欢聚一堂，共享美味佳肴，度过一个温馨欢快的中秋节。同时，也希望你们在工作和生活中一帆风顺，前程似锦！

图 1-29　加入不同受众需求的指令得到的回复

（2）设置限定条件。

在指令中设置限定条件的常用做法是让 ChatGPT 进行角色扮演，用户可以指定ChatGPT充当某一个角色，然后描述这一角色所要完成的任务或面临的困境。

例如，让 ChatGPT 充当销售经理，向 ChatGPT 发送“你是一名销售经理，请提出 5 个短期内可以快速出售产品的方法”，得到的回复如图 1-30 所示。

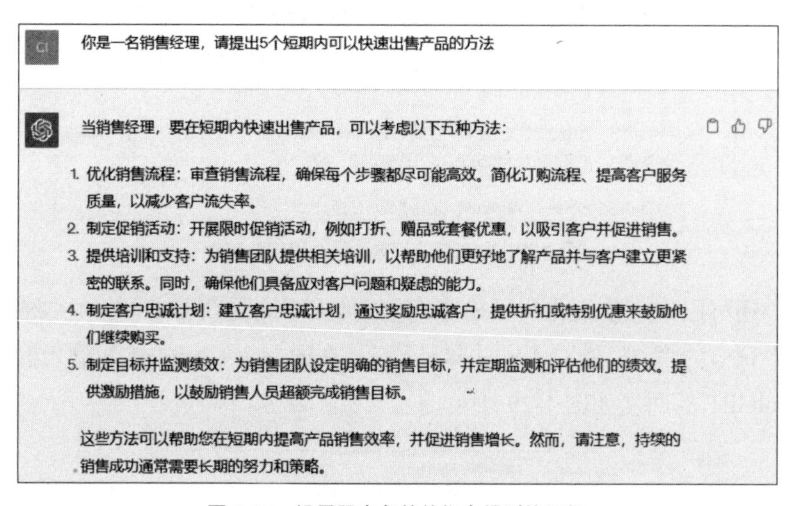

你是一名销售经理，请提出5个短期内可以快速出售产品的方法

当销售经理，要在短期内快速出售产品，可以考虑以下五种方法：

1. 优化销售流程：审查销售流程，确保每个步骤都尽可能高效。简化订购流程、提高客户服务质量，以减少客户流失率。
2. 制定促销活动：开展限时促销活动，例如打折、赠品或套餐优惠，以吸引客户并促进销售。
3. 提供培训和支持：为销售团队提供相关培训，以帮助他们更好地了解产品并与客户建立更紧密的联系。同时，确保他们具备应对客户问题和疑虑的能力。
4. 制定客户忠诚计划：建立客户忠诚计划，通过奖励忠诚客户，提供折扣或特别优惠来鼓励他们继续购买。
5. 制定目标并监测绩效：为销售团队设定明确的销售目标，并定期监测和评估他们的绩效。提供激励措施，以鼓励销售人员超额完成销售目标。

这些方法可以帮助您在短期内提高产品销售效率，并促进销售增长。然而，请注意，持续的销售成功通常需要长期的努力和策略。

图 1-30　设置限定条件的指令得到的回复

1.2.3　编写指令的 7 种技巧

用户在与 ChatGPT 进行对话时，大多数任务需求中都要用到含有较为具体关键词的指令，而想要让 ChatGPT 生成更为满意的回复，则需要掌握一定的指令编写方法。下面将介绍 7 种 ChatGPT 指令的编写方法，帮助大家更加得心应手地运用 ChatGPT。

1. 提供实例参考

用户在对 ChatGPT 进行提问时，可以提供一个具体的实例让其参考，等 ChatGPT 识别之后便可以生成更为满意的答案。

例如，向 ChatGPT 发送“假设我有一个包含员工销售情况的 Excel 表格，现在我想计算每个员工的总销售额。例如，表格中的数据如下：

员工姓名	产品 A	产品 B	产品 C
张三	800 元	750 元	900 元
李四	700 元	850 元	800 元
王五	850 元	900 元	700 元

请问：‘有什么公式可以帮我计算每个员工的总销售额？’得到的回复如图 1-31 所示。

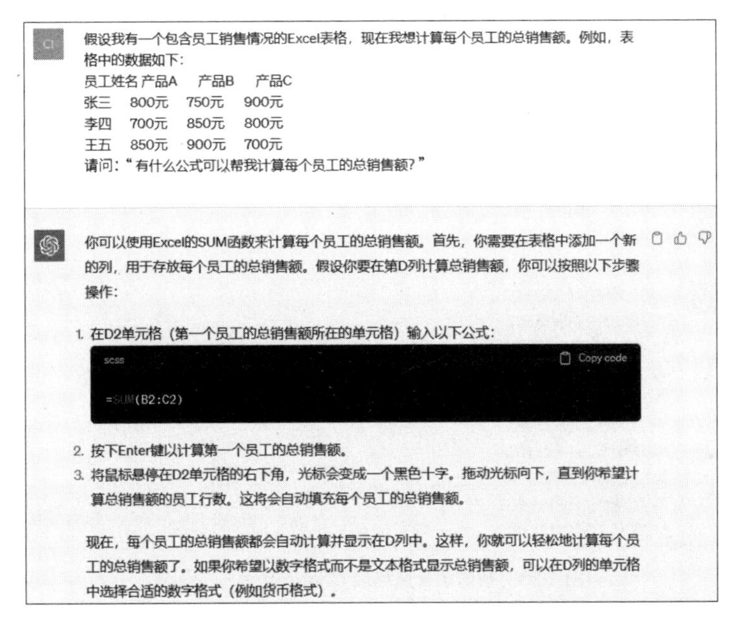

图 1-31　提供实例参考后 ChatGPT 生成的回复

提供实例参考的用法，还有一种是让 ChatGPT 提出修改建议。

例如，“请针对我写的文章开头，提供更有画面感和诗意的修改建议。以下是我的文章开头：红色枫叶，是秋季大自然最引人注目的装点之一。在这个美妙的季节里，树叶由青翠逐渐变成了火红、橙黄和深褐色，而红色枫叶则以其深沉的色彩和迷人的魅力脱颖而出。”在 ChatGPT 的输入框中输入这段指令，得到的回复如图 1-32 所示。

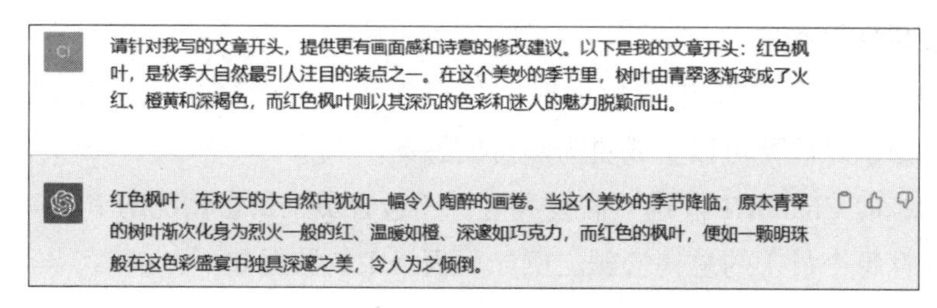

图 1-32　让 ChatGPT 提出修改建议后生成的回复

一般来说，ChatGPT 都会给出比较中肯的建议，能够帮助我们进行发散性思维。除此之外，用户在拟写指令时提供实例参考，还可以让 ChatGPT 帮忙修改简历、代码、学术论文等，应用较广。

2. 模仿语言风格

当用户不知道如何拟写指令才能够获得满意的回复时，可以让 ChatGPT 模仿语言风格，从用户自身出发，包括自己喜欢的影视人物、动漫人物和作家等人物类型的语言风格，都可以要求 ChatGPT 进行模仿。

例如，在 ChatGPT 的输入框中输入“以李清照的语言风格，写一首关于雨打芭蕉的词”，ChatGPT 生成的回复如图 1-33 所示。

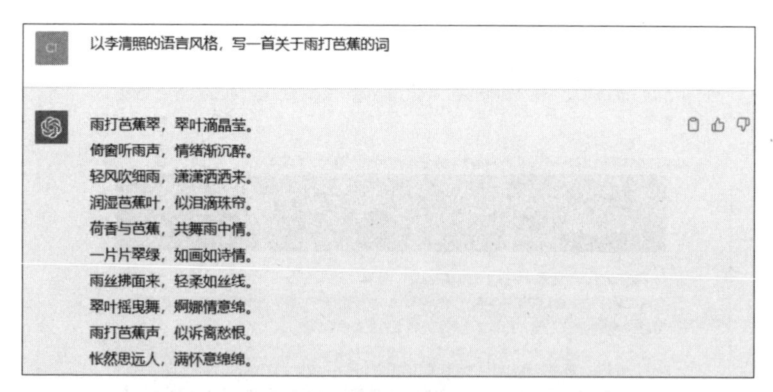

图 1-33　模仿语言风格后 ChatGPT 生成的回复

3. 赋予特定身份

ChatGPT 以 GPT 语言模型为基底，可以充当各式各样的角色来生成回复，因此用户在与 ChatGPT 对话时，可以先赋予其身份，如让 ChatGPT 充当法律顾问，对 ×× 问题给出建议，ChatGPT 会生成更有参考价值的答案。

赋予 ChatGPT 以身份，相当于给了 ChatGPT 一定的语言风格和话题内容方面的提示，让 ChatGPT 能够对接下来的对话做足准备。这一技巧不仅适用于咨询 ChatGPT 信息，也适用于与 ChatGPT 进行深度的情感沟通。下面举例说明其应用。

假设我们让 ChatGPT 充当一个人事经理，让它生成一份面试测试题，那么可以在 ChatGPT 中输入“你现在是一位人事经理，请生成一份面试测试题，题目数量为 5 个，要包含测试题和评估内容”，可以得到 ChatGPT 的回复，如图 1-34 所示。

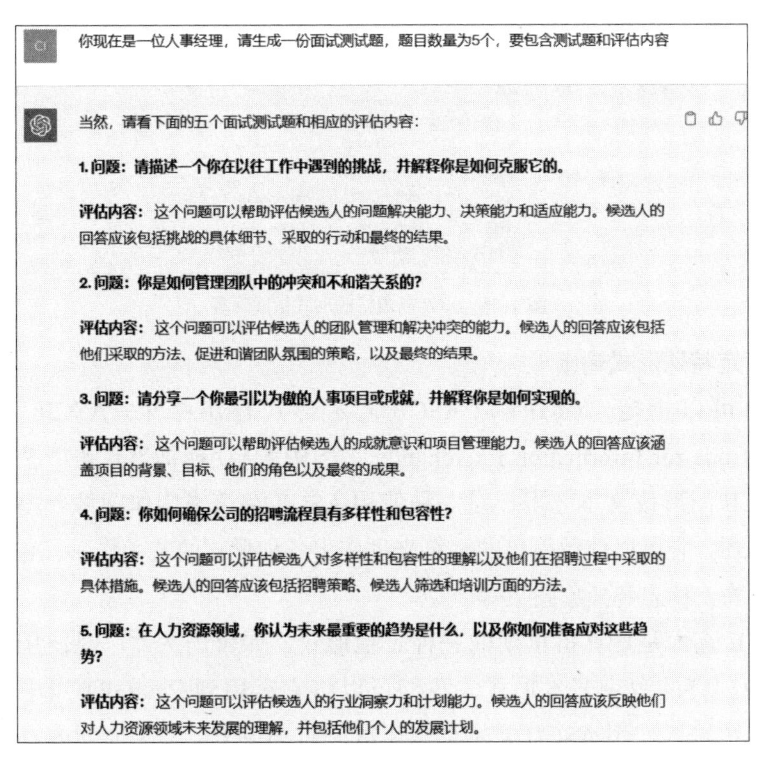

图 1-34　ChatGPT 拥有身份后的回复

可以看到在赋予了 ChatGPT 身份之后，ChatGPT 按照提示生成了我们想要的答案，且要素齐全，内容有针对性，虽然不够具体，但具备了一定的参考性。

★ 专 家 提 醒 ★

运用赋予身份的这个技巧，还可以让 ChatGPT 充当情感陪伴，满足我们的情感需求。例如，赋予 ChatGPT 拥有关怀、同理心的身份，让其进行情感疏导。

4. 指定表格输出

用户在与 ChatGPT 对话时，可以要求其以表格的形式给出回复，对于要点提炼、数据分析和短视频脚本创作等工作有很大的帮助。

例如，向 ChatGPT 发送“以表格的形式用中文解释以下英文单词：

Loungewear、Orca、Tune，并且表格中要包含单词、词性、解释与英语例句”，ChatGPT 生成的回复如图 1-35 所示。

以表格的形式用中文解释以下英文单词：Loungewear、Orca、Tune，并且表格中要包含单词、词性、解释与英语例句

下面是包含单词、词性、解释和英语例句的表格，解释了英文单词"Loungewear"、"Orca"和"Tune"：

单词	词性	解释	英语例句
Loungewear	名词	指的是一种舒适的室内服装，通常用于在家休闲或放松的时候穿着。	"I like to wear loungewear when I'm relaxing at home."
Orca	名词	是虎鲸的别名，是一种大型海洋哺乳动物，黑白相间的外表很醒目。	"We saw a pod of orcas while we were out on the boat."
Tune	名词/动词	名词形式表示一首歌曲或曲调，动词形式表示调整音乐或乐器。	"She sang a beautiful tune, and he played the piano well."

图 1-35　指定以表格的形式生成回复

5. 指定特殊形式输出

用户可以指定 ChatGPT 以 ASCII 艺术形式输出结果。ASCII（American Standard Code for Information Interchange，美国信息交换标准代码）艺术，也被称为 ASCII 图形或文本艺术，是一种使用 ASCII 字符来创作图像、图表和图案的艺术形式。它可以使用简单的字符来创作出各种形式的艺术作品，包括人物、动物、景物、标志和抽象图案等。

ASCII 艺术是计算机早期的一种表现形式，如今仍然被广泛使用和欣赏，成为一种独特的数字艺术形式。我们可以将它运用到 ChatGPT 当中。例如在 ChatGPT 中输入“用 ASCII 艺术形式生成一只小兔子”，生成的内容如图 1-36 所示。

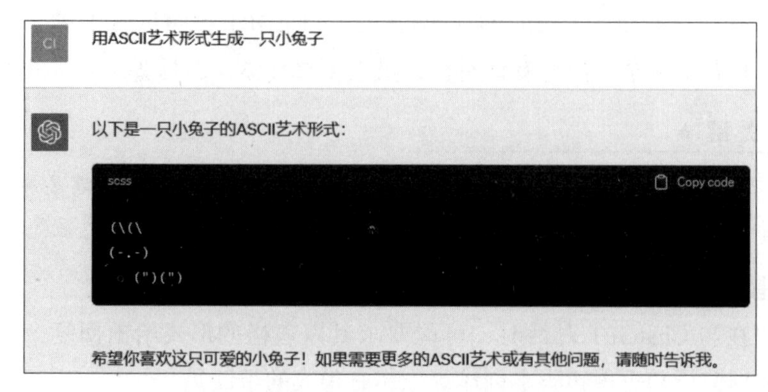

图 1-36　用 ASCII 艺术形式生成一只小兔子

这种形式的艺术通常以单色或灰度的方式呈现，因为它们只使用了字符本身的颜色和背景颜色。

6. 指定受众群体

用户在与 ChatGPT 进行交互时，可以提供上下文和明确的问题来间接地指定受众。通过提供特定领域、特定背景或与专业知识相关的问题，可以帮助 ChatGPT 模型更好地理解你的需求，并提供更准确、高效的回答。

在与 ChatGPT 的对话中明确指出你的受众范围，以便模型能够更好地适应你的需求，并给出更有针对性的回答。例如，在 ChatGPT 中输入“针对职场人士写一篇关于排解工作压力的文章，字数为 200 字左右”，生成的内容如图 1-37 所示。

CI 针对职场人士写一篇关于排解工作压力的文章，字数为200字左右

标题：职场抗压之道：排解工作压力的秘诀

在竞争激烈的职场中，工作压力成了我们每天都要面对的挑战。然而，如何有效地排解工作压力却是一门重要的技能，不仅有助于提高工作效率，还有助于提升生活质量。

首先，建议制定合理的工作计划。合理的时间管理和任务分配可以帮助您避免因任务过多或时间不足而感到压力。制定每日、每周和每月的工作计划，设置明确的目标，有助于提高工作的组织性和可控性。

其次，寻找适合自己的放松方式。不同人有不同的方式来排解压力，可能是锻炼身体、冥想、阅读或与亲友聊天。无论是哪种方式，都要确保每天都有时间去做一些自己喜欢的事情，以缓解工作带来的紧张感。

此外，与同事建立积极的工作关系也很重要。合作和支持可以帮助分担工作压力，同时也提供了情感上的支持。不要害怕向同事寻求帮助或分享自己的困扰，因为这有助于建立更强的团队合作氛围。

最后，不要忘记保持身心健康。均衡的饮食、充足的睡眠和适度的锻炼可以提高身体的抵抗力，帮助您更好地应对工作压力。

总之，排解工作压力需要一些时间和努力，但是它是职场成功和幸福生活的关键。通过合理的计划、自我关爱和积极的人际关系，您可以更好地应对职场中的挑战，保持心态平和，取得更多的成就。

图 1-37　指定职场人士为受众群体生成的回复

通过提供明确的问题和相关上下文，可以增加模型对特定受众群体需求的理解和回应。

7. 切换视角

使用 ChatGPT 通过在不同的段落或章节中使用不同的视角，可以引入不同的人物、观点或经历，以便获得更全面的理解。例如，在 ChatGPT 中输入“以第三人称视角写一篇关于‘打工人的一天’的故事，字数为200字左右”，生成的故事内容如图1-38所示。通过切换视角，可以提供更多的信息和观点，提高文章的深度和广度。切换视角可以增强文章的复杂性和丰富性，使读者更加深入地思考和探索讨论的话题。

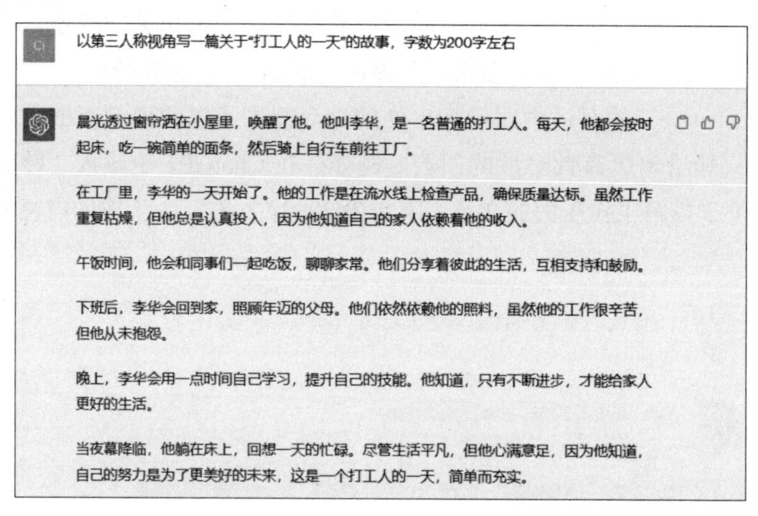

图1-38　以第三人称视角写一个故事

总的来说，用户在运用ChatGPT时，可以通过掌握上述7种指令的编写方法，让ChatGPT生成更高效、准确、有价值的回复。

1.2.4　优化答案的6种模板

由于ChatGPT会受网络配置、系统故障、数据限制等的影响，因此其首次生成的回复难免存在纰漏或错误。当遇到这类情况时，用户可以通过掌握指令模板来优化ChatGPT生成的答案。下面介绍6种指令模板。

1. 生成专业答案的指令

随着ChatGPT的应用场景不断扩大，使用人群不断增多，人们对ChatGPT生成更加专业性的答案的需求也不断增多。而掌握“问题背景＋任务需求＋行业专家模板或方法论”这一指令模板，能够帮助我们提高使用ChatGPT的效率。这一指令模板的应用示例如下。

在ChatGPT的输入框中输入“根据《金字塔原理》书中的理论，生成10个关于平板电脑的广告文案”，生成的答案如图1-39所示。可以看出，按照“问题背景＋任务需求＋行业专家模版或方法论”这一指令模板向ChatGPT进行提问，能够让ChatGPT生成更为专业的答案。还可以继续提问“为什么符合《金字塔原理》

书中的理论”，让 ChatGPT 对生成的答案进行原理解释，如图 1-40 所示。

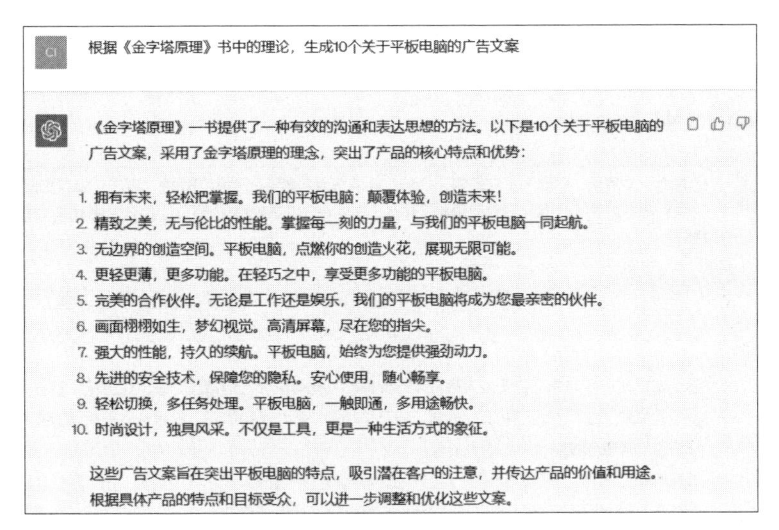

图 1-39　运用生成专业答案的指令生成的答案

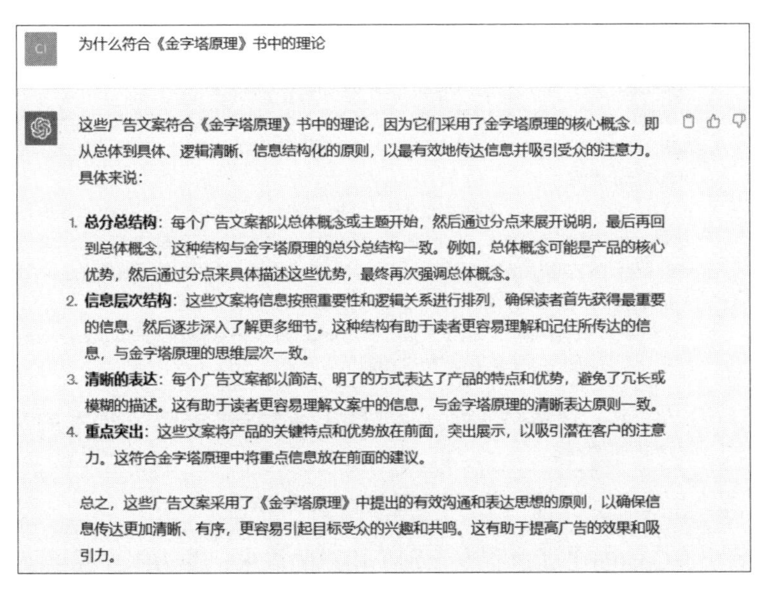

图 1-40　ChatGPT 对所生成的答案进行原理解释

2. 套用固定的指令模板

当用户需要指定 ChatGPT 的语言风格、内容属性时，可以套用“你的角色【专业领域】+ 你的能力【成果期待】+ 我希望你【任务需求】”这一固定指令模板，让 ChatGPT 生成我们想要的答案。

下面举例介绍这一固定指令的运用。

例如，在ChatGPT的输入框中输入“你的角色是演员，你拥有十年的演艺经验，能够饰演各种不同类型的角色，现在你需要饰演一个文物守护者，强调文物对教育和文化传承的价值，你将做哪些努力让自己更快地进入角色呢？”的提示，生成的答案如图1-41所示。

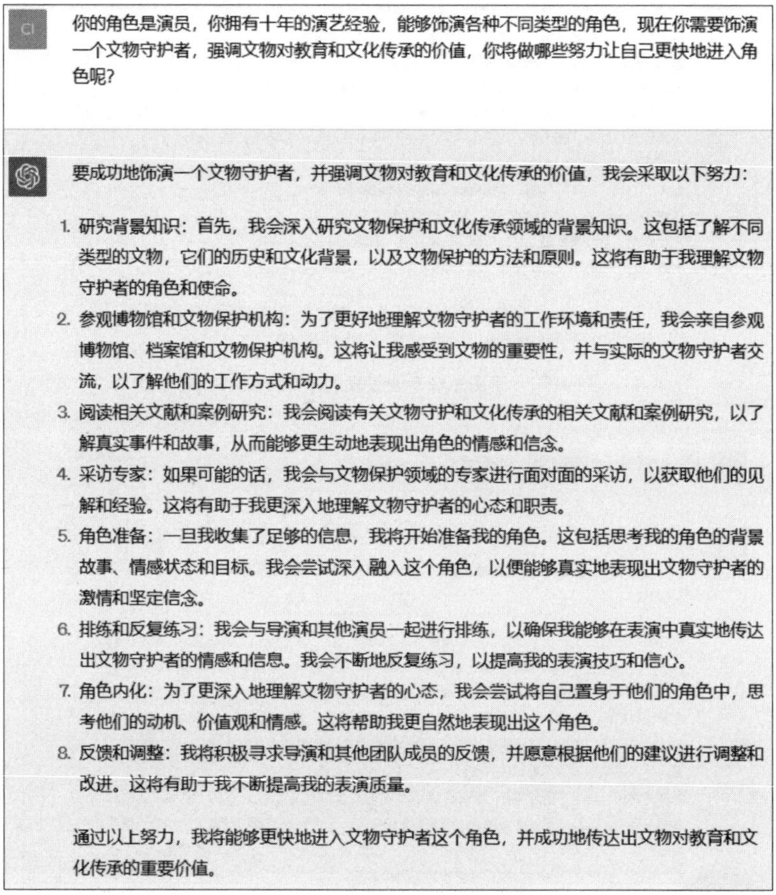

你的角色是演员，你拥有十年的演艺经验，能够饰演各种不同类型的角色，现在你需要饰演一个文物守护者，强调文物对教育和文化传承的价值，你将做哪些努力让自己更快地进入角色呢？

要成功地饰演一个文物守护者，并强调文物对教育和文化传承的价值，我会采取以下努力：

1. 研究背景知识：首先，我会深入研究文物保护和文化传承领域的背景知识。这包括了解不同类型的文物，它们的历史和文化背景，以及文物保护的方法和原则。这将有助于我理解文物守护者的角色和使命。
2. 参观博物馆和文物保护机构：为了更好地理解文物守护者的工作环境和责任，我会亲自参观博物馆、档案馆和文物保护机构。这将让我感受到文物的重要性，并与实际的文物守护者交流，以了解他们的工作方式和动力。
3. 阅读相关文献和案例研究：我会阅读有关文物守护和文化传承的相关文献和案例研究，以了解真实事件和故事，从而能够更生动地表现出角色的情感和信念。
4. 采访专家：如果可能的话，我会与文物保护领域的专家进行面对面的采访，以获取他们的见解和经验。这将有助于我更深入地理解文物守护者的心态和职责。
5. 角色准备：一旦我收集了足够的信息，我将开始准备我的角色。这包括思考我的角色的背景故事、情感状态和目标。我会尝试深入融入这个角色，以便能够真实地表现出文物守护者的激情和坚定信念。
6. 排练和反复练习：我会与导演和其他演员一起进行排练，以确保我能够在表演中真实地传达出文物守护者的情感和信息。我会不断地反复练习，以提高我的表演技巧和信心。
7. 角色内化：为了更深入地理解文物守护者的心态，我会尝试将自己置身于他们的角色中，思考他们的动机、价值观和情感。这将帮助我更自然地表现出这个角色。
8. 反馈和调整：我将积极寻求导演和其他团队成员的反馈，并愿意根据他们的建议进行调整和改进。这将有助于我不断提高我的表演质量。

通过以上努力，我将能够更快地进入文物守护者这个角色，并成功地传达出文物对教育和文化传承的重要价值。

图1-41　套用固定指令生成的答案

可以看出，ChatGPT通过指令识别了用户的需求，并为用户提供了比较中肯的建议，这些建议或多或少都能让用户有所启发。

3. 提供种子词提示的指令

种子词是指生成的文章中需要包含的字词。在指令中加入种子词，可以帮助ChatGPT模型更快地提取到恰当的文本数据，从而生成更为有效的答案。例如，在ChatGPT的输入框中输入“请根据以下种子词生成软文：雨雾天、烟青色、江南小镇，字数在100字左右”，ChatGPT生成的答案如图1-42所示。

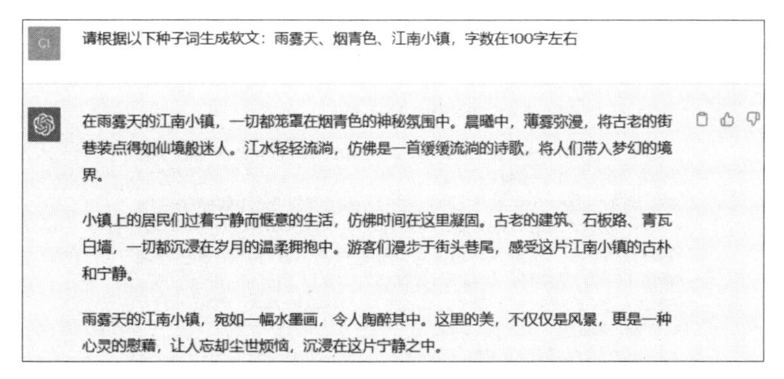

图 1-42　利用提供种子词提示的指令生成的答案

4. 生成逻辑性答案的指令

如果我们想要 ChatGPT 更加理解所提出的问题，可以尝试在向其提问时，加入“Let’s think step by step（让我们一步一步思考）”这个指令，即可让 ChatGPT 学会逻辑思考，生成更令我们满意的答案。下面将举例介绍具体的操作方法。

在不添加指令的情形下，向 ChatGPT 提问“简述青花瓷的特征”，生成的答案如图 1-43 所示。

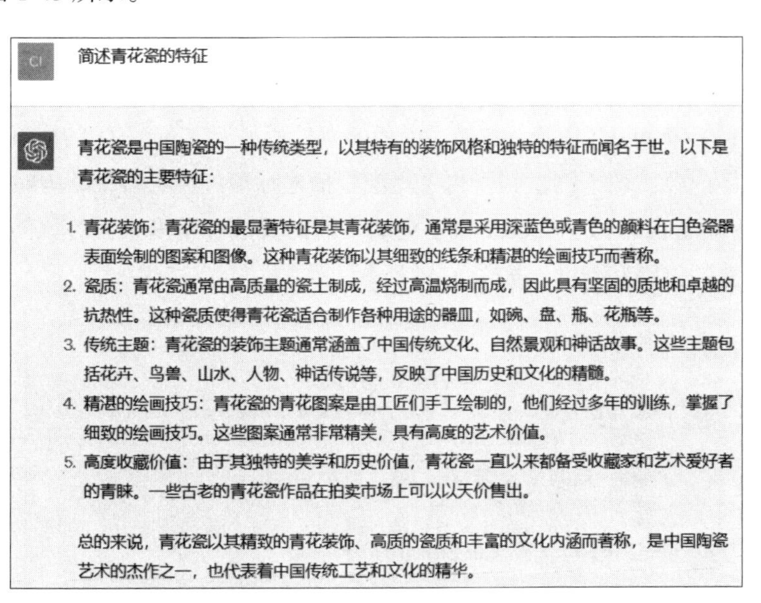

图 1-43　不加任何指令时 ChatGPT 生成的答案

添加指令，在 ChatGPT 中输入“简述青花瓷的特征，Let’s think step by step”，生成的答案如图 1-44 所示。可以看出，在添加指令之后，ChatGPT 生成的答案带有一定的逻辑性，层次分明。

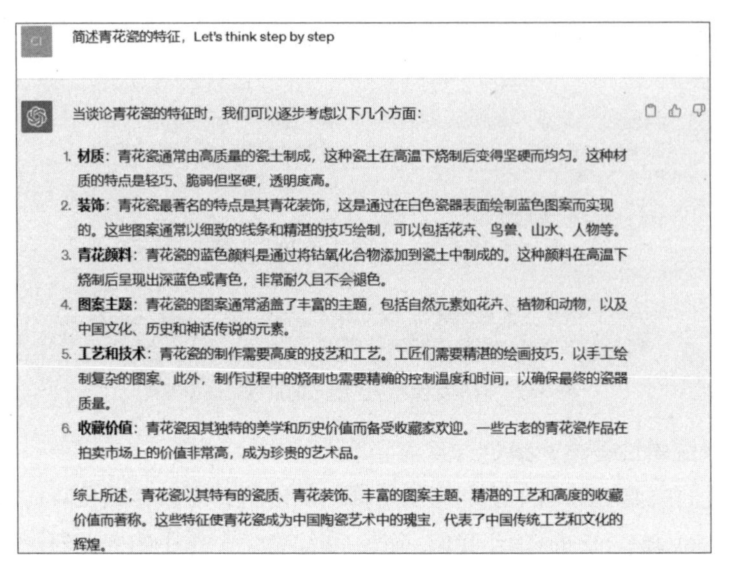

图 1-44　加入指令后 ChatGPT 生成的答案

5. 拓宽模型思维的指令

如果用户需要用 ChatGPT 来做创意、项目及策划类的方案，可以在提问时加上“What are some alternative perspectives？（有哪些可以考虑的角度）”这个指令，可以瞬间拓宽 ChatGPT 模型的思维广度。

例如，在 ChatGPT 中输入“描述绿萝的生长特征”，ChatGPT 的回答如图 1-45 所示，整体内容比较平铺直叙。再次提问“描述绿萝的生长特征，What are some alternative perspectives？”ChatGPT 会从不同的观点和角度来回答该问题，给用户提供更多的思路和帮助，如图 1-46 所示。

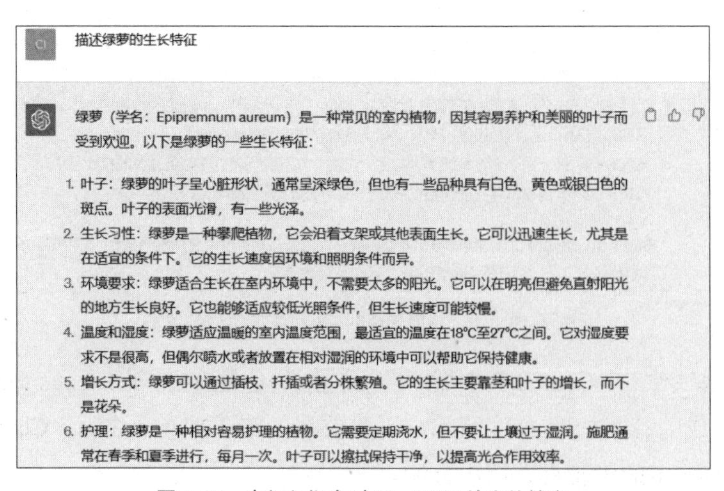

图 1-45　未加入指令时 ChatGPT 给出的答案

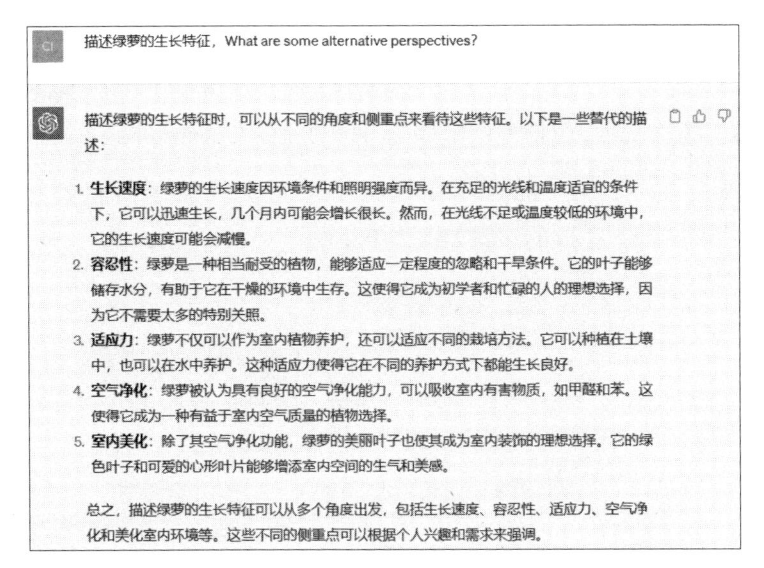

图 1-46　加入指令后 ChatGPT 给出的答案

6. 生成灵活性回复的指令

一般情况下，ChatGPT 生成的文案虽然非常严谨，但略显死板、单调。想让 ChatGPT 的回答更灵活，用户可以在关键词的结尾加上“Please generate the answer at x 或 use a temperature of x（请用 x 的温度生成答案）”这条指令。

例如，在 ChatGPT 中输入“请写一段关于荷花的描述”，没有添加温度指令生成的答案如图 1-47 所示。

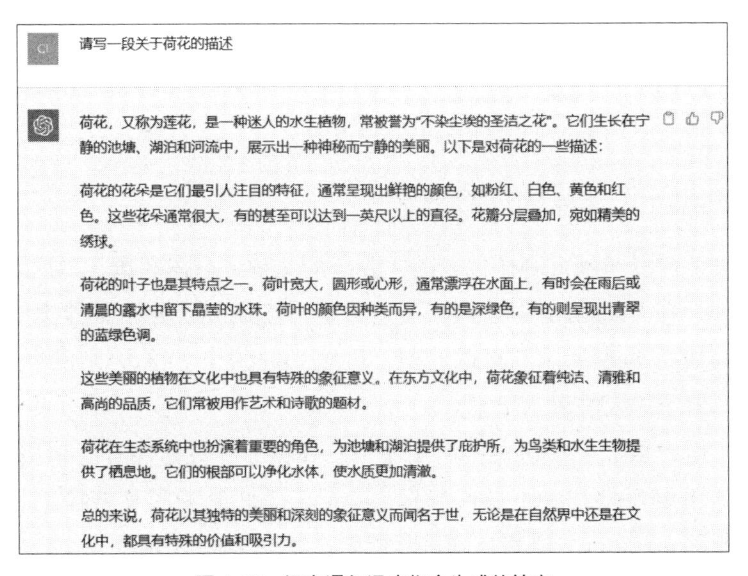

图 1-47　没有添加温度指令生成的答案

★ 专 家 提 醒 ★

x 为一个数值，一般设置为 0.1 ~ 1 范围内的值。低温值可以让 ChatGPT 的回答变得稳重且有保障，高温值则可以让 ChatGPT 的回答充满创意与想象力。

加上温度指令，在 ChatGPT 中输入“请写一段关于荷花的描述，use a temperature of 0.7”，生成的答案如图 1-48 所示。

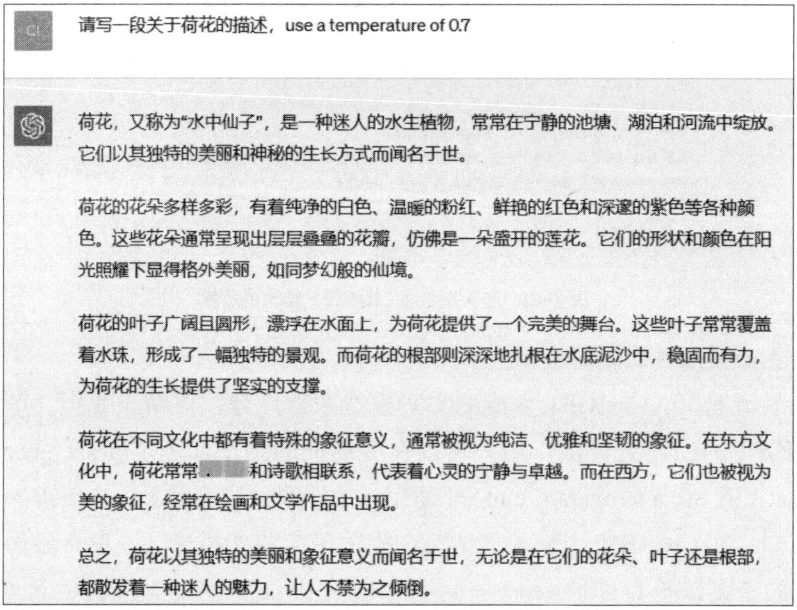

请写一段关于荷花的描述，use a temperature of 0.7

荷花，又称为“水中仙子”，是一种迷人的水生植物，常常在宁静的池塘、湖泊和河流中绽放。它们以其独特的美丽和神秘的生长方式而闻名于世。

荷花的花朵多样多彩，有着纯净的白色、温暖的粉红、鲜艳的红色和深邃的紫色等各种颜色。这些花朵通常呈现出层层叠叠的花瓣，仿佛是一朵盛开的莲花。它们的形状和颜色在阳光照耀下显得格外美丽，如同梦幻般的仙境。

荷花的叶子广阔且圆形，漂浮在水面上，为荷花提供了一个完美的舞台。这些叶子常常覆盖着水珠，形成了一幅独特的景观。而荷花的根部则深深地扎根在水底泥沙中，稳固而有力，为荷花的生长提供了坚实的支撑。

荷花在不同文化中都有着特殊的象征意义，通常被视为纯洁、优雅和坚韧的象征。在东方文化中，荷花常常·和诗歌相联系，代表着心灵的宁静与卓越。而在西方，它们也被视为美的象征，经常在绘画和文学作品中出现。

总之，荷花以其独特的美丽和象征意义而闻名于世，无论是在它们的花朵、叶子还是根部，都散发着一种迷人的魅力，让人不禁为之倾倒。

图 1-48　添加温度指令后生成的答案

可以看到，两个回答的对比非常明显，没有温度指令生成的回答比较机械化，而添加温度指令后生成的回答则犹如小说情节一样，更有吸引力。

1.2.5　ChatGPT 生成图片的指令

ChatGPT 可以与网页协作生成图文并茂的文章，只需在指令中加入特殊说明即可。例如，在 ChatGPT 中输入“描述一下沙漠风光，并附带沙漠的图片”，生成的内容如图 1-49 所示。可以看到，虽然 ChatGPT 尝试去调用网络中符合要求的图片，但图片无法显示出来。

其实，用户可以在关键词的后面添加一条指令“发送图片时请用 markdown 语言生成，不要反斜线，不要代码框，×××（此处为图片链接）”，即可让 ChatGPT 利用 markdown 语言自动进行配图，如图 1-50 所示。

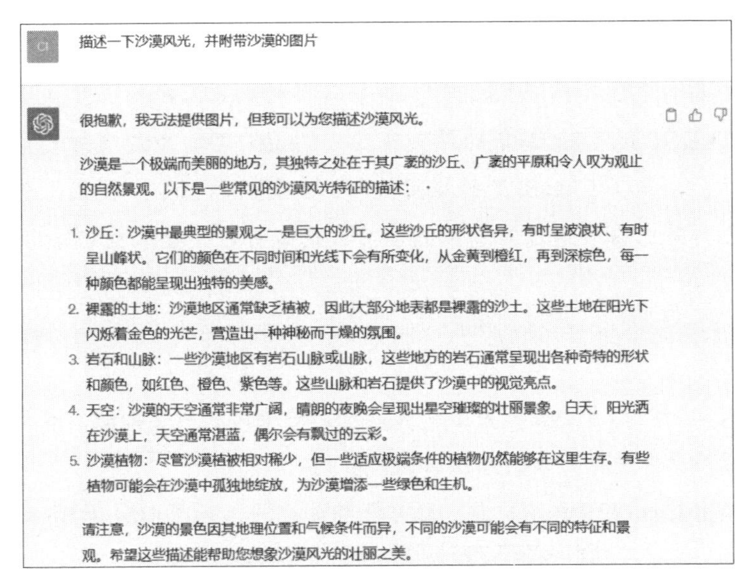

图 1-49　图片无法显示的文章内容

图 1-50　ChatGPT 借助特殊语言生成图片

markdown 是一种轻量级的标记语言，它允许用户使用易读易写的纯文本格式编写文档，并通过一些简单的标记语法来实现文本的格式化。markdown 语言的语法简洁明了，学习成本低，因此被广泛应用于写作、博客、笔记、文档等领域。

※ 本章小结

本章主要向读者介绍了ChatGPT新手入门的相关基础知识，首先介绍了访问与登录ChatGPT、ChatGPT的界面布局、ChatGPT的生成及聊天窗口的管理等内容；然后介绍了ChatGPT的提问技巧，包括编写指令、挖掘指令、优化答案及生成图片等内容。通过对本章的学习，读者可以快速掌握ChatGPT的基础操作。

※ 课后习题

鉴于本章知识的重要性，为了帮助读者更好地掌握所学知识，本节将通过课后习题，帮助读者进行简单的知识回顾和补充。

1. 尝试用ChatGPT总结文章主题并提炼关键词，如图1-51所示。

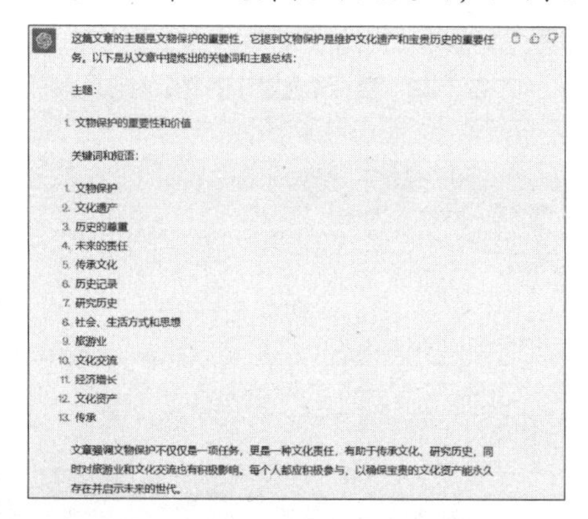

图1-51　总结文章主题并提炼关键词

2. 尝试用ChatGPT生成Excel计算平均值的公式，如图1-52所示。

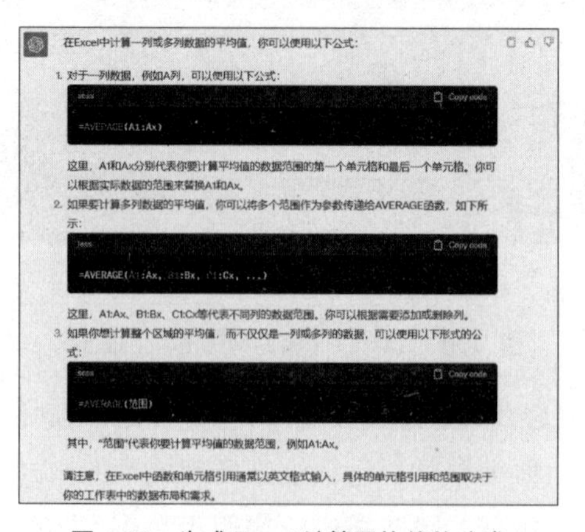

图1-52　生成Excel计算平均值的公式

第 2 章

AI 文档创作：ChatGPT+Word

Word 是 Office 办公系列中专门为文本编辑、排版及打印设计的软件，具有强大的文字输入和处理功能。本章将向大家介绍协同利用 ChatGPT 和 Word，通过 AI 技术进行文档创作的操作方法。

2.1 Office 办公软件构成

Office 是微软公司推出的办公系列套装，是一个功能强大的编辑程序，可用于处理文档、电子邮件、电子表格、演示文稿和管理数据库等，具有一整套编写工具和易于使用的用户界面，其稳定安全的文件格式及无缝高效的沟通协作能力，受到广大电脑办公人员的追捧。

其中比较常用的 3 个软件是 Word、Excel 和 PowerPoint，以下是这些软件的简要介绍。

1. Word 文档

Word 是一款用于创建、编辑和格式化文本文档的应用程序，也是本章将重点讲解的对象。它提供了各种文本处理工具，包括字体、段落、页眉和页脚、列表、引用和拼写检查等；允许用户插入图片、图表、形状和其他多媒体元素，以丰富文档内容；支持创建和编辑表格，以便组织和展示数据；具有协作功能，多人可以同时编辑文档，提供注释和修订功能，以便进行团队合作。

2. Excel 表格

Excel 是一个功能强大的电子表格应用程序，用于处理、分析和可视化数据。用户可以进行各种数学、统计和金融计算。Excel 允许用户创建各种图表和图形，以直观地展示数据趋势和关系；Excel 还具有丰富的内置函数，用于执行各种计算任务，同时也支持自定义公式的创建；Excel 可以连接各种数据源，包括数据库、Web 数据和其他 Excel 文件，以实时更新数据。

3. PowerPoint 演示文稿

PowerPoint 用于创建演示文稿，用户可以选择不同的幻灯片设计模板，并添加文本、图像、音频和视频等元素。用户可以使用 PowerPoint 进行幻灯片放映，以展示演示文稿；它提供了各种过渡效果和动画选项；PowerPoint 支持嵌入或链接多媒体文件，使演示文稿更生动；用户可以与他人共享演示文稿，同时进行实时协作和评论。

这 3 个软件是 Office 办公套装中比较常用的应用程序，它们分别用于文档处理、数据管理和演示制作。用户可以根据自己的需求和任务，将 ChatGPT 与这些软件结合使用，以便更高效、更智能地完成工作。

2.2　用 ChatGPT 进行内容创作

通过学习本书第 1 章，我们了解到 ChatGPT 可以根据输入的主题、关键词及指令等迅速生成大量文本，省去创作者大量的时间和精力，从而提高创作效率。它可以应用于各种领域、不同场景，从科技、医疗到旅游和美食，从媒体、IT 到金融和学术，为不同主题的内容创作者提供支持，为创作者提供创意启发，帮助他们克服创作障碍并生成新的创意。

2.2.1　用 ChatGPT 生成论文大纲

扫码看教学视频

论文大纲是指论文的整体框架，相当于大树的枝干，好的大纲能够成就枝繁叶茂。对于有学术需求的用户，拟好大纲是在撰写论文的过程中最为重要的一步，决定着论文内容的填充和顺利完成程度。运用 ChatGPT 的文本生成功能，可以为用户提供拟写论文大纲的灵感，从而提高撰写论文的效率。

用户运用 ChatGPT 生成论文大纲可以采用“请提供 ××× （论文选题或论文标题）的论文大纲”指令模板进行提问，下面介绍具体的操作方法。

步骤 01 打开 ChatGPT，在输入框中输入对话前提指令“论文大纲一般包含哪些要素？”确认 ChatGPT 对论文大纲是否了解，按【Enter】键发送，ChatGPT 即可给出对话前提的回复，如图 2-1 所示，ChatGPT 简要地对论文要素进行了概括。

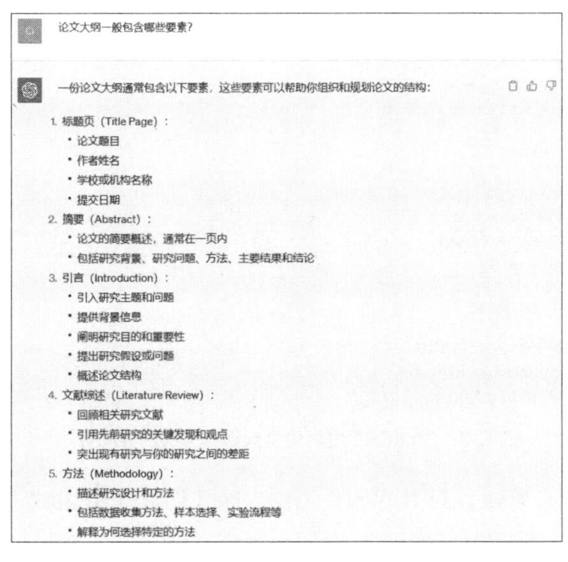

图 2-1

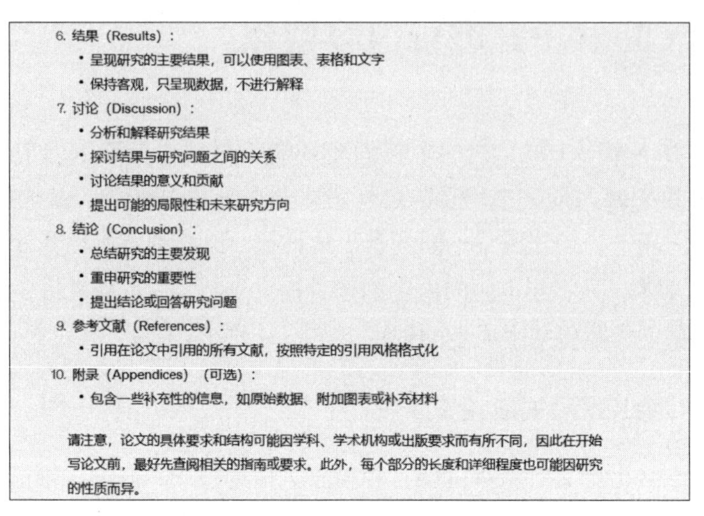

图 2-1　ChatGPT 给出对话前提的回复

步骤 02 向 ChatGPT 发送真正的需求“请提供数据隐私与网络安全的论文大纲”，ChatGPT 即可为用户提供论文大纲参考，部分展示如图 2-2 所示。当文字中断时，用户可以单击 Continue generating（继续生成）按钮，获得完整的论文大纲。

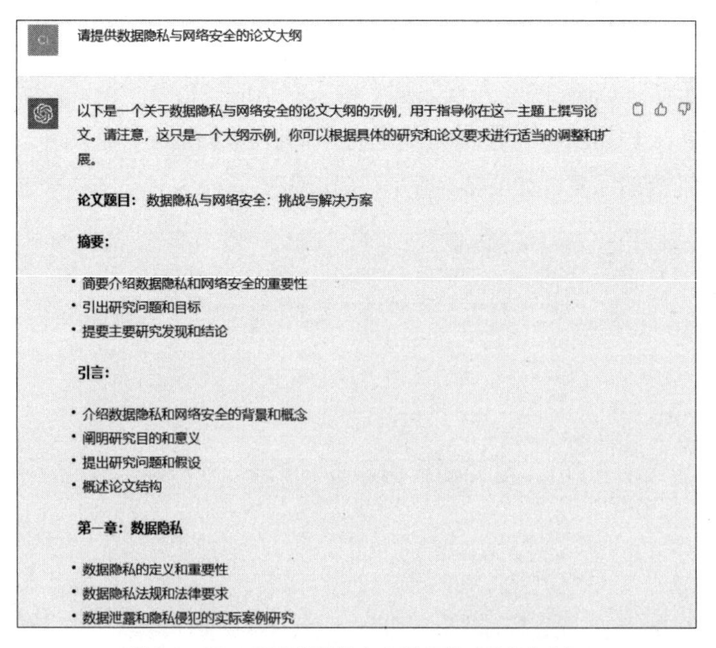

图 2-2　ChatGPT 提供论文大纲参考（部分内容）

步骤 03 单击▢按钮，打开 Word 文档，按【Ctrl+V】组合键将复制的论文大纲粘贴到文档中，部分内容如图 2-3 所示。

- 未来的发展趋势和技术创新
- 提出解决数据隐私和网络安全挑战的建议

结论：
- 总结研究的主要发现
- 强调数据隐私与网络安全的不断演变和重要性
- 提出未来研究的方向和建议

参考文献：
- 引用在论文中引用的所有相关文献，按照指定的引用风格格式化

这个大纲可以帮助你组织和规划关于数据隐私与网络安全的论文，但请根据你的具体研究和论文要求进行适当的修改和扩展。此外，确保在撰写论文时详细讨论每个章节中的主题，提供实际案例、数据和证据，以支持你的论点和观点。

图 2-3　粘贴 ChatGPT 提供的论文大纲参考（部分内容）

步骤 04 将论文大纲参考内容之外的文本内容和多余的符号删除，部分内容如图 2-4 所示。

步骤 05 打开含有论文格式及排版要求的文档，查看论文格式及排版要求，如图 2-5 所示。

数据隐私与网络安全：挑战与解决方案

摘要：
- 简要介绍数据隐私和网络安全的重要性
- 引出研究问题和目标
- 提要主要研究发现和结论

引言：
- 介绍数据隐私和网络安全的背景和概念
- 阐明研究目的和意义
- 提出研究问题和假设
- 概述论文结构

第一章：数据隐私
- 数据隐私的定义和重要性
- 数据隐私法规和法律要求
- 数据泄露和隐私侵犯的实际案例研究

第二章：网络安全
- 网络安全的定义和关键概念
- 常见网络安全威胁和攻击类型
- 网络安全措施和防御策略

第三章：数据隐私保护
- 数据加密和数据脱敏技术
- 访问控制和身份验证方法
- 隐私保护技术在实际应用中的案例

第四章：网络安全防御
- 防火墙和入侵检测系统
- 恶意软件检测和防范措施
- 网络安全最佳实践和标准

第五章：数据隐私与网络安全的挑战
- 新兴技术对数据隐私和网络安全的影响

图 2-4　删除多余的内容和符号（部分内容）

论文格式及排版

一、封面题目：小二号、黑体、加粗、居中。
各项内容：四号、宋体、居中。

二、目录：二号黑体、加粗、居中
章节条目：五号字体。
行距：单倍行距。

三、论文题目：小一号、黑体、加粗、居中。

四、摘要：小二号、黑体、加粗、居中。
摘要内容字体：小四号、宋体。
字数：300 字左右。
行距：20 磅。
关键词：四号、宋体、加粗。

五、正文：正文用小四号、宋体。
正文章标题：小二号、黑体、加粗、居中。
正文节标题：小三号、黑体、加粗、居中。

六、结论：小二号、黑体、加粗、居中。
结论内容：小四号、宋体、行距 20 磅。

七、致谢：小二号、黑体、加粗、居中。
内容：小四号、宋体、行距 20 磅。

八、参考文献：小二号、黑体、加粗、居中。
内容：五号、宋体、行距 20 磅。
著作：[序号]作者.译者.书名.版本.出版地.出版社.出版时间.引用部分起止页
期刊：[序号]作者.译者.文章题目.期刊名.年份.卷号(期数). 引用部分起止页

九、页面版式：论文用 A4 纸纵向单面打印。
页边距设置：上 2.5cm、下 2.5cm、左 3.0cm、右 2.0cm。

图 2-5　查看论文格式及排版要求

步骤06 根据要求，❶ 选择论文标题；在“开始”功能区的“字体”面板中，❷ 设置“字号”为“小一”、“字体”为“黑体”；❸ 单击“加粗”按钮B，设置字体加粗；❹ 在“段落”面板中单击“居中”按钮☰，如图 2-6 所示。

步骤07 用同样的方法，根据格式要求，设置摘要、引言、章标题、结论和参考文献等级别文字的格式为：小二号、黑体、加粗、居中，效果如图 2-7 所示。

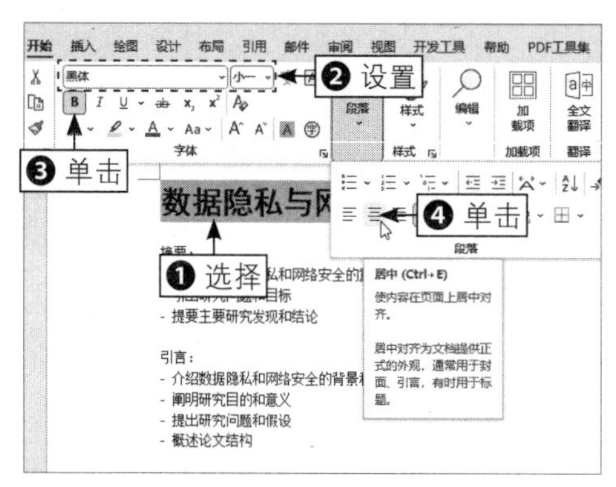

图 2-6　单击“居中”按钮

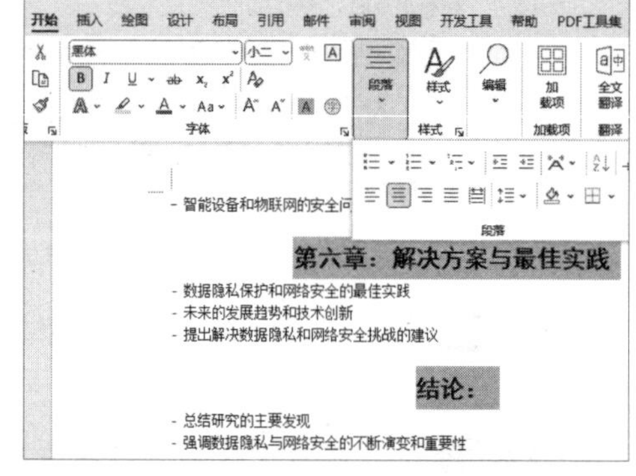

图 2-7　设置各级别文字格式效果

步骤08 目前文档中正文行的默认字体格式为：五号、宋体，根据论文格式要求，除了参考文献内容和摘要关键词，所有正文内容的格式均为：小四号、宋体、行距 20 磅，选择参考文献内容外的正文，根据要求设置字体格式，如图 2-8 所示。

步骤09 ❶ 选择所有正文内容；❷ 单击鼠标右键，在弹出的快捷菜单中选择“段落”选项，如图 2-9 所示。

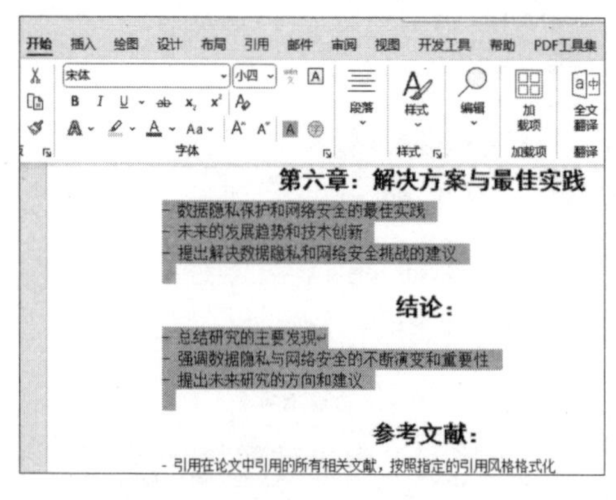

图 2-8　设置正文的字体格式效果

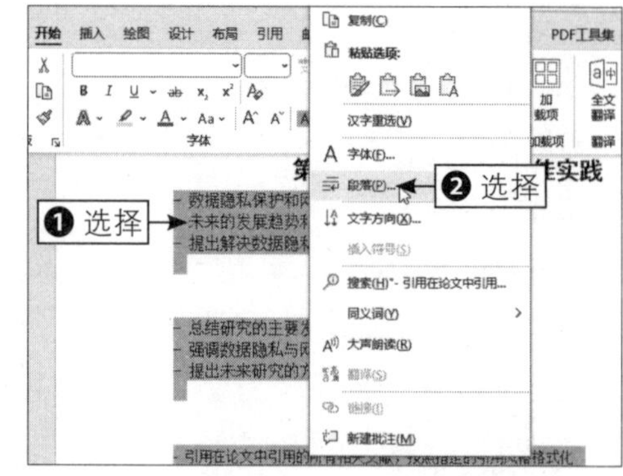

图 2-9　选择“段落”选项

步骤10 弹出“段落”对话框，设置“行距”为“固定值”、“设置值”为“20 磅”，如图 2-10 所示，单击“确定”按钮，即可设置段落行距。

步骤 11 接下来需要设置页面。Word 文档默认纸张为 A4 纸，在“布局”功能区的“页面设置”面板中，❶单击“页边距”按钮；❷在弹出的列表框中选择“自定义页边距”选项，如图 2-11 所示。

步骤 12 弹出“页面设置”对话框，设置“页边距”的“上”和“下”均为“2.5 厘米”、“左”为“3.0 厘米”、“右”为“2.0 厘米”，如图 2-12 所示，单击“确定”按钮，即可完成页面设置。

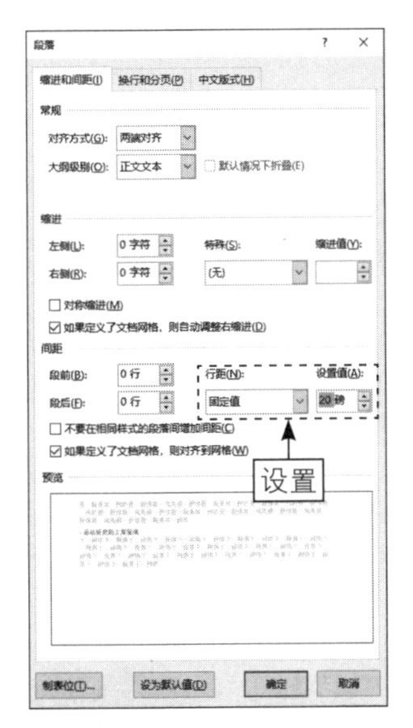

图 2-10　设置“行距”和“设置值”参数

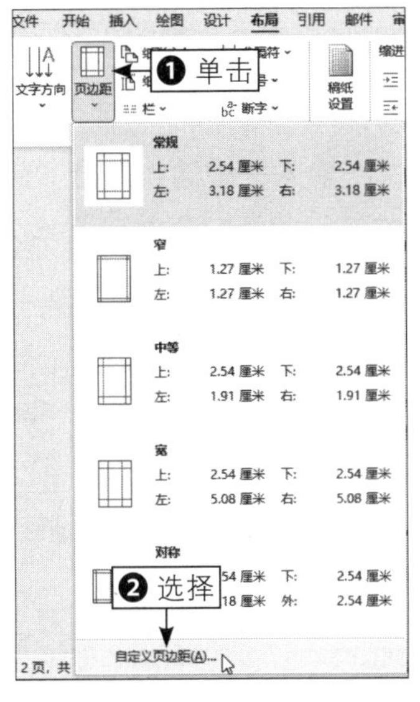

图 2-11　选择“自定义页边距”选项

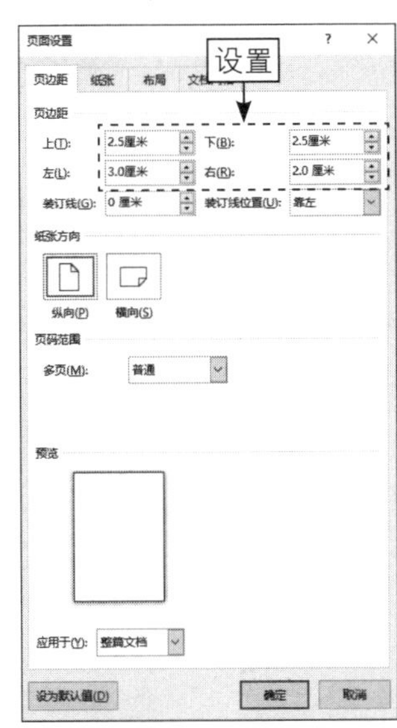

图 2-12　设置“页边距”参数

在完成字体、段落和页面设置后，用户可以根据具体的研究和论文要求对论文内容进行适当的调整和扩展。除此之外，在撰写论文的过程中，用户还可以运用 ChatGPT 为论文降重，只需要将重复率高的内容输入到 ChatGPT 的对话框中，让 ChatGPT 充当论文导师进行论文查重即可。ChatGPT 会通过更换同义词来进行降重，运用这个方法，可以减轻为论文降重的压力，并提高论文写作效率。

2.2.2　用 ChatGPT 协助翻译工作

扫码看教学视频

ChatGPT 可以应用于翻译领域，协助翻译官进行翻译工作。例如，用户在 ChatGPT 的输入框中输入一段英文，可以要求 ChatGPT 翻译为中文或者其他语言。用户运用 ChatGPT 协助翻译工作时可以采用“将下面的中文翻译为 ××（语言）：×××（需要翻译的内容）”指令模板进行提问，下面介绍具体的操作方法。

步骤01 打开一个 Word 文档，需要将中文内容翻译成西班牙语，选择需要翻译的文本，按【Ctrl+C】组合键复制，如图 2-13 所示。

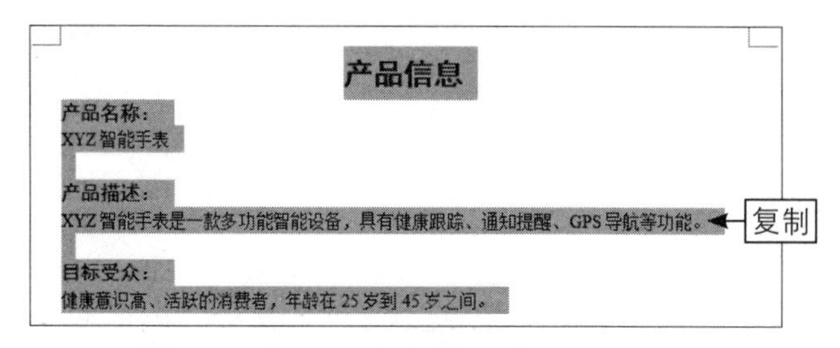

图 2-13　复制选择的内容

步骤02 打开 ChatGPT，在输入框中输入“将下面的中文翻译为西班牙语：”等，按【Shift+Enter】组合键换行并粘贴复制的文本内容，按【Enter】键发送，ChatGPT 即可对文本内容进行翻译，如图 2-14 所示。

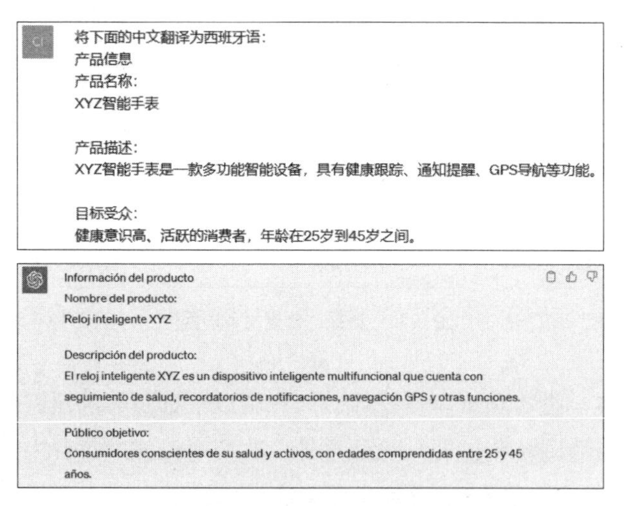

图 2-14　ChatGPT 翻译文本内容

步骤03 ❶ 选择翻译的标题；❷ 单击鼠标右键，在弹出的快捷菜单中选择“复制”命令，如图 2-15 所示。

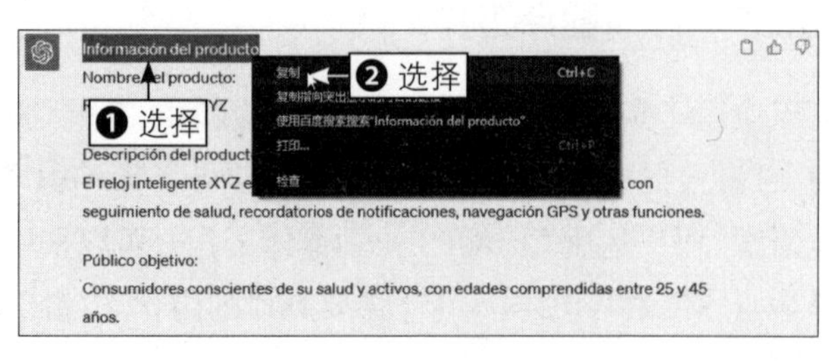

图 2-15　选择“复制”命令

步骤 04 返回 Word 文档，在标题处按【Enter】键另起一行，单击鼠标右键，弹出快捷菜单，在“粘贴选项”下方单击“只保留文本”按钮，如图 2-16 所示。

步骤 05 执行操作后，即可在保留复制内容的情况下套用标题格式，❶ 选择翻译的标题内容；❷ 在弹出的面板中单击“行和段落间距”下拉按钮；❸ 弹出列表框，选择“增加段落后的空格”选项，如图 2-17 所示。

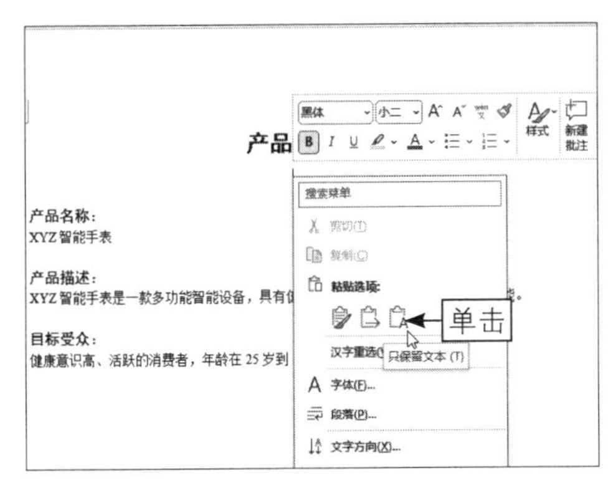

图 2-16　单击“只保留文本”按钮

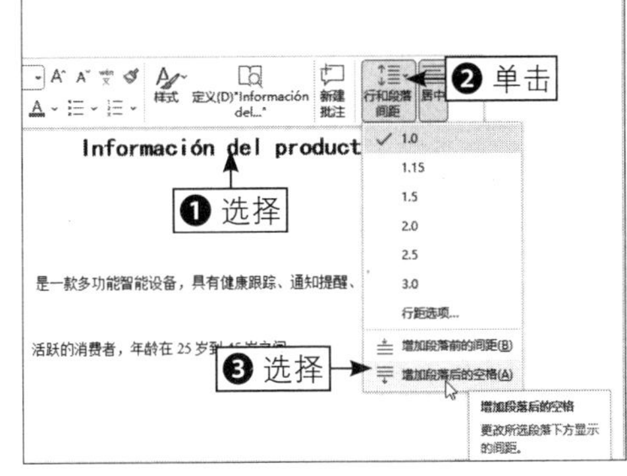

图 2-17　选择“增加段落后的空格”选项

步骤 06 参考上面的方法，逐一复制 ChatGPT 翻译的内容，并粘贴在 Word 文档中，效果如图 2-18 所示。

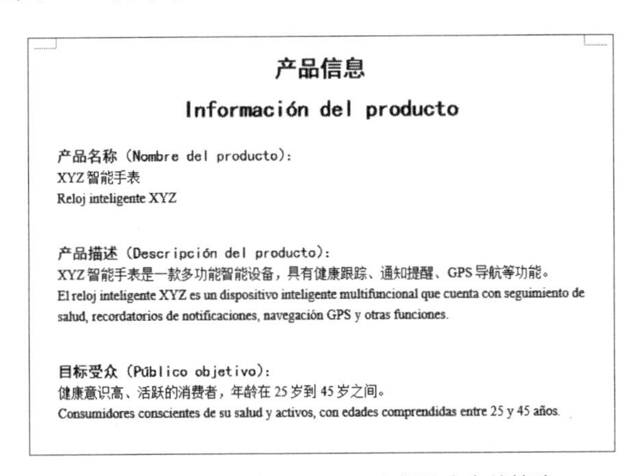

产品信息

Información del producto

产品名称（Nombre del producto）：
XYZ 智能手表
Reloj inteligente XYZ

产品描述（Descripción del producto）：
XYZ 智能手表是一款多功能智能设备，具有健康跟踪、通知提醒、GPS 导航等功能。
El reloj inteligente XYZ es un dispositivo inteligente multifuncional que cuenta con seguimiento de salud, recordatorios de notificaciones, navegación GPS y otras funciones.

目标受众（Público objetivo）：
健康意识高、活跃的消费者，年龄在 25 岁到 45 岁之间。
Consumidores conscientes de su salud y activos, con edades comprendidas entre 25 y 45 años.

图 2-18　逐一复制 ChatGPT 翻译的内容并粘贴

2.2.3　用 ChatGPT 写作自媒体文章

扫码看教学视频

自媒体作为现在人们接收信息的主流媒体，其文章发挥着至关重要的作用。相对于传统媒体而言，自媒体文章的写作形式更加灵活、内容更为开放、有很强的交互性和传播性，这与写作媒体文章的工作人员的创意密切相关。而运用 ChatGPT，能够助力自媒体文章的写作，让相关工作人员文思泉涌。

用户运用 ChatGPT 写作自媒体文章可以采用以下指令模板进行提问。

询问选题：我是一名新媒体编辑，专门负责微信公众号文章的写作，我需要撰写 ××× 领域的文章，关于这个方面的内容可以选择哪些选题？

写作文章：根据种子词生成一篇 ×××（主题）的公众号文章，具体要求 ×××（与受众有互动、字数限制等）。种子词：×××、×××。

下面介绍采用指令模板让 ChatGPT 生成自媒体文章的具体操作方法。

步骤 01 打开 ChatGPT，在输入框中输入“我是一名新媒体编辑，专门负责微信公众号文章的写作，我需要撰写美食领域的文章，关于这个方面的内容可以选择哪些选题？”按【Enter】键发送，ChatGPT 即可生成多个公众号文章选题供用户参考，如图 2-19 所示。

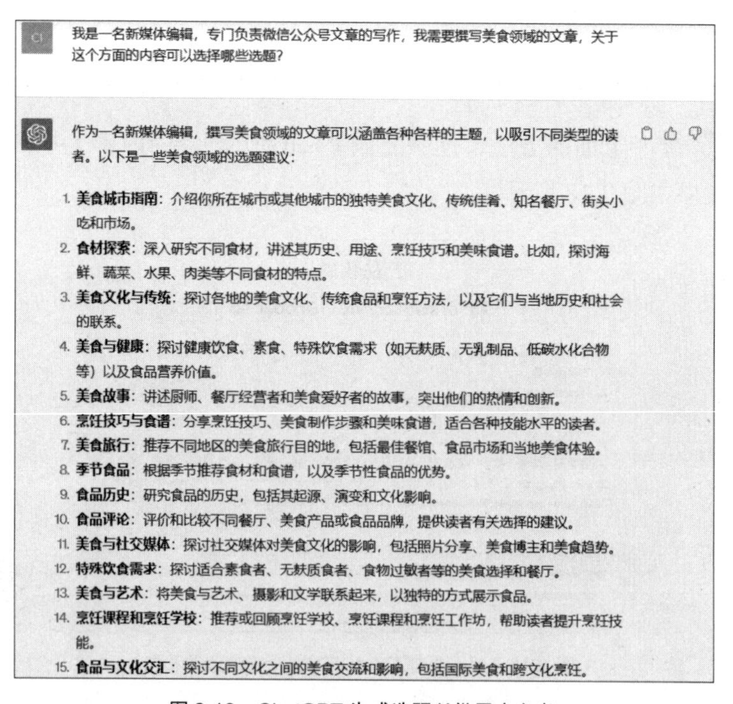

图 2-19　ChatGPT 生成选题以供用户参考

步骤 02 根据 ChatGPT 提供的选题方向，让 ChatGPT 编写公众号文章“根据种子词生成一个美食故事作为公众号的文章，要求与受众有互动，字数在 300 字以内。种子词：美味、名菜、有趣”，按【Enter】键发送，ChatGPT 即可根据种子词生成一个美食故事作为公众号的文章，如图 2-20 所示。

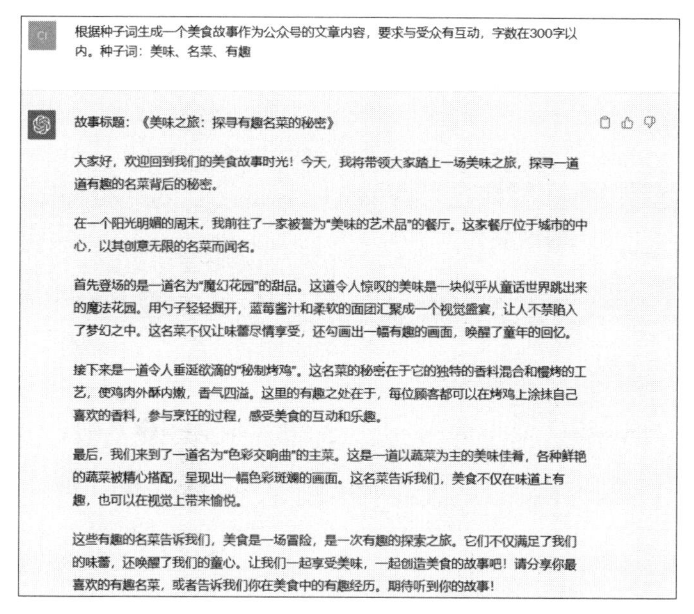

图 2-20　ChatGPT 生成一个美食故事

步骤 03 复制 ChatGPT 生成的内容，新建一个 Word 文档，粘贴复制的内容，设置标题格式为：黑体、小二号、加粗、居中，效果如图 2-21 所示。

步骤 04 选择正文，单击鼠标右键，在弹出的快捷菜单中选择“段落”命令，弹出“段落”对话框，在“缩进”选项区中，设置“特殊”为“首行”、“缩进值”为“2 字符”，如图 2-22 所示，使正文首行缩进两个字符。

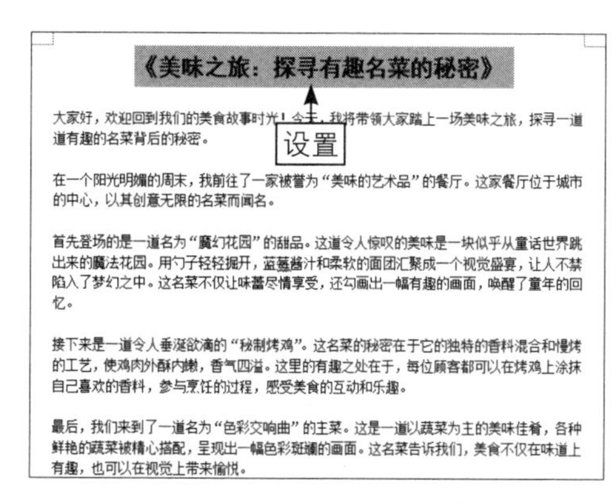

图 2-21　设置标题格式后的效果

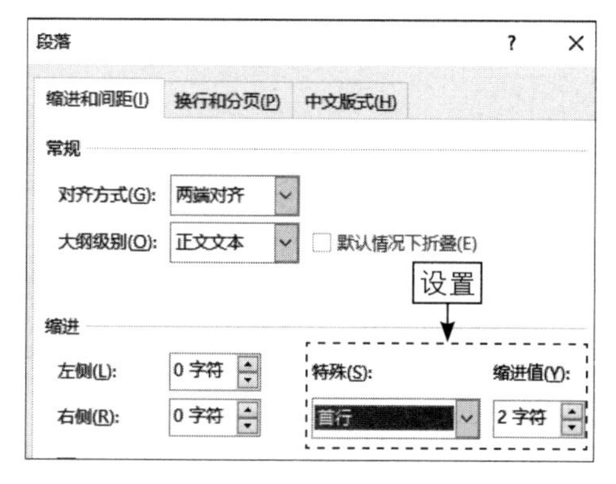

图 2-22　文本段落缩进设置

步骤 05 当文字内容过多时，容易出现视觉疲劳，用户可以将重点内容高亮显示，使观众可以在大段文字中更容易阅读这些重点。在正文中，选择餐厅名称和文中提到的菜名，如图 2-23 所示。

步骤 06 在“开始”功能区的“字体”面板中，❶单击“文本效果和版式”下拉按钮 A ；❷在弹出的列表框中选择“填充：蓝色，主题色 1；阴影”效果，如图 2-24 所示。

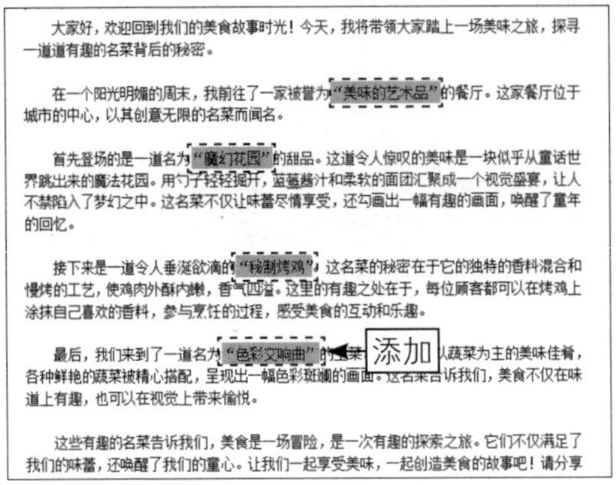
大家好，欢迎回到我们的美食故事时光！今天，我将带领大家踏上一场美味之旅，探寻一道道有趣的名菜背后的秘密。

在一个阳光明媚的周末，我前往了一家被誉为“美味的艺术品”的餐厅。这家餐厅位于城市的中心，以其创意无限的名菜而闻名。

首先登场的是一道名为“魔幻花园”的甜品。这道令人惊叹的美味是一块似乎从童话世界跳出来的魔法花园。用勺子轻轻掘开，蓝莓酱汁和柔软的面团汇聚成一个视觉盛宴，让人不禁陷入了梦幻之中。这名菜不仅让味蕾尽情享受，还勾画出一幅有趣的画面，唤醒了童年的回忆。

接下来是一道令人垂涎欲滴的“秘制烤鸡”。这名菜的秘密在于它的独特的香料混合和慢烤的工艺，使鸡肉外酥内嫩，香气四溢。这里的有趣之处在于，每位顾客都可以在烤鸡上涂抹自己喜欢的香料，参与烹饪的过程，感受美食的互动和乐趣。

最后，我们来到了一道名为“色彩交响曲”的主菜。这是一道以蔬菜为主的美味佳肴，各种鲜艳的蔬菜被精心搭配，呈现出一幅色彩斑斓的画面。这名菜告诉我们，美食不仅在味道上有趣，也可以在视觉上带来愉悦。

这些有趣的名菜告诉我们，美食是一场冒险，是一次有趣的探索之旅。它们不仅满足了我们的味蕾，还唤醒了我们的童心。让我们一起享受美味，一起创造美食的故事吧！请分享

图 2-23　选择餐厅名称和菜名

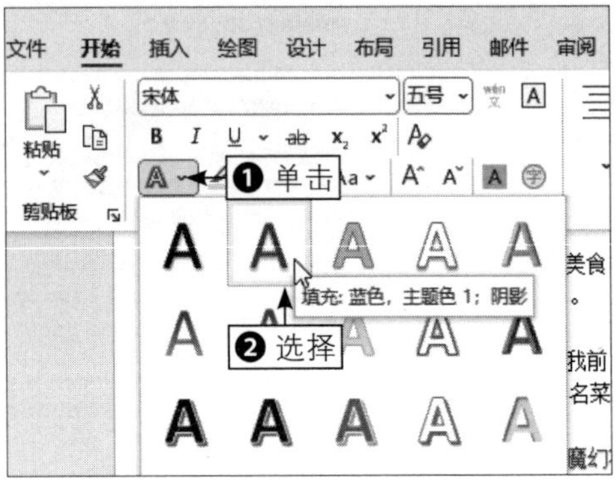

图 2-24　选择相应的效果

步骤 07 执行操作后，即可为所选内容添加艺术字效果，使其在正文中高亮显示，效果如图 2-25 所示。

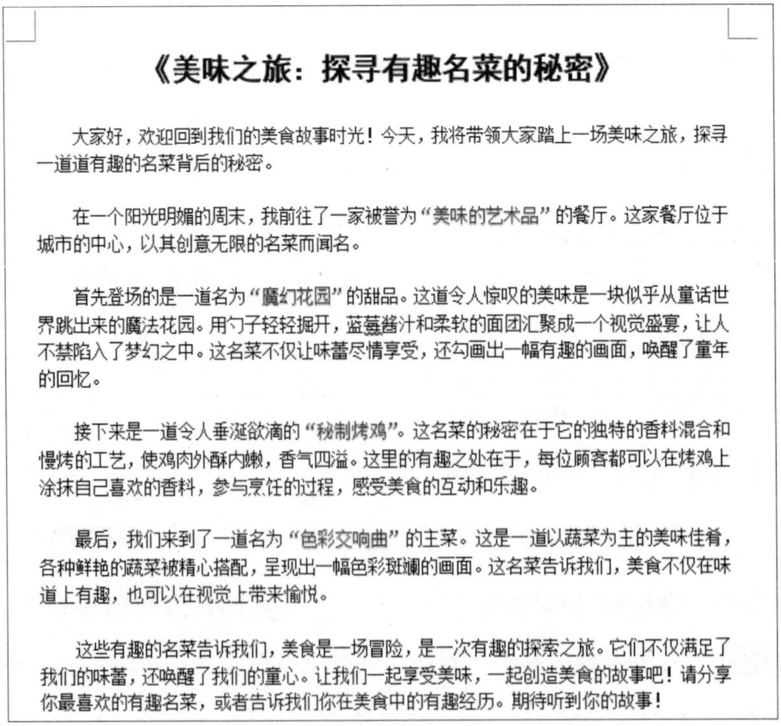
《美味之旅：探寻有趣名菜的秘密》

大家好，欢迎回到我们的美食故事时光！今天，我将带领大家踏上一场美味之旅，探寻一道道有趣的名菜背后的秘密。

在一个阳光明媚的周末，我前往了一家被誉为“美味的艺术品”的餐厅。这家餐厅位于城市的中心，以其创意无限的名菜而闻名。

首先登场的是一道名为“魔幻花园”的甜品。这道令人惊叹的美味是一块似乎从童话世界跳出来的魔法花园。用勺子轻轻掘开，蓝莓酱汁和柔软的面团汇聚成一个视觉盛宴，让人不禁陷入了梦幻之中。这名菜不仅让味蕾尽情享受，还勾画出一幅有趣的画面，唤醒了童年的回忆。

接下来是一道令人垂涎欲滴的“秘制烤鸡”。这名菜的秘密在于它的独特的香料混合和慢烤的工艺，使鸡肉外酥内嫩，香气四溢。这里的有趣之处在于，每位顾客都可以在烤鸡上涂抹自己喜欢的香料，参与烹饪的过程，感受美食的互动和乐趣。

最后，我们来到了一道名为“色彩交响曲”的主菜。这是一道以蔬菜为主的美味佳肴，各种鲜艳的蔬菜被精心搭配，呈现出一幅色彩斑斓的画面。这名菜告诉我们，美食不仅在味道上有趣，也可以在视觉上带来愉悦。

这些有趣的名菜告诉我们，美食是一场冒险，是一次有趣的探索之旅。它们不仅满足了我们的味蕾，还唤醒了我们的童心。让我们一起享受美味，一起创造美食的故事吧！请分享你最喜欢的有趣名菜，或者告诉我们你在美食中的有趣经历。期待听到你的故事！

图 2-25　高亮显示内容后的效果

2.2.4　用 ChatGPT 构思宣传文案

扫码看教学视频

广告宣传文案是指用于宣传产品、推广品牌的文字内容，具有传递信息、表达创意、加深印象的作用。这类文案的应用和传播很广，线上线下几乎无处不在，并且这类文案对创意的要求极高。运用 ChatGPT 可以帮助产品营销、广告策划等相关工作人员提高构思广告文案的效率。

用户运用 ChatGPT 构思宣传文案可以采用“一家 / 个 ××× 店 / 产品有 ×××（宣传需求），请结合专业的广告学理论，提供 ×××（数字）宣传文案”指令模板进行提问，下面介绍具体的操作方法。

步骤 01 打开 ChatGPT，在输入框中输入“一家拥有百年历史的面馆，想要拓宽市场，请结合专业的广告学理论，为这家面馆提供 10 个宣传文案”，按【Enter】键发送，ChatGPT 即可生成广告宣传文案，如图 2-26 所示。

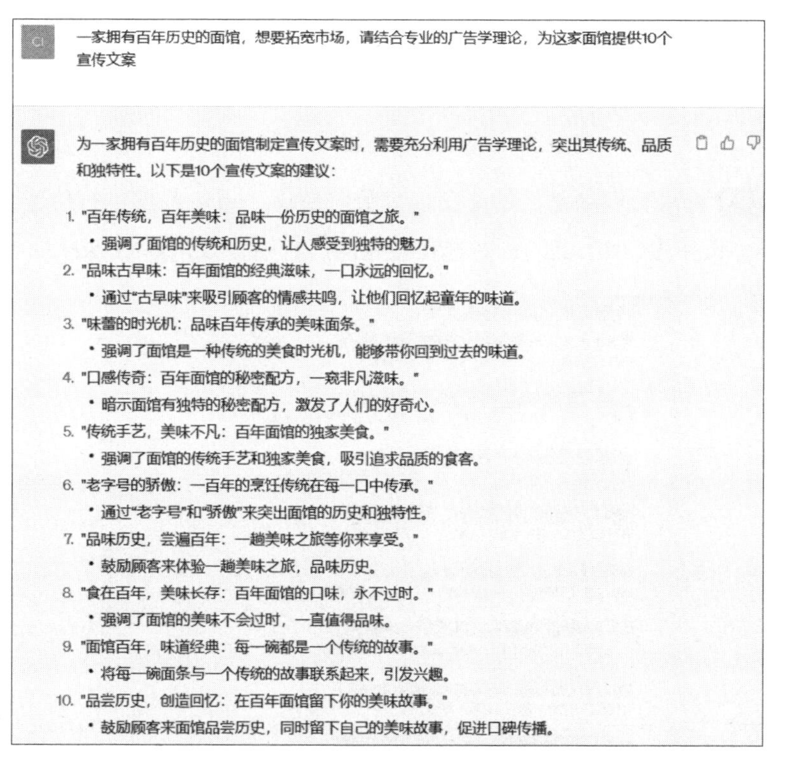

图 2-26　ChatGPT 生成广告宣传文案

步骤 02 复制 ChatGPT 生成的广告宣传文案，打开一个 Word 文档，在标题下方单击鼠标右键，弹出快捷菜单，在“粘贴选项”下方单击“只保留文本”按钮，将其粘贴在标题下方，如图 2-27 所示。

百年历史老面馆宣传文案：

"百年传统，百年美味：品味一份历史的面馆之旅。"

强调了面馆的传统和历史，让人感受到独特的魅力。
"品味古早味：百年面馆的经典滋味，一口永远的回忆。"

通过“古早味”来吸引顾客的情感共鸣，让他们回忆起童年的味道。
"味蕾的时光机：品味百年传承的美味面条。"

强调了面馆是一种传统的美食时光机，能够带你回到过去的味道。
"口感传奇：百年面馆的秘密配方，一窥非凡滋味。"

暗示面馆有独特的秘密配方，激发了人们的好奇心。
"传统手艺，美味不凡：百年面馆的独家美食。"

强调了面馆的传统手艺和独家美食，吸引追求品质的食客。
"老字号的骄傲：一百年的烹饪传统在每一口中传承。"

通过“老字号”和“骄傲”来突出面馆的历史和独特性。
"品味历史，尝遍百年：一趟美味之旅等你来享受。"

鼓励顾客来体验一趟美味之旅，品味历史。
"食在百年，美味长存：百年面馆的口味，永不过时。"

强调了面馆的美味不会过时，一直值得品味。
"面馆百年，味道经典：每一碗都是一个传统的故事。"

将每一碗面条与一个传统的故事联系起来，引发兴趣。
"品尝历史，创造回忆：在百年面馆留下你的美味故事。"

鼓励顾客来面馆品尝历史，同时留下自己的美味故事，促进口碑传播。

粘贴

图 2-27　粘贴 ChatGPT 生成的广告宣传文案

步骤 03 可以看到粘贴后的文案内容分隔有误，重新调整空行位置，将内容进行分隔，按住【Ctrl】键的同时选择所有的广告语，效果如图 2-28 所示。

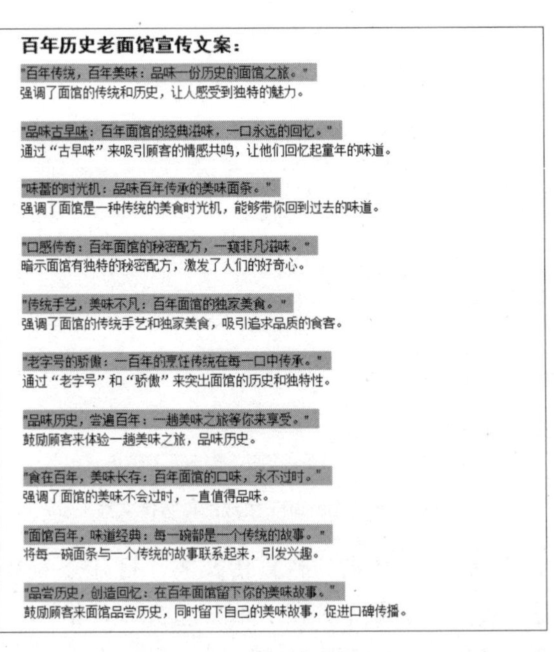

百年历史老面馆宣传文案：

"百年传统，百年美味：品味一份历史的面馆之旅。"
强调了面馆的传统和历史，让人感受到独特的魅力。

"品味古早味：百年面馆的经典滋味，一口永远的回忆。"
通过“古早味”来吸引顾客的情感共鸣，让他们回忆起童年的味道。

"味蕾的时光机：品味百年传承的美味面条。"
强调了面馆是一种传统的美食时光机，能够带你回到过去的味道。

"口感传奇：百年面馆的秘密配方，一窥非凡滋味。"
暗示面馆有独特的秘密配方，激发了人们的好奇心。

"传统手艺，美味不凡：百年面馆的独家美食。"
强调了面馆的传统手艺和独家美食，吸引追求品质的食客。

"老字号的骄傲：一百年的烹饪传统在每一口中传承。"
通过“老字号”和“骄傲”来突出面馆的历史和独特性。

"品味历史，尝遍百年：一趟美味之旅等你来享受。"
鼓励顾客来体验一趟美味之旅，品味历史。

"食在百年，美味长存：百年面馆的口味，永不过时。"
强调了面馆的美味不会过时，一直值得品味。

"面馆百年，味道经典：每一碗都是一个传统的故事。"
将每一碗面条与一个传统的故事联系起来，引发兴趣。

"品尝历史，创造回忆：在百年面馆留下你的美味故事。"
鼓励顾客来面馆品尝历史，同时留下自己的美味故事，促进口碑传播。

图 2-28　选择所有的广告语

步骤 04 在“开始”功能区的“段落”面板中，❶ 单击“编号”下拉按钮 ；❷ 选择“编号对齐方式：左对齐”编号格式，如图 2-29 所示。

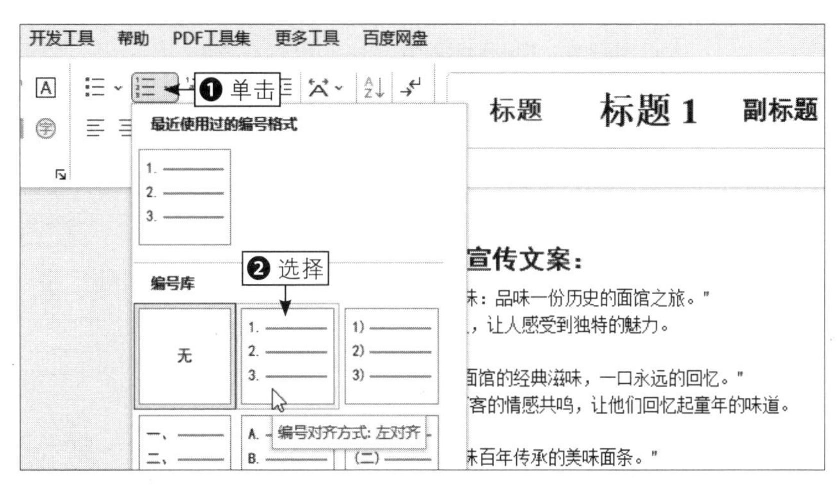

图 2-29　选择“编号对齐方式：左对齐”编号格式

步骤 05 执行操作后，即可为所有的广告语添加数字编号。选择宣传说明，效果如图 2-30 所示。

步骤 06 在“开始”功能区的“段落”面板中，❶ 单击“项目符号”下拉按钮 ；❷ 选择黑色圆形项目符号，如图 2-31 所示。

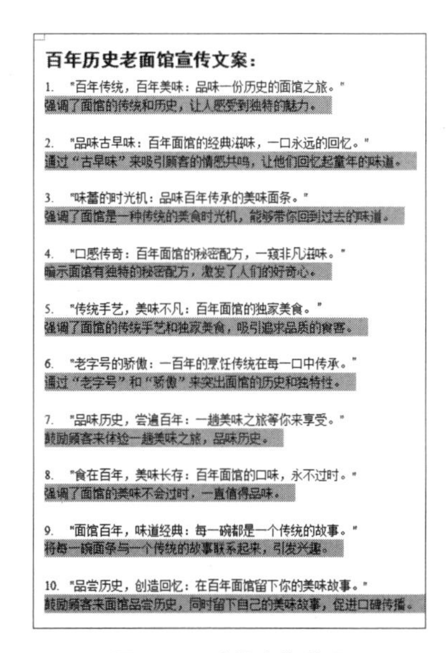

图 2-30　选择宣传说明

图 2-31　选择黑色圆形项目符号

步骤 07 执行操作后，即可为宣传说明添加项目符号，效果如图 2-32 所示。

百年历史老面馆宣传文案：

1. "百年传统，百年美味：品味一份历史的面馆之旅。"
- 强调了面馆的传统和历史，让人感受到独特的魅力。

2. "品味古早味：百年面馆的经典滋味，一口永远的回忆。"
- 通过“古早味”来吸引顾客的情感共鸣，让他们回忆起童年的味道。

3. "味蕾的时光机：品味百年传承的美味面条。"
- 强调了面馆是一种传统的美食时光机，能够带你回到过去的味道。

4. "口感传奇：百年面馆的秘密配方，一窥非凡滋味。"
- 暗示面馆有独特的秘密配方，激发了人们的好奇心。

5. "传统手艺，美味不凡：百年面馆的独家美食。"
- 强调了面馆的传统手艺和独家美食，吸引追求品质的食客。

6. "老字号的骄傲：一百年的烹饪传统在每一口中传承。"
- 通过“老字号”和“骄傲”来突出面馆的历史和独特性。

7. "品味历史，尝遍百年：一趟美味之旅等你来享受。"
- 鼓励顾客来体验一趟美味之旅，品味历史。

8. "食在百年，美味长存：百年面馆的口味，永不过时。"
- 强调了面馆的美味不会过时，一直值得品味。

9. "面馆百年，味道经典：每一碗都是一个传统的故事。"
- 将每一碗面条与一个传统的故事联系起来，引发兴趣。

10. "品尝历史，创造回忆：在百年面馆留下你的美味故事。"
- 鼓励顾客来面馆品尝历史，同时留下自己的美味故事，促进口碑传播。

图 2-32　为宣传说明添加项目符号后的效果

2.2.5　用 ChatGPT 编写配图文案

扫码看教学视频

配图文案通常是指与图片或图像一起使用的文本描述或标语。这些文案旨在增强图片的视觉效果，通过文字信息来传达更多的信息、情感或吸引力。配图文案通常用于社交媒体、广告、博客文章、演示文稿等多种媒体中，以吸引观众的注意力，强调关键信息，或者讲述与图片相关的故事。运用 ChatGPT 可以帮助用户编写精彩的配图文案，让图片更加生动、吸引人，同时有效地传达信息。

用户运用 ChatGPT 编写配图文案可以采用“根据 ××× 主题，编写关于 ×××（提炼图片关键词）的配图文案”指令模板进行提问，下面介绍具体的操作方法。

步骤 01 打开 ChatGPT，在输入框中输入“根据智能家居主题，编写关于智能家具、科技、生活和居家方面的配图文案”，按【Enter】键发送，ChatGPT 即可生成配图文案，如图 2-33 所示。

根据智能家居主题，编写关于智能家具、科技、生活和居家方面的配图文案
当科技与生活完美融合，智能家居将为你打造无与伦比的居家体验。
1. 智能家具：床头柜上的智能灯，让你随时随地调节光线，营造舒适的氛围。
2. 生活便捷化：用手机APP掌握家中电器，远程控制空调、热水器，让温馨等你回家。
3. 安全护卫：智能门锁，随指尖解锁，实时监控你的家门，保障家庭安全。
4. 娱乐无限：智能音响、电视、投影仪，享受高清画质和震撼音效的视听盛宴。
5. 温度恒定：智能恒温器，精确调节室内温度，舒适度满分。
6. 节能环保：智能灯具和智能窗帘，根据光线和时间自动调节，降低能耗。
7. 室内空气：空气净化器自动监测并净化室内空气，呼吸清新健康。
8. 语音助手：与智能家居交流，让家具和电器听从你的声音，更加智能便捷。
智能家居，科技改变生活，让居家更加舒适、便捷和安全。你是否已经迎接这个智能时代的到来？ #智能家居 #科技生活 #智能家具

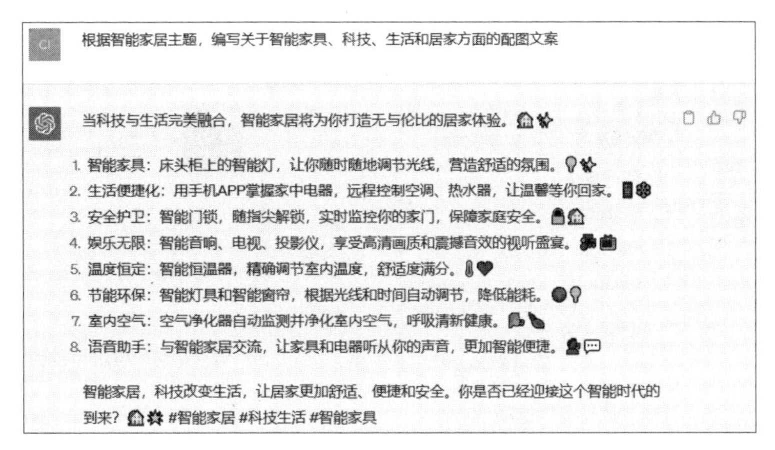

图 2-33　ChatGPT 生成配图文案

步骤 02 复制 ChatGPT 生成的配图文案，打开一个 Word 文档，在标题下方按【Ctrl+V】组合键将其粘贴在标题下方，如图 2-34 所示。

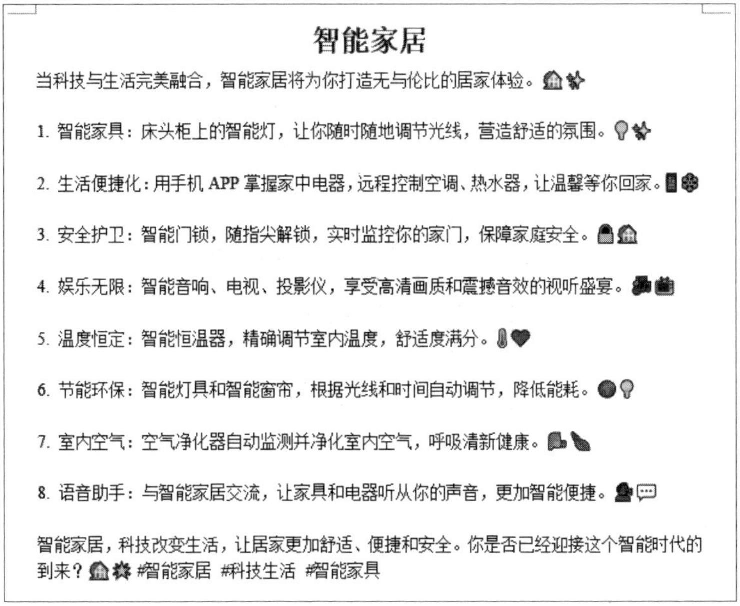

智能家居
当科技与生活完美融合，智能家居将为你打造无与伦比的居家体验。
1. 智能家具：床头柜上的智能灯，让你随时随地调节光线，营造舒适的氛围。
2. 生活便捷化：用手机 APP 掌握家中电器，远程控制空调、热水器，让温馨等你回家。
3. 安全护卫：智能门锁，随指尖解锁，实时监控你的家门，保障家庭安全。
4. 娱乐无限：智能音响、电视、投影仪，享受高清画质和震撼音效的视听盛宴。
5. 温度恒定：智能恒温器，精确调节室内温度，舒适度满分。
6. 节能环保：智能灯具和智能窗帘，根据光线和时间自动调节，降低能耗。
7. 室内空气：空气净化器自动监测并净化室内空气，呼吸清新健康。
8. 语音助手：与智能家居交流，让家具和电器听从你的声音，更加智能便捷。
智能家居，科技改变生活，让居家更加舒适、便捷和安全。你是否已经迎接这个智能时代的到来？ #智能家居 #科技生活 #智能家具

图 2-34　粘贴 ChatGPT 生成的配图文案

步骤 03 在第 1 句话的下方按【Enter】键空出一行，将光标置于段落标记处，在“插入”功能区的“插图”面板中，❶ 单击“图片”下拉按钮；❷ 在展开的列表框中选择“此设备”选项，如图 2-35 所示。

步骤 04 弹出“插入图片”对话框，选择需要插入的图片，如图 2-36 所示。

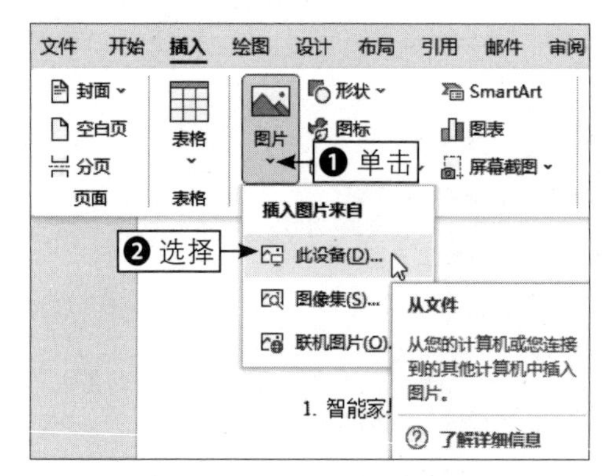

图 2-35　选择“此设备”选项

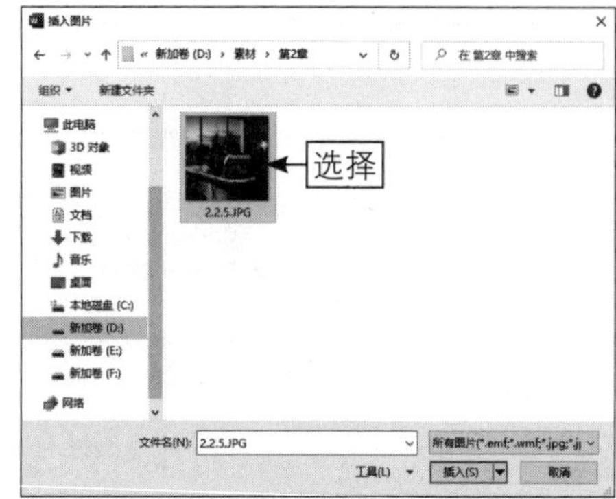

图 2-36　选择需要插入的图片

步骤 05 单击“插入”按钮，即可将图片插入文档，设置图片居中对齐，效果如图 2-37 所示。用户还可以在“图片格式”功能区的“大小”面板中调整图片大小。

智能家居

当科技与生活完美融合，智能家居将为你打造无与伦比的居家体验。

1. 智能家具：床头柜上的智能灯，让你随时随地调节光线，营造舒适的氛围。

2. 生活便捷化：用手机 APP 掌握家中电器，远程控制空调、热水器，让温馨等你回家。

3. 安全护卫：智能门锁，随指尖解锁，实时监控你的家门，保障家庭安全。

4. 娱乐无限：智能音响、电视、投影仪，享受高清画质和震撼音效的视听盛宴。

5. 温度恒定：智能恒温器，精确调节室内温度，舒适度满分。

6. 节能环保：智能灯具和智能窗帘，根据光线和时间自动调节，降低能耗。

7. 室内空气：空气净化器自动监测并净化室内空气，呼吸清新健康。

8. 语音助手：与智能家居交流，让家具和电器听从你的声音，更加智能便捷。

智能家居，科技改变生活，让居家更加舒适、便捷和安全。你是否已经迎接这个智能时代的到来？ #智能家居 #科技生活 #智能家具

图 2-37　设置图片居中对齐后的效果

2.3　将 ChatGPT 接入 Word

将 ChatGPT 接入到 Word 中，可以为用户带来许多便利和优势，无论是需要快速获得信息、寻求创作灵感还是进行内容校对，将 ChatGPT 与 Word 结合使用都能够为用户提供巨大的帮助。

2.3.1　获取 OpenAI API Key（密钥）

扫码看教学视频

OpenAI 是一个人工智能研究实验室和技术公司，而 ChatGPT 是 OpenAI 开发的一种基于自然语言处理的语言模型。在 Word 中接入 ChatGPT，需要使用 OpenAI API Key（密钥），下面介绍获取密钥的操作方法。

步骤 01 首先需要用户访问 ChatGPT 的网站并登录账号，然后进入 OpenAI 官网，在网页右上角单击 Log in（登录）按钮，如图 2-38 所示。

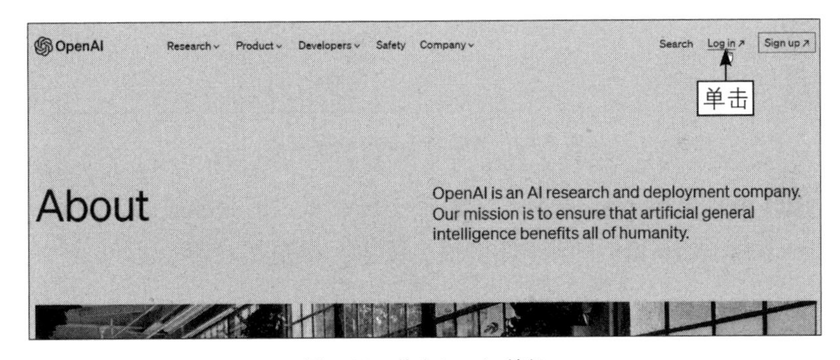

图 2-38　单击 Log in 按钮

步骤 02 执行操作后，进入 OpenAI 页面，选择进入 API 模块，如图 2-39 所示。

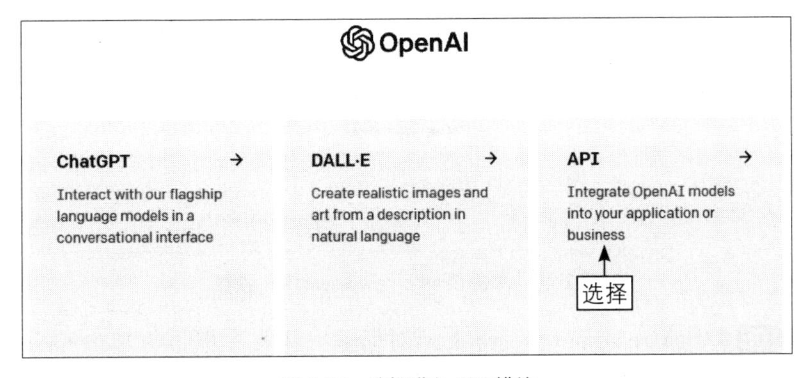

图 2-39　选择进入 API 模块

步骤 03 因前面已经访问并登录了 ChatGPT，所以此处会自动登录 OpenAI 账号，如果跳过登录 ChatGPT 直接进入 OpenAI 网页，则此处需要先登录 OpenAI 账号，❶ 然后在右上角单击账号头像；❷ 在弹出的列表中选择 View API keys（查看 API 密钥）选项，如图 2-40 所示。

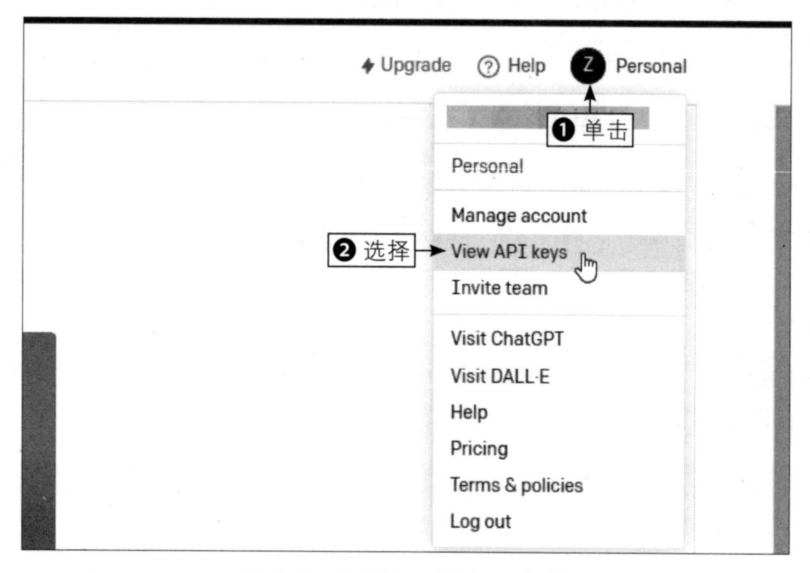

图 2-40　选择 View API keys 选项

步骤 04 进入 API keys 页面，在表格中显示了之前获取过的密钥记录，此处单击 Create new secret key（创建新密钥）按钮，如图 2-41 所示。

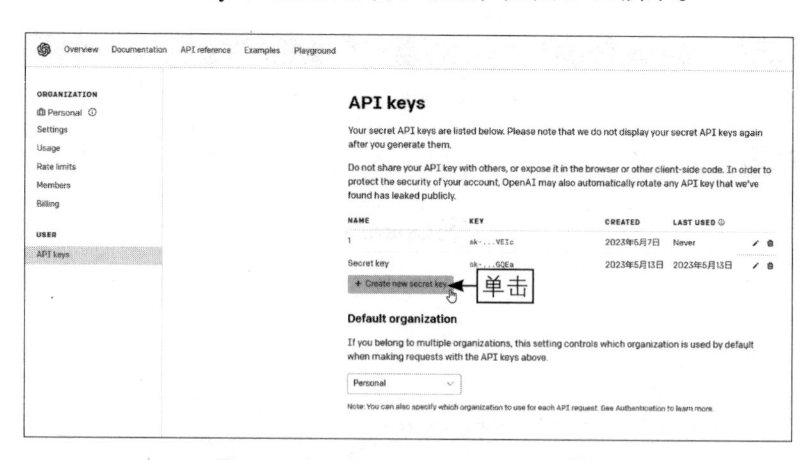

图 2-41　单击 Create new secret key 按钮

步骤 05 弹出 Create new secret key 对话框，在文本框下方单击 Create secret key（创建密钥）按钮，如图 2-42 所示。

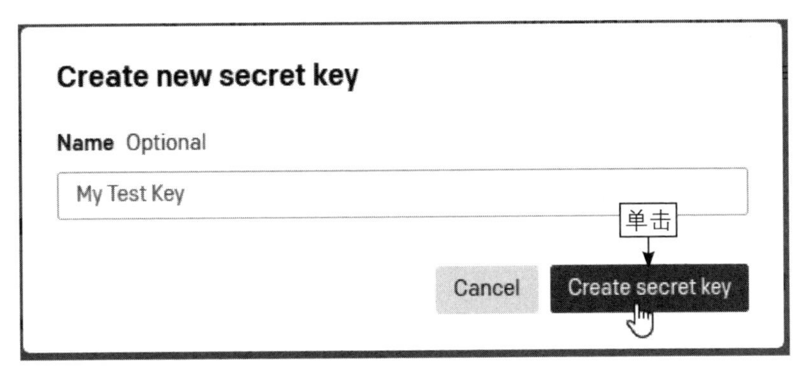

图 2-42　单击 Create secret key 按钮

步骤 06 执行操作后，即可创建密钥，单击文本框右侧的（复制）按钮，如图 2-43 所示，即可获取创建的密钥，在文件夹中创建一个记事本，将密钥粘贴保存。

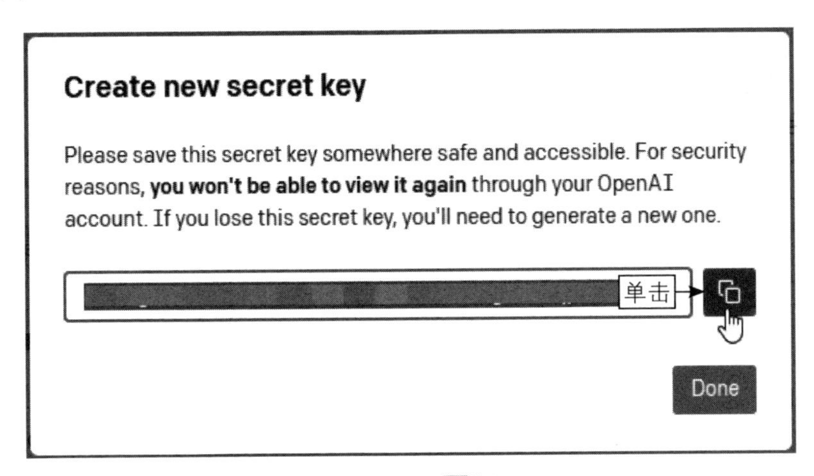

图 2-43　单击按钮

2.3.2　接入 ChatGPT 并创建按钮

扫码看教学视频

在 Word 中通过宏可以接入 ChatGPT，在 Word 中，“开发工具”选项卡在默认状态下是处于隐藏状态的，当需要在 Word 中使用宏或者 VBA 编辑器时，则需要先添加“开发工具”选项卡。在创建宏后，可以构建一个运行快捷按钮，以便直接使用 ChatGPT，下面介绍具体的操作方法。

步骤 01 在 Word 功能区的空白位置，单击鼠标右键，在弹出的快捷菜单中，选择“自定义功能区”命令，如图 2-44 所示。

步骤 02 弹出“Word 选项”对话框，在“主选项卡”选项区中，❶ 选中“开发工具”复选框；❷ 单击“确定”按钮，如图 2-45 所示，即可将“开发工具”选项卡添加到功能区中。

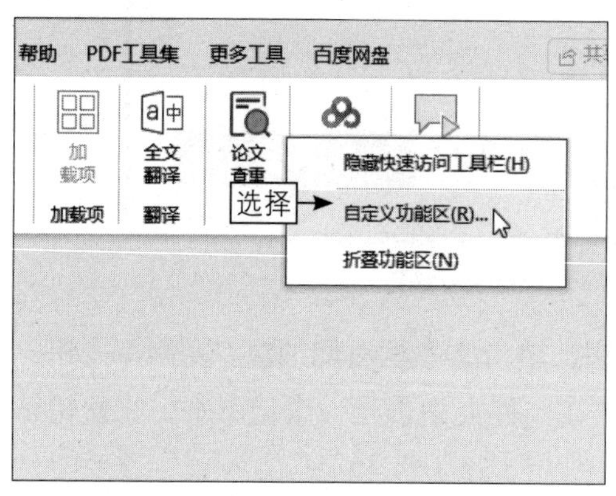

图 2-44　选择“自定义功能区”选项

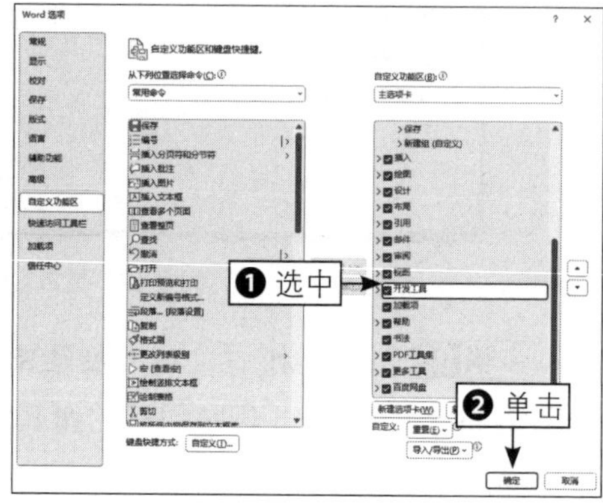

图 2-45　单击“确定”按钮

步骤 03 在“开发工具”功能区中，按【Alt+F11】组合键或单击 Visual Basic 按钮，如图 2-46 所示。

步骤 04 打开 Microsoft Visual Basic for Applications（VBA）编辑器，选择“插入”|“模块”命令，如图 2-47 所示，新建一个空白模块。

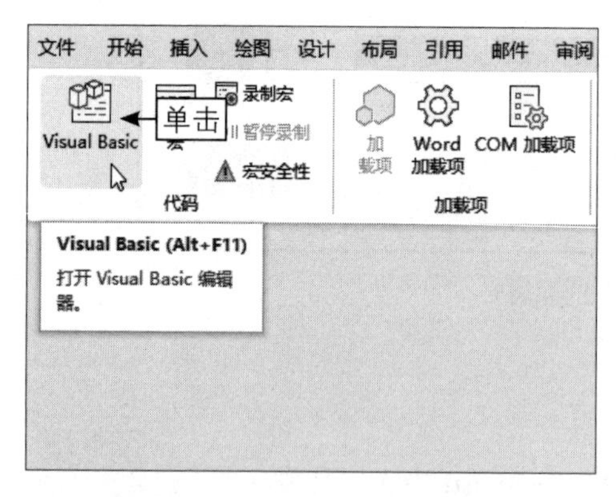

图 2-46　单击 Visual Basic 按钮

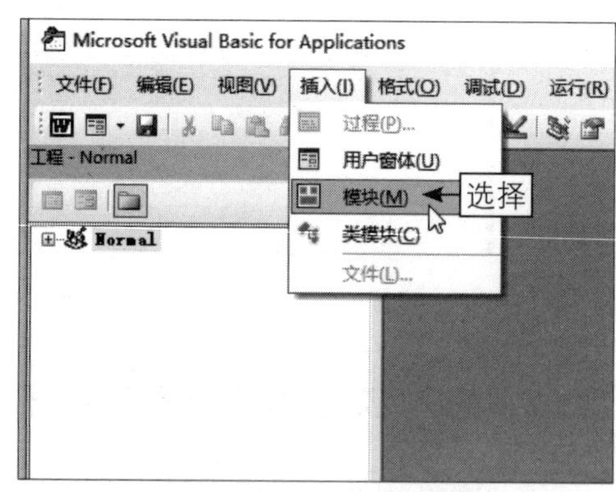

图 2-47　选择“模块”命令

步骤 05 打开一个记事本，其中已经编写好了可以接入 ChatGPT 的宏代码，按【Ctrl+A】组合键全选代码，如图 2-48 所示。

步骤 06 按【Ctrl+C】组合键复制编写的代码，打开 Word 中的 VBA 编辑器，在新建的空白模块中，按【Ctrl+V】组合键粘贴记事本中的宏代码，选择“替换为 ChatGpt 的 API 密钥”，如图 2-49 所示。

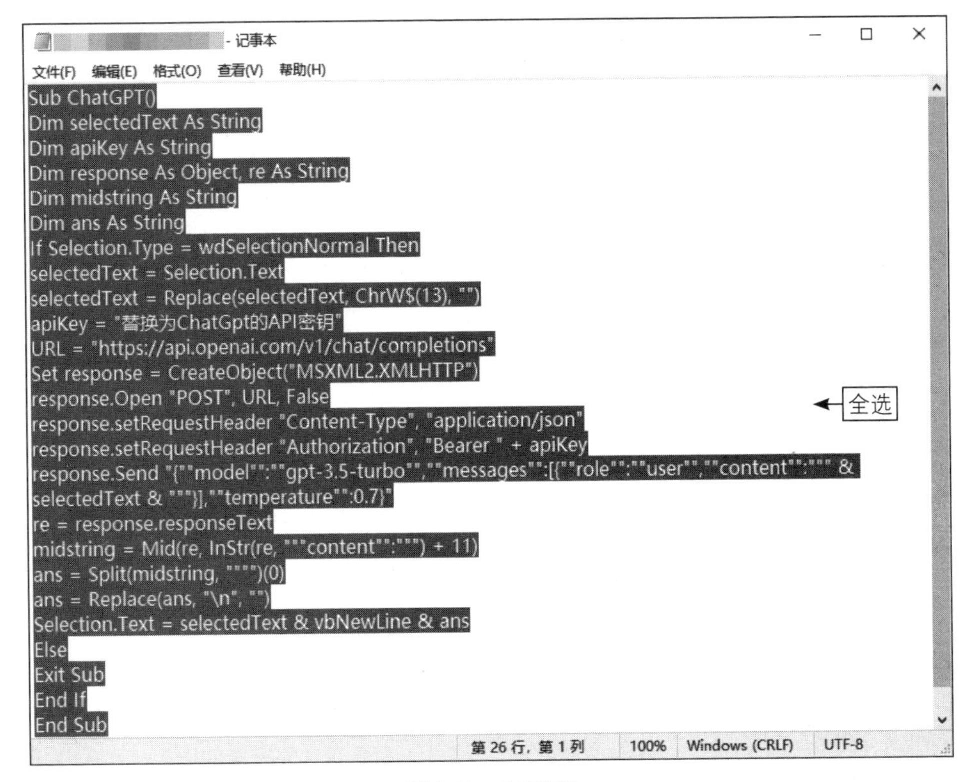

图 2-48　全选代码

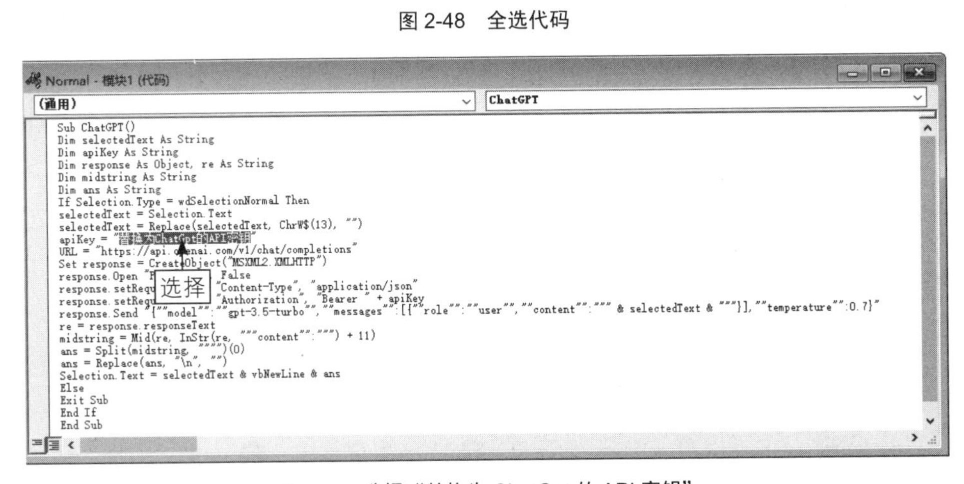

图 2-49　选择“替换为 ChatGpt 的 API 密钥”

步骤 07 按【Delete】键删除所选内容，并输入 2.3.1 节中获取的 API 密钥，单击“保存”按钮，如图 2-50 所示，将宏保存。

步骤 08 打开“Word 选项”对话框，在“自定义功能区”|“主选项卡”选项区中，❶ 选择“开发工具”选项；❷ 单击“新建组”按钮，如图 2-51 所示。

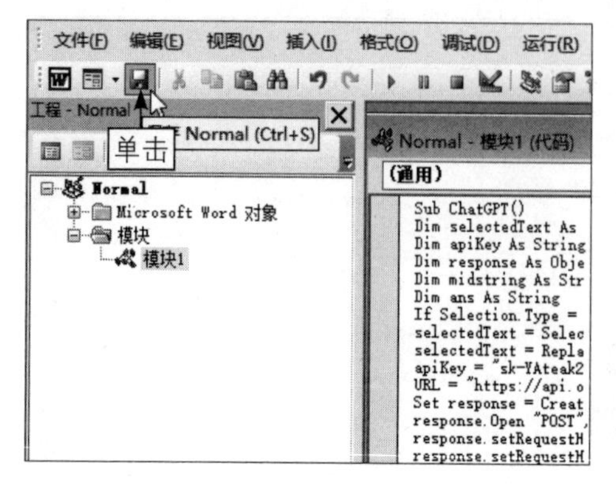

图 2-50　单击“保存”按钮

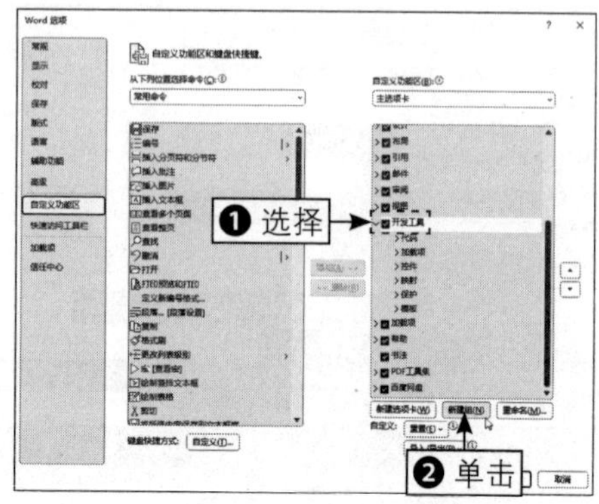

图 2-51　单击“新建组”按钮

步骤 09 执行操作后，即可新建一个组，单击“重命名”按钮，如图 2-52 所示。

步骤 10 弹出“重命名”对话框，在“显示名称”文本框中输入组名称，如图 2-53 所示。

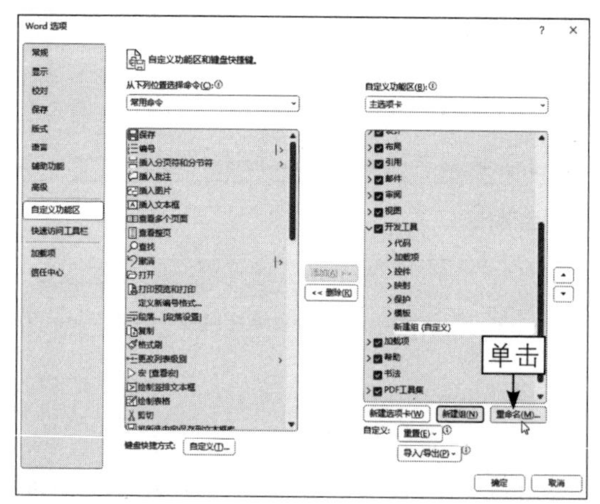

图 2-52　单击“重命名”按钮（1）

图 2-53　输入组名称

步骤 11 单击“确定”按钮，返回“Word 选项”对话框，在“从下列位置选择命令”列表框中，选择“宏”选项，如图 2-54 所示。

步骤 12 在下方会显示保存过的宏，❶ 选择需要的宏；❷ 单击“添加”按钮，如图 2-55 所示。

步骤 13 执行操作后，即可将所选择的宏添加到新建的组中，单击“重命名”按钮，如图 2-56 所示。

步骤 14 弹出“重命名”对话框，❶ 在“显示名称”文本框中输入名称；❷ 在上方选择一个符号作为按钮图标，如图 2-57 所示。

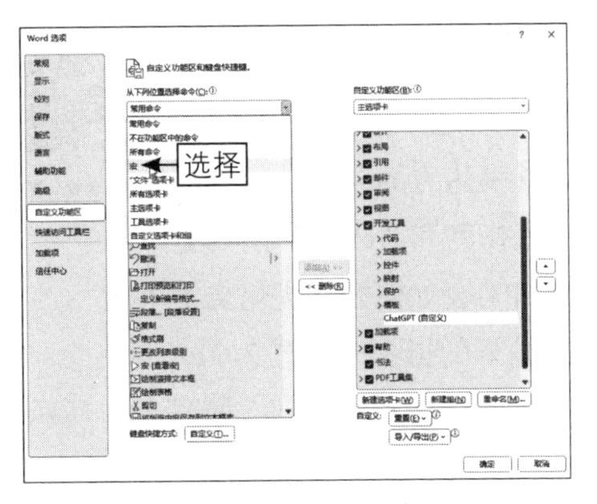

图 2-54　选择“宏”选项

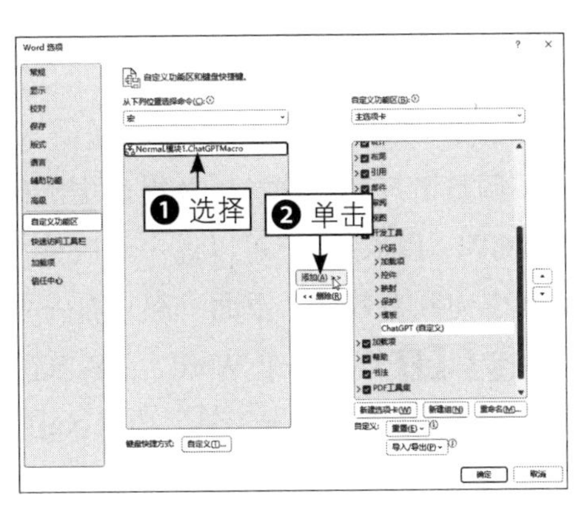

图 2-55　单击“添加”按钮

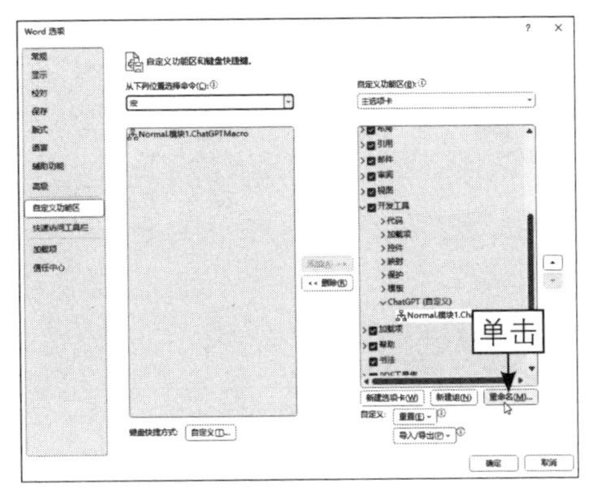

图 2-56　单击“重命名”按钮（2）

图 2-57　选择一个符号

步骤 15 执行上述操作后，单击“确定”按钮，即可修改宏按钮的名称和图标，如图 2-58 所示。

步骤 16 单击“确定”按钮，即可在“开发工具”功能区中添加 ChatGPT 运行按钮，如图 2-59 所示。

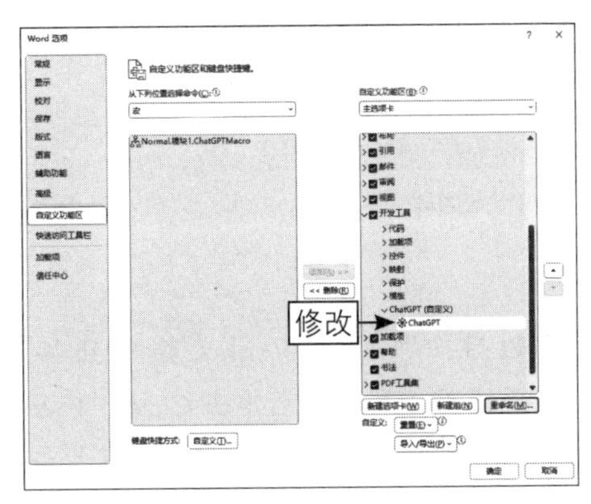

图 2-58　修改宏按钮的名称和图标

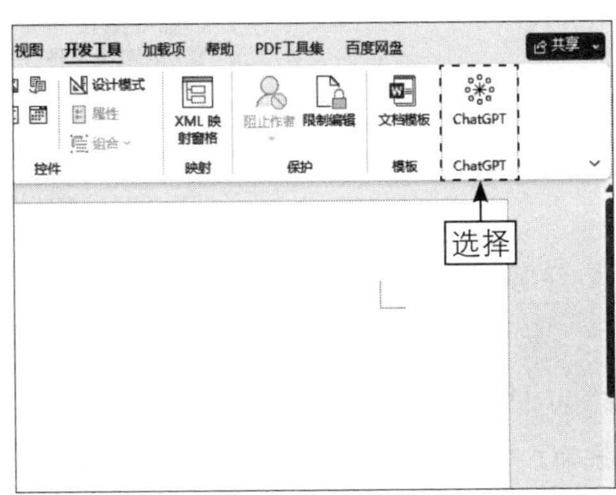

图 2-59　添加 ChatGPT 运行按钮

2.3.3 用 ChatGPT 优化文本用词

借助 ChatGPT 的广泛训练和语言模型，可以为用户提供替代用词、调整语气和风格，以及提供更准确、更具表达力的词汇。通过与 ChatGPT 互动，用户可以进一步改善文本的流畅度和清晰度，使其更具吸引力和有效性。下面一起来看一下 ChatGPT 会如何智能优化文本用词。

步骤 01 打开一个 Word 文档，选择已经输入的指令，如图 2-60 所示。

步骤 02 在“开发工具”功能区中，单击 ChatGPT 运行按钮，如图 2-61 所示。

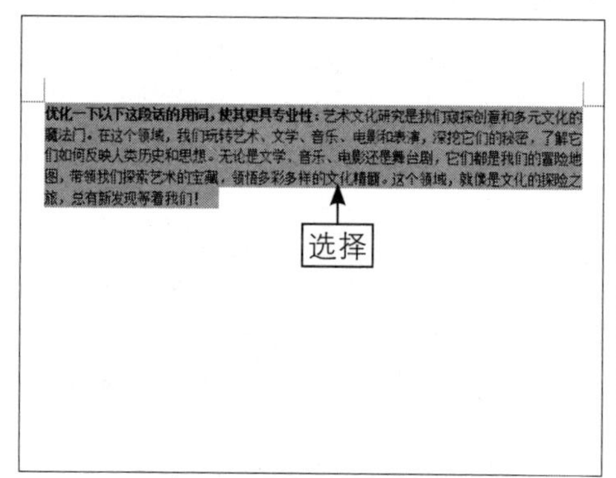

图 2-60 选择已经输入的指令

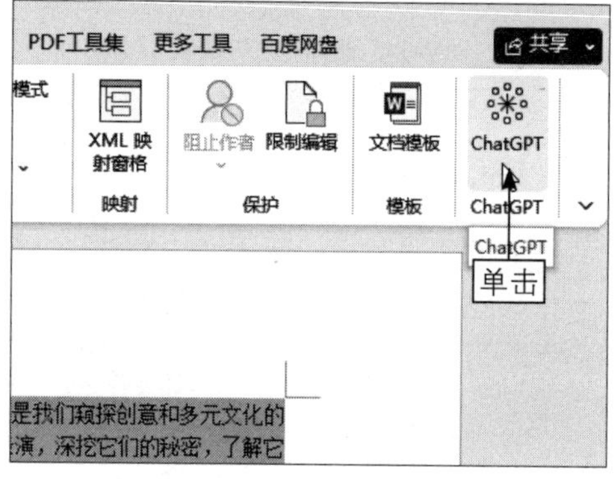

图 2-61 单击 ChatGPT 运行按钮

步骤 03 稍等片刻，ChatGPT 即可在 Word 文档中优化文本用词，并重新生成一份文本内容，如图 2-62 所示。

优化一下以下这段话的用词，使其更具专业性：艺术文化研究是我们窥探创意和多元文化的魔法门。在这个领域，我们玩转艺术、文学、音乐、电影和表演，深挖它们的秘密，了解它们如何反映人类历史和思想。无论是文学、音乐、电影还是舞台剧，它们都是我们的冒险地图，带领我们探索艺术的宝藏，领悟多彩多样的文化精髓。这个领域，就像是文化的探险之旅，总有新发现等着我们！

生成

艺术文化研究代表了一扇通向创意与多元文化的奇妙之门。在这一学科领域，我们深入探讨了艺术、文学、音乐、电影和表演等多种艺术表现形式，揭示了它们所蕴含的深刻内涵，以及它们如何反映了人类历史和思想。无论是文学、音乐、电影还是舞台艺术，它们都构成了我们的探索领域，引领我们踏上一场充满冒险的旅程，去探寻艺术的珍宝，理解多元文化的核心精髓。这个学科领域犹如一场文化探险之旅，时刻准备着为我们揭示新的发现！

图 2-62 重新生成一份文本内容

★ 专家提醒 ★

用户在 Word 中构建好 ChatGPT 运行按钮后，即可在 Word 文档中直接与 ChatGPT 进行交互。例如，直接提出问题或描述文本要求等，然后单击 ChatGPT 运行按钮，即可在文档中直接获取 ChatGPT 生成的回复。需要注意的是，用户的账号要付费升级到 ChatGPT Plus 版本才能正常运用 ChatGPT，否则生成的回复会是无效的内容。

2.3.4　用 ChatGPT 改写文章风格

扫码看教学视频

ChatGPT 可以为用户提供不同的写作风格，例如正式、轻松、学术及幽默等，从而使文本更具个性和吸引力。下面一起来探索一下 ChatGPT 会如何智能改写文章的风格。

步骤 01 打开一个 Word 文档，选择已经输入的指令，如图 2-63 所示。

用幽默搞笑的风格，改写以下这段话：探索无限可能！加入我们的特别活动，一起享受一天充满乐趣和惊喜。精彩活动包括创意工坊、美食品尝、音乐表演和精彩抽奖，满足各种兴趣和口味。无论您是创意灵魂、美食家还是音乐爱好者，这都是一个不容错过的机会。与家人朋友一起度过美好时光，让我们一起创建难忘的回忆！快来参加我们的活动，让您的周末更加精彩！

选择

图 2-63　选择已经输入的指令

步骤 02 在“开发工具”功能区中，单击 ChatGPT 运行按钮，稍等片刻，ChatGPT 即可在 Word 文档中用幽默搞笑的风格智能改写文本内容，如图 2-64 所示。

用幽默搞笑的风格，改写以下这段话：探索无限可能！加入我们的特别活动，一起享受一天充满乐趣和惊喜。精彩活动包括创意工坊、美食品尝、音乐表演和精彩抽奖，满足各种兴趣和口味。无论您是创意灵魂、美食家还是音乐爱好者，这都是一个不容错过的机会。与家人朋友一起度过美好时光，让我们一起创建难忘的回忆！快来参加我们的活动，让您的周末更加精彩！

嘿，亲爱的朋友们！准备好探索无限可能吗？别再犹豫，加入我们的特别活动，一起享受一天充满乐趣和惊喜！

这个活动简直就是一场疯狂的冒险，就像是个疯狂科学家的创意工坊！如果你总是有一股神秘的创意涌上心头，那这个活动绝对是你的菜。不仅如此，我们还有美食品尝，这可不是一般的美味，而是会让你的味蕾跳个不停！当然，音乐爱好者们也别担心，我们还有音乐表演等你来欣赏。

而且，更重要的是，我们有精彩抽奖！不管你是创意灵魂，美食家还是音乐狂热者，这都是一个不容错过的机会。当然，也别忘了叫上你的家人和朋友，让他们也来分享这个美好时光。让我们一起制造一些令人难忘的回忆，因为这可是绝佳的机会哦！

所以，别再犹豫了，快来参加我们的活动，让您的周末变得更加精彩，充满乐趣和笑声！准备好了吗？快点加入我们吧！

改写

图 2-64　用幽默搞笑的风格智能改写文本内容

※ 本章小结

本章主要向读者介绍了 AI 文档创作的相关基础知识，首先介绍了 Office 办公软件构成；其次介绍了用 ChatGPT 进行内容创作的操作方法，包括用 ChatGPT 生成论文大纲、协助翻译工作、写作自媒体文章、构思宣传文案及编写配图文案等；最后介绍了将 ChatGPT 接入 Word 并进行文档内容处理的操作方法，包括获取 OpenAI API Key（密钥）、接入 ChatGPT 并创建按钮、用 ChatGPT 优化文本用词和改写文章风格等。通过对本章的学习，读者可以掌握用 AI 技术进行文档创作的操作方法。

※ 课后习题

鉴于本章知识的重要性，为了帮助读者更好地掌握所学知识，本节将通过课后习题，帮助读者进行简单的知识回顾和补充。

1. 在 ChatGPT 中使用“帮我策划一个以 ××× 为主题的短视频创意脚本，要求：×××”指令模板，生成以中秋节为主题的短视频创意脚本，部分内容如图 2-65 所示。

《中秋寻月记》

场景一：情感交流

- 开场：画面显示一个现代城市的繁忙街道，年轻人们匆忙地走着。
- 音乐：欢快的中秋节背景音乐。
- 主人公：一位年轻人（小明），拿着手机，看着日程表，感到有些孤独。

场景二：发现神秘信息

- 小明走过一家咖啡店时，突然看到窗户上贴着一张纸条。
- 纸条上写着：“今晚，月圆之夜，来到城市公园的亭子里，你会找到答案。”
- 小明感到好奇，把纸条拍照保存在手机里。

图 2-65　用 ChatGPT 生成短视频创意脚本（部分内容）

2. 使用 ChatGPT 宏按钮根据种子词“古风”生成活动策划，部分内容如图 2-66 所示。

根据种子词“古风”生成活动策划

主题：古风飘扬，重温经典

活动概述：
古风活动是一场精彩绝伦的文化盛宴，旨在重温中国古代文化的魅力。我们将深入探索古代诗词、服饰、音乐、舞蹈等元素，通过多种互动方式，让参与者亲身体验古风之美。

活动亮点：
1. 古装秀：邀请参与者穿上汉服或其他古代服饰，举行古装秀，展示古代的优美风采。

2. 诗词朗诵：组织诗词朗诵比赛，让参与者在古典文学的海洋中尽情徜徉。

3. 古乐演奏：现场演奏古代乐曲，让人们感受古乐的神韵。

4. 古舞表演：精彩的古代舞蹈表演，展示古风之美。

图 2-66　用 ChatGPT 宏按钮生成活动策划（部分内容）

第 3 章

AI 表格处理：ChatGPT+Excel

在如今的数字化时代，人工智能技术正在以惊人的速度改变着我们的工作方式。将 ChatGPT 与 Excel 相结合，可以利用 AI 技术进行表格处理，为企业和个人提供了前所未有的效率和精度。本章我们将深入挖掘如何利用这个强大的组合来优化数据处理和计算。

3.1　用 ChatGPT 编写函数公式

Excel 中内置了 400 多种函数，能够满足用户进行统计、判断、查找及筛选等数据处理和分析需求。用户在编写函数公式时可以用 ChatGPT 编写函数公式，在 Excel 中进行智能运算，这样既便捷又不易出错。

在向 ChatGPT 发送编写函数公式的指令时，需要注意以下几点。

1. 准确描述 Excel 相关需求

在向 ChatGPT 提问时，要准确、清晰地描述在 Excel 中需要完成的具体任务或需求，具体明确的提问有助于 ChatGPT 理解用户的意图并给出准确的答案。

2. 提供足够的数据源信息

在向 ChatGPT 提问时，如果用户的需求涉及处理特定的数据源或数据表，务必提供相关的数据源信息，以便 ChatGPT 更好地理解用户的问题。

3. 引用具体的函数或功能

在向 ChatGPT 提问时，可以在问题中引用具体的 Excel 函数或功能名称，有助于 ChatGPT 的回复更加准确、更符合用户的预期。

3.1.1　用 ChatGPT 计算满勤奖金

扫码看教学视频

在 Excel 中，IF 函数被归类为逻辑函数，用于根据一个给定的条件返回不同的值，在 Excel 中广泛用于条件判断和逻辑运算。下面以按条件计算满勤奖金为例，介绍使用 ChatGPT 编写 IF 函数公式的操作方法。

步骤 01 打开一个工作表，如图 3-1 所示，B 列为员工出勤天数，当出勤天数等于或大于标准天数时即为满勤，满勤的员工即可获得 200 元奖金。

	A	B	C
1	员工	出勤标准：24天	满勤奖金：200元
2	张三	23	
3	李四	24	
4	王五	24	
5	赵六	22	
6	王超	20	
7	马汉	24	

图 3-1　打开一个工作表

步骤 02 打开 ChatGPT 的聊天窗口，在输入框中输入“在 Excel 工作表中，B 列为员工的出勤天数，当出勤天数等于或大于 24 天时即为满勤，满勤的员工即可获得 200 元奖金，如何用 IF 函数公式来进行计算？”按【Enter】键发送，ChatGPT 即可根据提问编写 IF 函数公式，如图 3-2 所示。

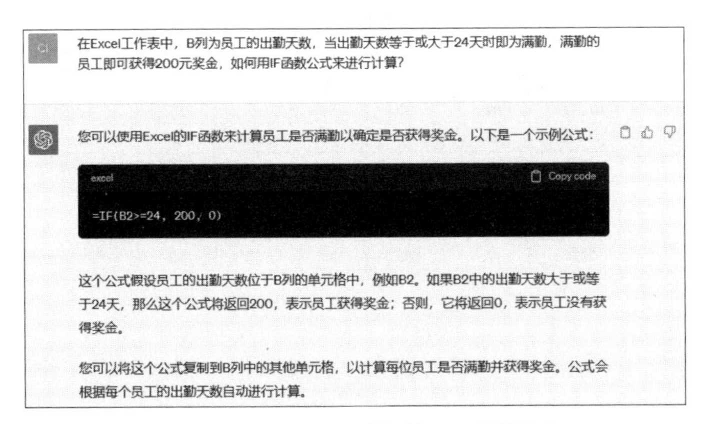

图 3-2　ChatGPT 根据提问编写 IF 函数公式

步骤 03 复制函数公式，返回 Excel 工作表，将公式粘贴在 C2 单元格中：=IF(B2>=24,200,0)，并将公式填充至 C7 单元格，计算所有员工的满勤奖金，效果如图 3-3 所示。

C2　=IF(B2>=24, 200, 0)

员工	出勤标准：24天	满勤奖金：200元
张三	23	0
李四	24	200
王五	24	200
赵六	22	0
王超	20	0
马汉	24	200

计算

图 3-3　计算所有员工的满勤奖金

3.1.2　用 ChatGPT 判断学生成绩等次

前面介绍了用 ChatGPT 编写 IF 函数公式按单个条件计算的操作方法，除了单个条件，IF 函数还可以结合 AND 函数根据多个条件进行判断和计算。下面以多条件判断学生成绩等次为例，介绍具体的操作方法。

扫码看教学视频

步骤 01 打开一个工作表，如图 3-4 所示，需要在 G 列对各个学生的成绩进行等次评定：各科分数平均分为 80 分以上，且没有一科分数低于 70 分的为优秀；平均分 80 分以上，如果有一科以上分数低于 70 分的为优良；平均分 60 ～ 79 分，且没有一科低于 60 分的为合格，有一科低于 60 分的为挂科。

	A	B	C	D	E	F	G
1	学生姓名	财务管理原理	资本预算	资本结构	风险管理	财务市场	成绩等次
2	杨淑敏	84	80	83	84	85	
3	张子晨	59	70	92	77	46	
4	刘涵	74	80	89	69	92	
5	陈冉	87	74	71	91	92	
6	周末	94	85	70	82	62	
7	鲁源	77	82	83	78	93	

图 3-4　打开一个工作表

步骤 02 打开 ChatGPT 的聊天窗口，在输入框中输入“在工作表中，B 列至 F 列是科目分数，需要用 IF 函数和 AND 函数编写一个多条件判断公式：各科分数平均分为 80 分以上，且没有一科分数低于 70 分的为优秀；平均分 80 分以上，如果有一科以上分数低于 70 分的为优良；平均分 60 ～ 79 分，且没有一科低于 60 分的为合格，有一科低于 60 分的为挂科”，按【Enter】键发送，ChatGPT 即可根据提问编写多条件判断公式，如图 3-5 所示。

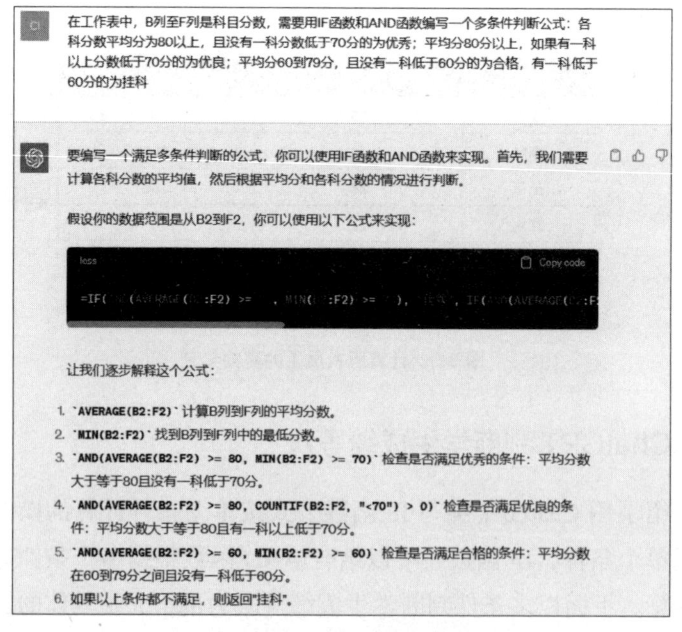

图 3-5　ChatGPT 编写多条件判断公式

步骤 03 复制函数公式，返回 Excel 工作表，将公式粘贴在 G2 单元格中：=IF(AND(AVERAGE(B2:F2)>=80,MIN(B2:F2)>=70)," 优　秀 ", IF(AND(AVERAGE(B2:F2)>=80,COUNTIF(B2:F2,"<70")>0)," 优良 ",IF(AND(AVERAGE(B2:F2)>=60,MIN(B2:F2)>=60)," 合格 "," 挂科 "))), 并将公式填充至 G7 单元格，判断学生成绩等次，效果如图 3-6 所示。

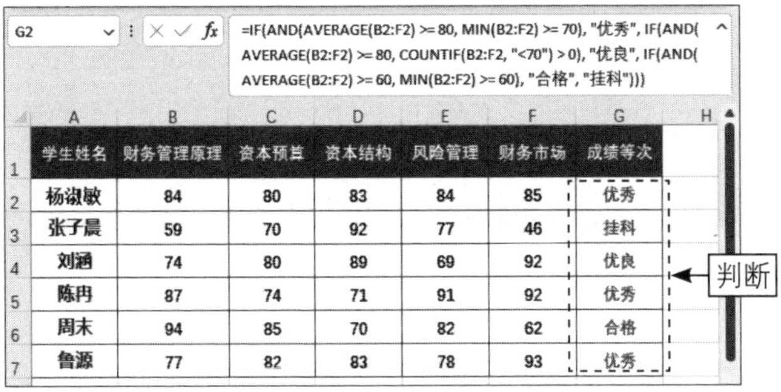

G2　=IF(AND(AVERAGE(B2:F2) >= 80, MIN(B2:F2) >= 70), "优秀", IF(AND(AVERAGE(B2:F2) >= 80, COUNTIF(B2:F2, "<70") > 0), "优良", IF(AND(AVERAGE(B2:F2) >= 60, MIN(B2:F2) >= 60), "合格", "挂科")))

学生姓名	财务管理原理	资本预算	资本结构	风险管理	财务市场	成绩等次
杨淑敏	84	80	83	84	85	优秀
张子晨	59	70	92	77	46	挂科
刘涵	74	80	89	69	92	优良
陈冉	87	74	71	91	92	优秀
周末	94	85	70	82	62	合格
鲁源	77	82	83	78	93	优秀

判断

图 3-6　判断学生成绩等次

3.1.3　用 ChatGPT 提取指定的内容

扫码看教学视频

在 Excel 中，当需要批量提取的内容格式和位置一致时，可以让 ChatGPT 用函数公式来进行提取，例如表格中的标题文本格式为"××××：×××××××××"，前缀名为 5 个字符，需要提取前缀名后面的内容则可以指定提取从第 6 个字符开始的剩余部分内容。下面介绍用 ChatGPT 提取指定位置标题的操作方法。

步骤 01 打开一个工作表，如图 3-7 所示，在 A 列单元格中的文章标题都有 4 个字作为前缀名，加上冒号，前缀名共有 5 个字符，需要将从第 6 个字符开始的标题内容提取到 B 列单元格中。

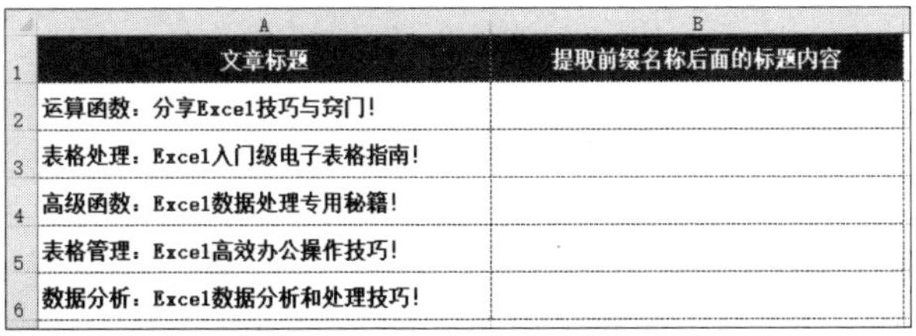

文章标题	提取前缀名称后面的标题内容
运算函数：分享Excel技巧与窍门！	
表格处理：Excel入门级电子表格指南！	
高级函数：Excel数据处理专用秘籍！	
表格管理：Excel高效办公操作技巧！	
数据分析：Excel数据分析和处理技巧！	

图 3-7　打开一个工作表

步骤 02 打开 ChatGPT 的聊天窗口，在输入框中输入"在 Excel 工作表中，A 列为文章标题，需要在 B 列将 A 列单元格中从第 6 个字符开始的内容提取出来，可以用什么函数公式解决？” 按【Enter】键发送，ChatGPT 即可提供提取标题的公式，如图 3-8 所示。

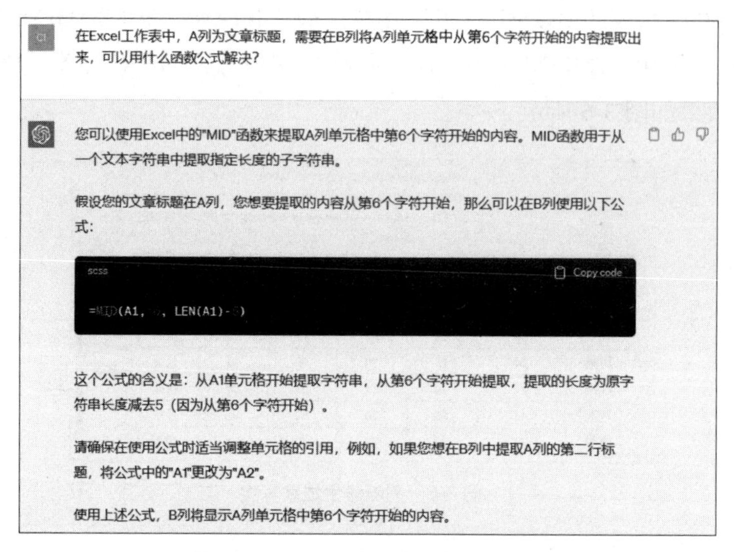

图 3-8　ChatGPT 提供提取标题的公式

步骤 03 复制 ChatGPT 提供的提取公式，在 Excel 工作表中，选择 B2:B6 单元格，❶ 在编辑栏中粘贴复制的公式，并将 A1 改为 A2:=MID(A2,6,LEN(A2)-5)；按【Ctrl+Enter】组合键确认，❷ 即可批量提取指定的内容，效果如图 3-9 所示。

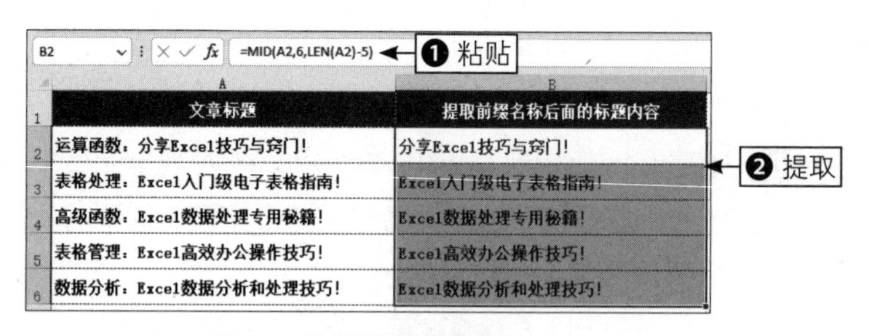

	A	B
1	文章标题	提取前缀名称后面的标题内容
2	运算函数：分享Excel技巧与窍门！	分享Excel技巧与窍门！
3	表格处理：Excel入门级电子表格指南！	Excel入门级电子表格指南！
4	高级函数：Excel数据处理专用秘籍！	Excel数据处理专用秘籍！
5	表格管理：Excel高效办公操作技巧！	Excel高效办公操作技巧！
6	数据分析：Excel数据分析和处理技巧！	Excel数据分析和处理技巧！

图 3-9　批量提取指定的内容

3.1.4　用 ChatGPT 计算奖金区间人数

扫码看教学视频

计算符合区间内的人数可以用 FREQUENCY 函数，它是 Excel 中的一个统计函数，用于计算数据集中各数值的频率分布。该函数可以帮助我们了解数据集中数值出现的次数，并将这些次数分组到指定的区间范围内。下面通过实例介绍用 ChatGPT 编写 FREQUENCY 函数公式计算奖金区间人数的方法。

步骤 01 打开一个工作表，如图 3-10 所示，需要统计各个奖金区间的人数。注意：这里在单元格中输入区间条件时输入的是各区间的上限值，例如 0 ～ 800，输入的上限值则是 800。

编号	姓名	奖金		奖金区间	人数
23110001	刘紫萱	1450		800	
23110002	张玉成	1100		1000	
23110003	罗欣	850		1200	
23110004	周宇	750		1500	
23110005	张雨涵	1150			
23110006	程曦	1500			
23110007	周子晨	770			
23110008	刘宇铮	1530			

图 3-10　打开一个工作表

步骤 02 打开 ChatGPT 的聊天窗口，在输入框中输入“在 Excel 工作表中，需要根据 E2:E5 单元格中的区间条件对 C2:C9 单元格中的值进行计数，请用 FREQUENCY 函数编写一个运算公式”，按【Enter】键发送，ChatGPT 即可根据提问回复 FREQUENCY 函数运算公式，如图 3-11 所示。

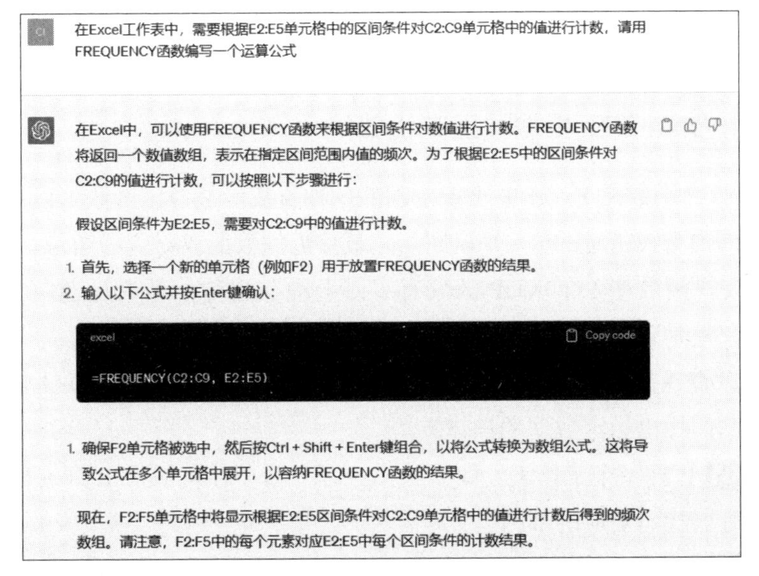

图 3-11　ChatGPT 回复 FREQUENCY 函数运算公式

步骤 03 复制函数公式，返回 Excel 工作表，选择 F2:F5 单元格，❶ 在编辑栏中粘贴复制的公式：=FREQUENCY(C2:C9,E2:E5)；❷ 按【Ctrl+Shift+Enter】

组合键确认，即可统计符合区间条件的数量，效果如图 3-12 所示。

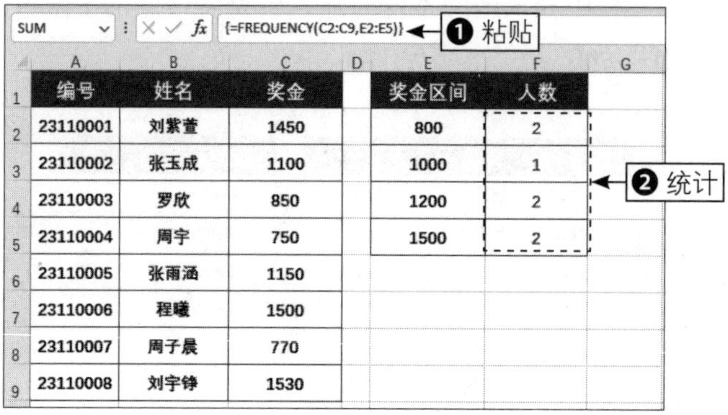

{=FREQUENCY(C2:C9,E2:E5)} ❶粘贴

编号	姓名	奖金		奖金区间	人数
23110001	刘紫萱	1450		800	2
23110002	张玉成	1100		1000	1
23110003	罗欣	850		1200	2
23110004	周宇	750		1500	2
23110005	张雨涵	1150			
23110006	程曦	1500			
23110007	周子晨	770			
23110008	刘宇铮	1530			

❷统计

图 3-12　统计符合区间条件的数量

★ 专 家 提 醒 ★

在 Excel 中，当输入的公式为数组公式时，需要用【Ctrl+Shift+Enter】组合键将公式确认为数组公式。

在 Excel 中，数组公式是一种特殊的公式，用于在多个单元格范围内进行计算，并返回多个结果。这些公式通常涉及数组操作，例如对范围内的每个单元格进行计算、汇总或筛选。在确认数组公式后，Excel 会自动在公式周围添加大括号 {} 以表示结果是一个数组，无须手动输入大括号。

3.1.5　用 ChatGPT 根据员工查找部门

扫码看教学视频

LOOKUP 函数是 Excel 中比较常用的一种查找函数，该函数可以在指定范围内查找指定的值，并返回与之最接近的数值或对应的结果。在 Excel 查找函数中 LOOKUP 函数有“万金油”之称，不论是逆向查找数据，还是正向查找数据，LOOKUP 函数都非常实用、适用。

下面以查找员工对应的部门为例，介绍用 ChatGPT 编写 LOOKUP 函数公式在指定范围内找出指定数据的操作方法。

步骤 01 打开一个工作表，如图 3-13 所示，需要在 A 列和 B 列表格范围中，根据员工姓名找出对应的部门。

步骤 02 打开 ChatGPT 的聊天窗口，在输入框中输入“在 Excel 工作表的 E 列单元格中，如何使用 LOOKUP 函数公式，在 B2:B11 单元格范围内查找 D 列单元格中的值，并返回相应的结果在 A2:A11 单元格范围内？”按【Enter】键发送，ChatGPT 即可根据提问编写函数公式，如图 3-14 所示。

	A	B	C	D	E	F
1	部门	员工姓名		员工姓名	部门	
2	人事部	张一一		林木木		
3	品管部	周小天		林冉		
4	品管部	卢月		木易		
5	生产部	程暖		张一一		
6	管理部	李连画				
7	生产部	林木木				
8	人事部	木易				
9	财务部	沐水木				
10	财务部	梦林夕				
11	销售部	林冉				

图 3-13　打开一个工作表

在Excel工作表的E列单元格中，如何使用LOOKUP函数公式，在B2:B11单元格范围内查找D列单元格中的值，并返回相应的结果在A2:A11单元格范围内？

在Excel工作表的E列单元格中使用LOOKUP函数公式，在B2:B11单元格范围内查找D列单元格中的值，并返回相应的结果在A2:A11单元格范围内，可以按照以下步骤进行：

1. 在E2单元格中输入以下公式：

```excel
=LOOKUP(D2, B2:B11, A2:A11)
```

1. 按下Enter键，该公式将返回D2单元格中的值在B2:B11范围内进行查找，并在A2:A11范围内找到对应的值返回到E2单元格中。
2. 将E2单元格中的公式拖拽填充至E3:E11单元格，以应用公式到整个E列。

这样，你就可以在E列中找到B列对应值所在的A列的值了。请确保D列中的值在B列范围内有对应的匹配项，否则将返回错误值#N/A。

图 3-14　ChatGPT 编写函数公式

步骤 03 复制函数公式，返回 Excel 工作表，❶ 选择 E2:E5 单元格区域；❷ 将公式粘贴在编辑栏中：=LOOKUP(D2,B2:B11,A2:A11)，如图 3-15 所示。

步骤 04 执行操作后，选择第 2 个条件参数和第 3 个条件参数，按【F4】键使用绝对引用，如图 3-16 所示。

步骤 05 执行操作后，按【Ctrl+Enter】组合键，即可根据员工姓名查找到对应的部门，如图 3-17 所示。

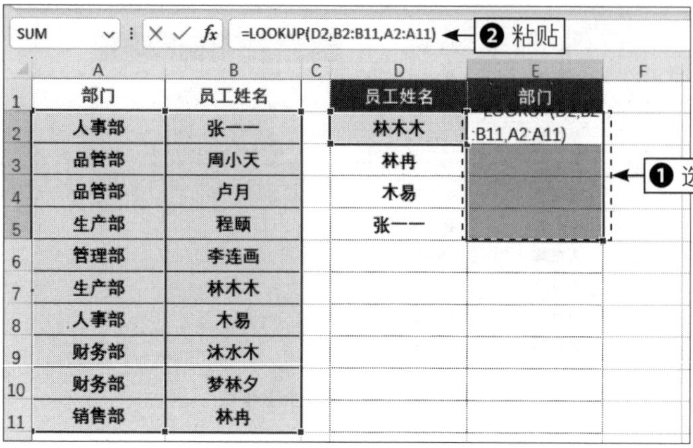

SUM | =LOOKUP(D2,B2:B11,A2:A11) ← ❷粘贴

	A	B	C	D	E	F
1	部门	员工姓名		员工姓名	部门	
2	人事部	张一一		林木木	=LOOKUP(D2,B2:B11,A2:A11)	
3	品管部	周小天		林冉		
4	品管部	卢月		木易		
5	生产部	程颐		张一一		
6	管理部	李连画				
7	生产部	林木木				
8	人事部	木易				
9	财务部	沐水木				
10	财务部	梦林夕				
11	销售部	林冉				

❶选择

图 3-15　粘贴公式

SUM | =LOOKUP(D2,$B$2:$B$11,$A$2:$A$11)

LOOKUP(lookup_value, lookup_vector, [result_vector])
LOOKUP(lookup_value, array)

绝对引用

	A	B	C	D	E	F
1	部门	员工姓名				
2	人事部	张一一			$A$11)	
3	品管部	周小天		林冉		
4	品管部	卢月		木易		
5	生产部	程颐		张一一		
6	管理部	李连画				
7	生产部	林木木				
8	人事部	木易				
9	财务部	沐水木				
10	财务部	梦林夕				
11	销售部	林冉				

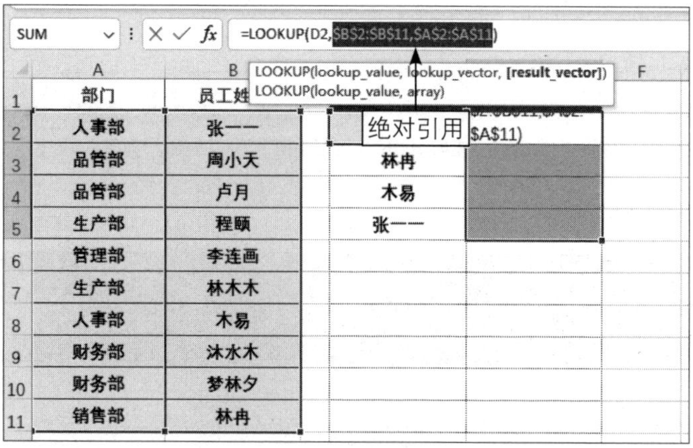

图 3-16　绝对引用两个条件参数

E2 | =LOOKUP(D2,$B$2:$B$11,$A$2:$A$11)

	A	B	C	D	E	F
1	部门	员工姓名		员工姓名	部门	
2	人事部	张一一		林木木	生产部	
3	品管部	周小天		林冉	生产部	
4	品管部	卢月		木易	人事部	
5	生产部	程颐		张一一	销售部	
6	管理部	李连画				
7	生产部	林木木				
8	人事部	木易				
9	财务部	沐水木				
10	财务部	梦林夕				
11	销售部	林冉				

查找

图 3-17　根据员工姓名查找到对应的部门

3.2　用 ChatGPT 处理表格数据

利用 ChatGPT 的强大功能，可以帮助用户高效地处理数据，包括高亮显示销售数据、查找重复的订单号、分析商品是否打折，以及提供数据排序方法等，让用户可以留出更多时间，专注于更重要的工作任务。

3.2.1　用 ChatGPT 高亮显示销售数据

扫码看教学视频

在 Excel 表格中，数据高亮显示可以让用户更容易识别和分析数据。用户可以向 ChatGPT 询问在 Excel 中高亮显示数据的方法，一般情况下，ChatGPT 首先提供的是比较简单的方法，并会详细写明操作步骤，下面通过实例介绍具体的操作。

步骤 01 打开一个工作表，如图 3-18 所示，D 列为销量，本节需要将销量超过 5000 的单元格进行高亮显示。

	A	B	C	D	E
1	日期	销售人员	销售区域	销量	
2	11月1日	李木子	A区	3200	
3	11月2日	成何	B区	3300	
4	11月2日	陆然	C区	4500	
5	11月3日	吴子晨	D区	5100	
6	11月4日	李木子	A区	5200	
7	11月4日	成何	B区	4000	
8	11月5日	李木子	A区	4500	
9	11月5日	陆然	C区	3110	
10	11月5日	吴子晨	D区	6000	
11	11月6日	成何	B区	4800	

图 3-18　打开一个工作表

步骤 02 打开 ChatGPT 的聊天窗口，在输入框中输入“在 Excel 工作表中，D 列为销量，需要将销量超过 5000 的单元格进行高亮显示，可以用什么方法解决？”按【Enter】键发送，ChatGPT 即可提供高亮显示销售数据的方法，如图 3-19 所示。

步骤 03 参考 ChatGPT 提供的方法，在 Excel 工作表中，选择 D2:D11 单元格，在“开始”功能区的“样式”面板中，❶ 单击“条件格式”下拉按钮；❷ 在展开的列表中选择“新建规则”选项，如图 3-20 所示。

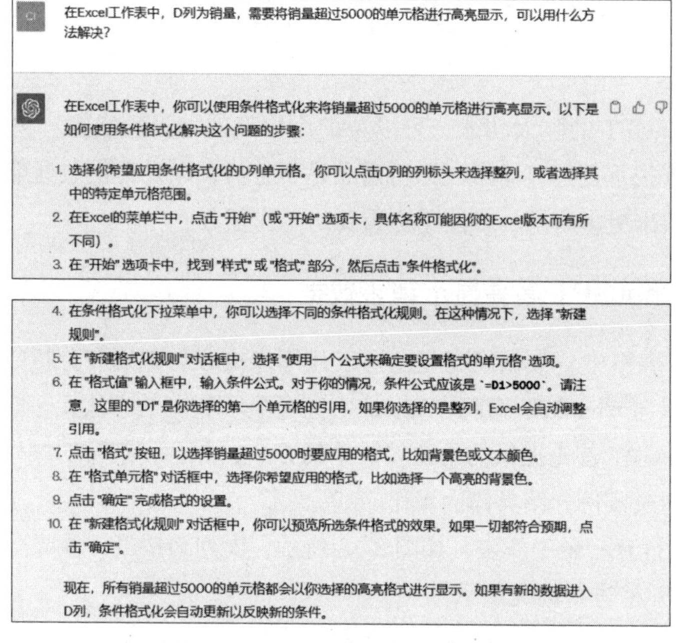

在Excel工作表中，D列为销量，需要将销量超过5000的单元格进行高亮显示，可以用什么方法解决？

在Excel工作表中，你可以使用条件格式化来将销量超过5000的单元格进行高亮显示。以下是如何使用条件格式化解决这个问题的步骤：

1. 选择你希望应用条件格式化的D列单元格。你可以点击D列的列标头来选择整列，或者选择其中的特定单元格范围。
2. 在Excel的菜单栏中，点击"开始"（或"开始"选项卡，具体名称可能因你的Excel版本而有所不同）。
3. 在"开始"选项卡中，找到"样式"或"格式"部分，然后点击"条件格式化"。
4. 在条件格式化下拉菜单中，你可以选择不同的条件格式化规则。在这种情况下，选择"新建规则"。
5. 在"新建格式化规则"对话框中，选择"使用一个公式来确定要设置格式的单元格"选项。
6. 在"格式值"输入框中，输入条件公式。对于你的情况，条件公式应该是`=D1>5000`。请注意，这里的"D1"是你选择的第一个单元格的引用，如果你选择的是整列，Excel会自动调整引用。
7. 点击"格式"按钮，以选择销量超过5000时要应用的格式，比如背景色或文本颜色。
8. 在"格式单元格"对话框中，选择你希望应用的格式，比如选择一个高亮的背景色。
9. 点击"确定"完成格式的设置。
10. 在"新建格式化规则"对话框中，你可以预览所选条件格式的效果。如果一切都符合预期，点击"确定"。

现在，所有销量超过5000的单元格都会以你选择的高亮格式进行显示。如果有新的数据进入D列，条件格式化会自动更新以反映新的条件。

图 3-19　ChatGPT 提供高亮显示销售数据的方法

步骤 04 弹出"新建格式规则"对话框，❶ 选择"使用公式确定要设置格式的单元格"选项；❷ 在"为符合此公式的值设置格式"文本框中，输入 ChatGPT 提供的公式，并改 D1 为 D2，即 =D2>5000，如图 3-21 所示，表示从 D2 单元格开始设置条件格式。

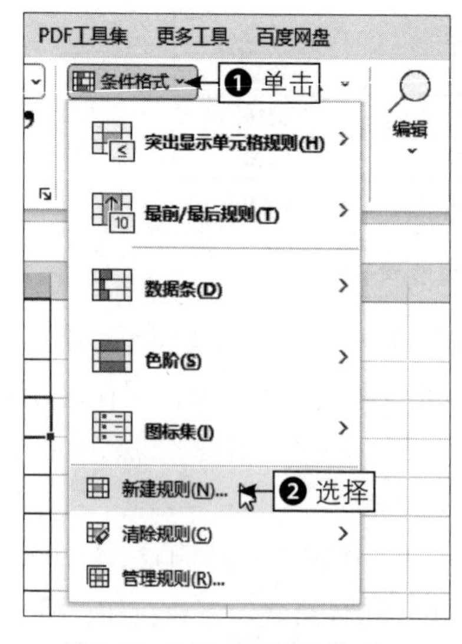

图 3-20　选择"新建规则"选项

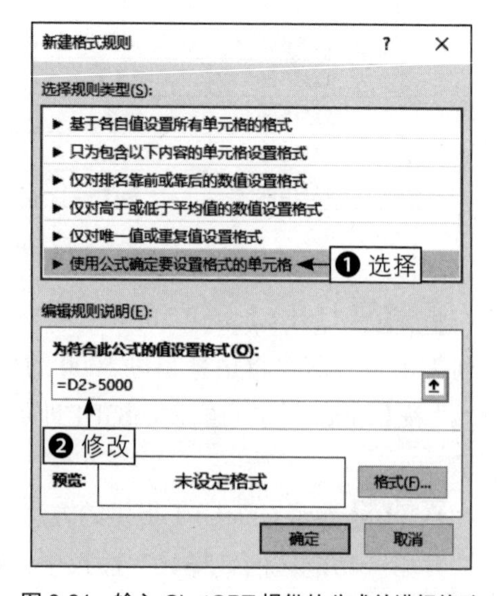

图 3-21　输入 ChatGPT 提供的公式并进行修改

步骤 05 单击“格式”按钮，弹出“设置单元格格式”对话框，在“填充”选项卡中，选择黄色色块，如图 3-22 所示。

步骤 06 单击“确定”按钮，返回工作表，即可高亮显示销量大于 5000 的单元格，如图 3-23 所示。

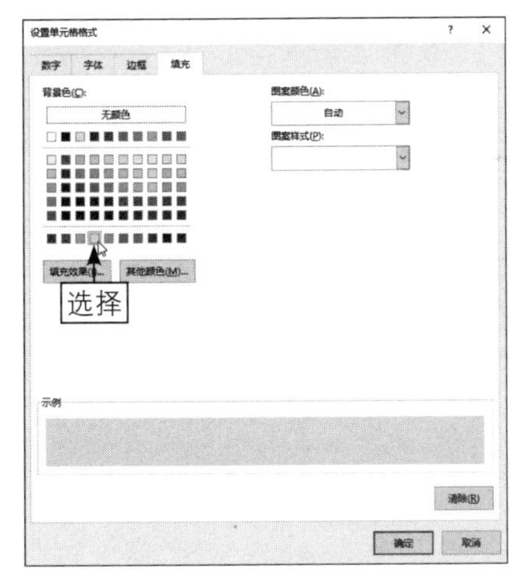

图 3-22　选择黄色色块

	A	B	C	D
1	日期	销售人员	销售区域	销量
2	11月1日	李木子	A区	3200
3	11月2日	成何	B区	3300
4	11月2日	陆然	C区	4500
5	11月3日	吴子晨	D区	5100
6	11月4日	李木子	A区	5200
7	11月4日	成何	B区	4000
8	11月5日	李木子	A区	4500
9	11月5日	陆然	C区	3110
10	11月5日	吴子晨	D区	6000
11	11月6日	成何	B区	4800
12				
13				
14				

图 3-23　高亮显示数据效果

3.2.2　用 ChatGPT 查找重复的订单号

扫码看教学视频

在 Excel 工作表中，当用户需要找出重复的数据时，用户可以用 ChatGPT 编写函数公式找出某一列中的数据是否有重复的内容，下面通过实例介绍具体的操作方法。

步骤 01 打开一个工作表，如图 3-24 所示，B 列为订单号，本节要找出是否有重复的订单号，并将结果返回到 D 列单元格中。

	A	B	C	D
1	序号	订单号	订单量	订单是否重复
2	1	4320011000	1100	
3	2	4320012000	960	
4	3	4320013000	1000	
5	4	4320012000	930	
6	5	4320014000	800	
7	6	4320015000	900	
8	7	4320015000	1250	
9	8	4320018000	1270	

图 3-24　打开一个工作表

步骤 02 打开 ChatGPT 的聊天窗口，在输入框中输入“在 Excel 工作表中，B 列为订单号，需要找出是否有重复的订单号，并将结果返回到 D 列单元格中，可以用什么方法解决？”按【Enter】键发送，ChatGPT 即可提供找出重复订单号的公式，如图 3-25 所示。

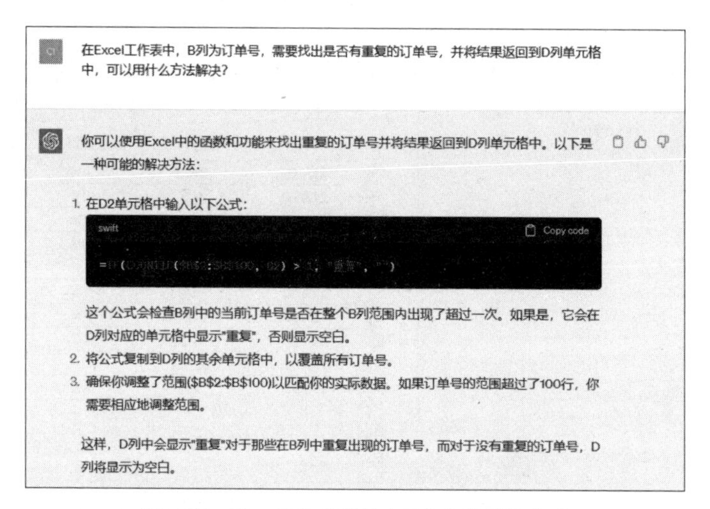

图 3-25 ChatGPT 提供找出重复订单号的公式

步骤 03 复制 ChatGPT 提供的计算公式，在 Excel 工作表中，选择 D2:D9 单元格，❶在编辑栏中粘贴复制的公式：=IF(COUNTIF($B$2:$B$100,B2)>1,"重复","")；❷按【Ctrl+Enter】组合键确认，即可找出重复的订单，效果如图 3-26 所示。

D2 =IF(COUNTIF($B$2:$B$100,B2)>1,"重复","") ❶粘贴

序号	订单号	订单量	订单是否重复
1	4320011000	1100	
2	4320012000	960	重复
3	4320013000	1000	
4	4320012000	930	重复
5	4320014000	800	
6	4320015000	900	重复
7	4320015000	1250	重复
8	4320018000	1270	

❷查找

图 3-26 找出重复的订单

3.2.3 用 ChatGPT 分析商品是否打折

假如用户有一个商品明细表，需要在表格中分析商品是否有打折优惠，此时可以将“折扣”作为需要查找的关键词，通过 ChatGPT 编

写的函数公式，返回查找结果是否有折扣，下面通过实例介绍具体的操作方法。

步骤 01 打开一个工作表，如图 3-27 所示，D 列为商品优惠信息，本节需要在 D 列查找表格内容是否有“折扣”，并将查找结果返回至 E 列单元格中。

	A	B	C	D	E
1	商品	单价	购买方式	优惠	是否有折扣
2	优质耳麦	49.99	在线购买	免费配送	
3	多功能智能手表	129.99	在线购买	免费配送	
4	高清无线耳机	79.99	实体店购买	75% 折扣	
5	折叠便携椅子	29.99	实体店购买	90% 折扣	
6	精品皮包	179.99	在线购买	88% 折扣	
7	儿童积木玩具	39.99	实体店购买	赠送彩色笔	
8	4K 超高清电视	1699.99	在线购买	免费配送和安装	
9	环保购物袋	4.99	实体店购买	买3送1	

图 3-27　打开一个工作表

步骤 02 打开 ChatGPT 的聊天窗口，在输入框中输入“在 Excel 工作表中，D 列为商品优惠信息，需要在 D 列查找表格内容是否有‘折扣’，如果查找结果为有，便在 E 列单元格中返回结果为‘有折扣’，如果查找结果为无，则返回结果为空，可以用哪个函数公式？”按【Enter】键发送，ChatGPT 即可提供查找关键词的公式，如图 3-28 所示。

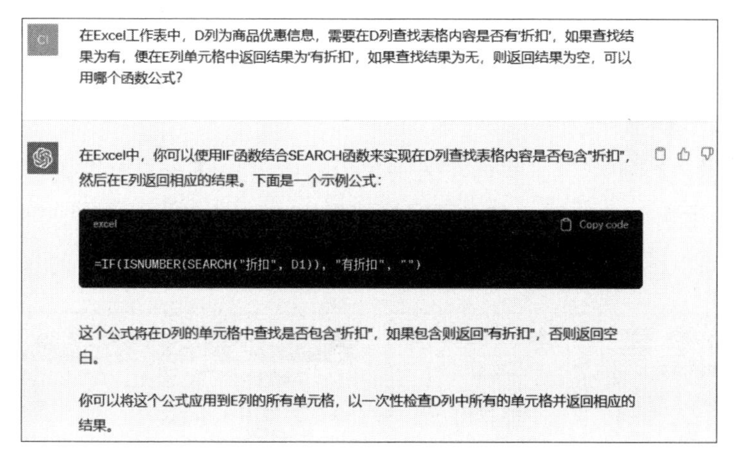

图 3-28　ChatGPT 提供查找关键词的公式

步骤 03 复制 ChatGPT 提供的计算公式，在 Excel 工作表中，选择 E2:E9 单元格，❶ 在编辑栏中粘贴复制的公式并将 D1 改为 D2，即 =IF(ISNUMBER(SEARCH(" 折扣 ",D2))," 有折扣 ",""); ❷ 按【Ctrl+Enter】组合键确认，即可返回查找结果，效果如图 3-29 所示。找到“折扣”的单元格返回结果为“有折扣”，没有找到的则返回结果为空值。

E2　=IF(ISNUMBER(SEARCH("折扣", D2)), "有折扣", "")

❶ 粘贴并修改

	A	B	C	D	E
1	商品	单价	购买方式	优惠	是否有折扣
2	优质耳麦	49.99	在线购买	免费配送	
3	多功能智能手表	129.99	在线购买	免费配送	
4	高清无线耳机	79.99	实体店购买	75% 折扣	有折扣
5	折叠便携椅子	29.99	实体店购买	90% 折扣	有折扣
6	精品皮包	179.99	在线购买	88% 折扣	有折扣
7	儿童积木玩具	39.99	实体店购买	赠送彩色笔	
8	4K 超高清电视	1699.99	在线购买	免费配送和安装	
9	环保购物袋	4.99	实体店购买	买3送1	

❷ 返回

图 3-29　返回查找结果

★ 专 家 提 醒 ★

ISNUMBER 函数属于信息函数，用于检查一个给定的单元格或数值是否为数值型（即是否为数字）。它返回一个逻辑值（TRUE 或 FALSE），表示所检查的值是否为数字。

SEARCH 函数属于文本函数，用于在一个文本字符串中搜索指定的子字符串，并返回子字符串在文本中的起始位置，该函数不区分大小写。

步骤 04 为了让有折扣的商品可以更加突出，用户可以在表格中将有折扣的商品所在行高亮显示，选择表头，在“数据”功能区的“排序和筛选”面板中，单击“筛选”按钮，如图 3-30 所示。

步骤 05 执行操作后，即可在表头单元格中添加筛选下拉按钮，❶ 单击 E1 单元格中的筛选下拉按钮；❷ 在列表框中仅选中“有折扣”复选框，如图 3-31 所示。

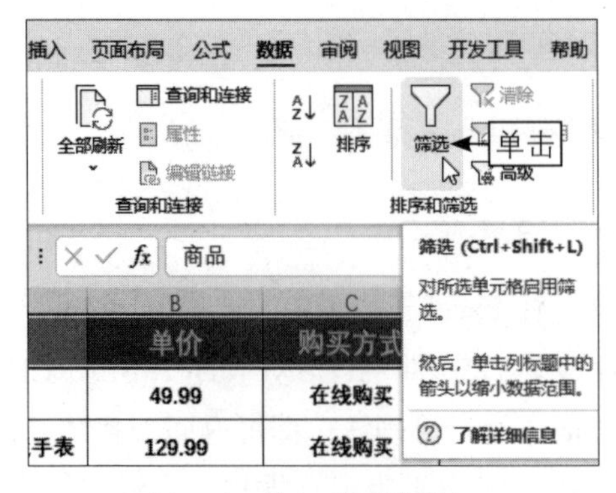

图 3-30　单击“筛选”按钮

图 3-31　仅选中“有折扣”复选框

步骤 06 按【Enter】键确认，即可筛选“有折扣”的单元格。选择筛选的商品行，在“开始”功能区的“字体”面板中，展开“填充颜色”列表，在“主题颜色”中选择“蓝色，个性色 5，淡色 80%”色块，如图 3-32 所示，即可为有折扣的商品行设置背景颜色。

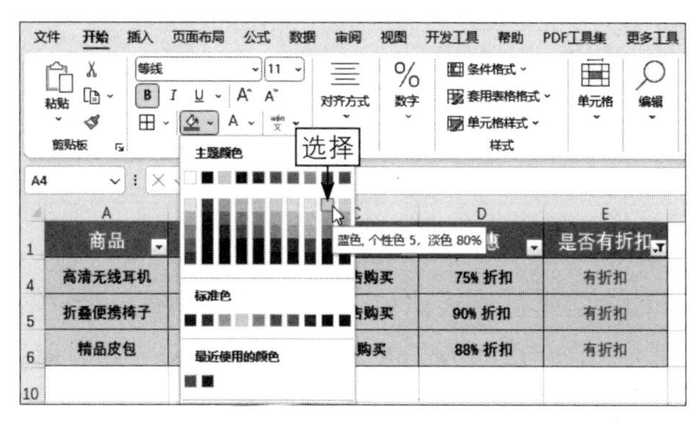

图 3-32　选择“蓝色，个性色 5，淡色 80%”色块

步骤 07 执行操作后，单击 E1 单元格中的筛选下拉按钮，在下拉列表中选中“（全选）”复选框，按【Enter】键确认，恢复表格中的全部数据，即可高亮显示有折扣的商品信息，效果如图 3-33 所示。

	A	B	C	D	E
1	商品	单价	购买方式	优惠	是否有折扣
2	优质耳麦	49.99	在线购买	免费配送	
3	多功能智能手表	129.99	在线购买	免费配送	
4	高清无线耳机	79.99	实体店购买	75% 折扣	有折扣
5	折叠便携椅子	29.99	实体店购买	90% 折扣	有折扣
6	精品皮包	179.99	在线购买	88% 折扣	有折扣
7	儿童积木玩具	39.99	实体店购买	赠送彩色笔	
8	4K 超高清电视	1699.99	在线购买	免费配送和安装	
9	环保购物袋	4.99	实体店购买	买3送1	

高亮

图 3-33　高亮显示有折扣的商品信息

3.2.4　用 ChatGPT 提供数据排序的方法

扫码看教学视频

在 Excel 表格中，对数据进行排序是非常常见的需求，而 ChatGPT 可以帮助用户更加便捷地完成这一任务。下面介绍用 ChatGPT 提供的方法对表格数据进行排序的具体操作。

步骤 01 打开一个工作表，如图 3-34 所示，本节需要根据日期将销量数据从高到低进行排序。

日期	客户	负责人	销量
11月1日	花素清苑	重楼	500
11月1日	科达科技	紫兰	470
11月2日	洛奇文化	商榷	420
11月3日	宝瑞文化	商陆	520
11月2日	墨尚文化	丁香	640
11月4日	麓园庄	木兰	480
11月3日	珂驰科技	邱月	610
11月1日	枫叶红山庄	章倩	440

图 3-34　打开一个工作表

步骤02 打开 ChatGPT 的聊天窗口，在输入框中输入“在 Excel 工作表中，A 列为日期、B 列为客户、C 列为负责人、D 列为销量，需要根据日期对销量从高至低进行排序”，按【Enter】键发送，ChatGPT 即可提供排序表格数据的方法，如图 3-35 所示。

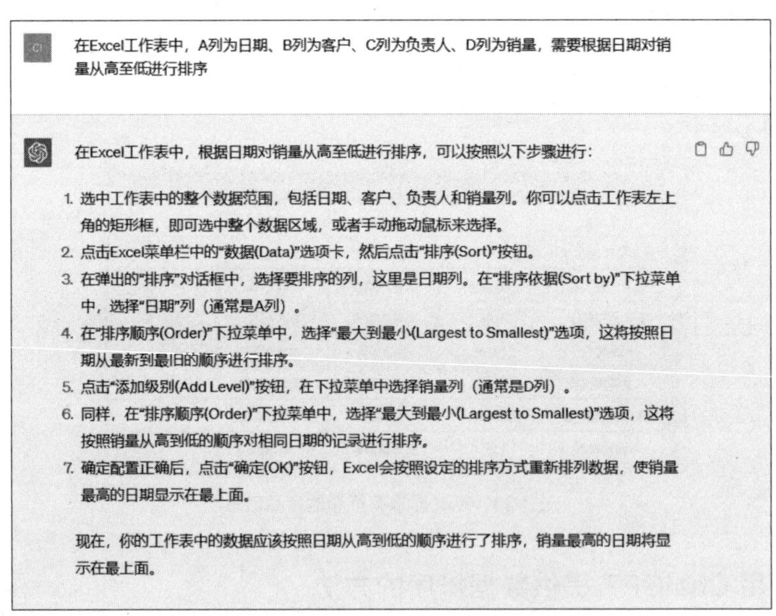

图 3-35　ChatGPT 提供排序表格数据的方法

步骤03 参考 ChatGPT 提供的方法，在 Excel 工作表中，全选表格数据，在“数据”功能区的“排序和筛选”面板中，单击“排序”按钮，如图 3-36 所示。

步骤04 弹出“排序”对话框，展开“排序依据”下拉列表，选择“日期”选项，如图 3-37 所示。

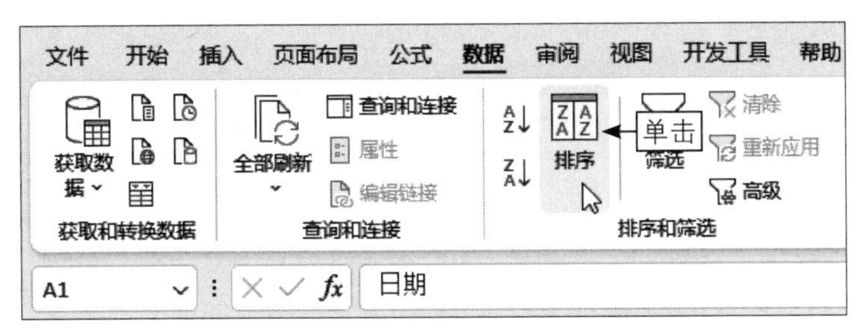

图 3-36　单击“排序”按钮

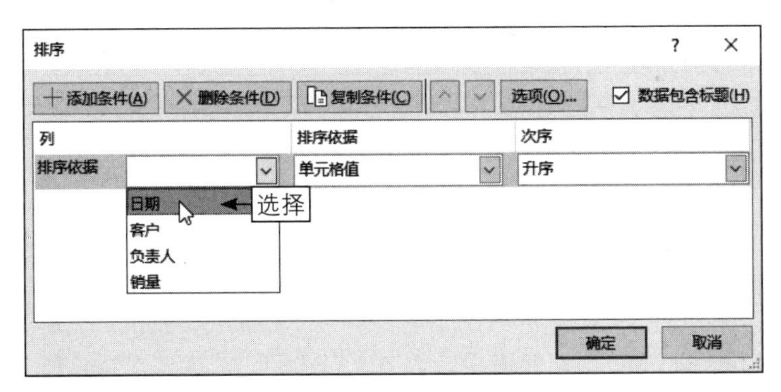

图 3-37　选择“日期”选项

步骤 05 默认“次序”为“升序”，在对话框的左上角，单击“添加条件”按钮，如图 3-38 所示。

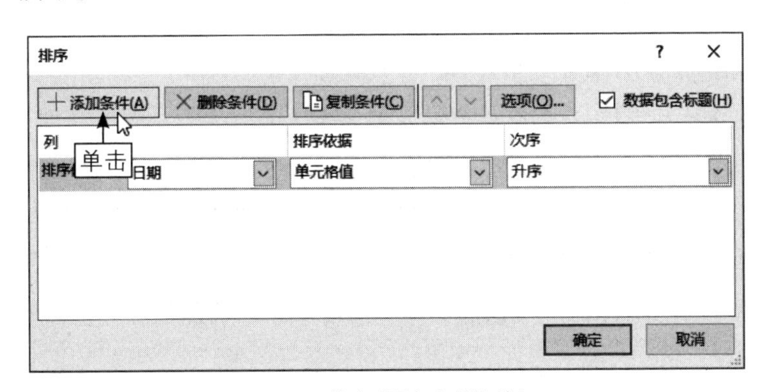

图 3-38　单击“添加条件”按钮

步骤 06 执行操作后，即可添加第 2 个排序项，展开“次要关键字”下拉列表，选择“销量”选项，如图 3-39 所示。

步骤 07 执行操作后，展开“次序”下拉列表，选择“降序”选项，如图 3-40 所示，表示销量从高到低排序。

步骤 08 单击“确定”按钮，即可对表格数据进行排序，效果如图 3-41 所示。

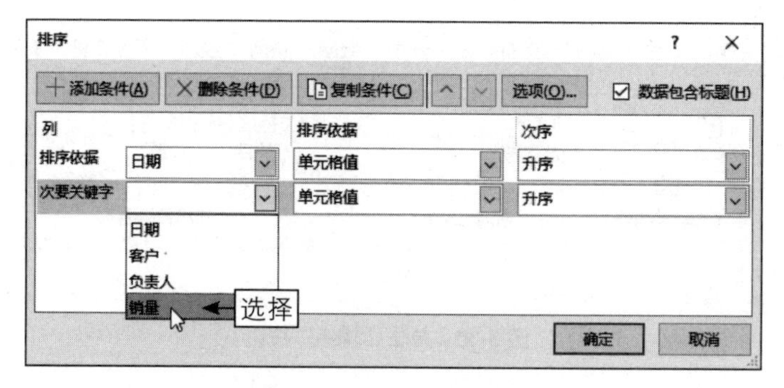

图 3-39　选择“销量”选项

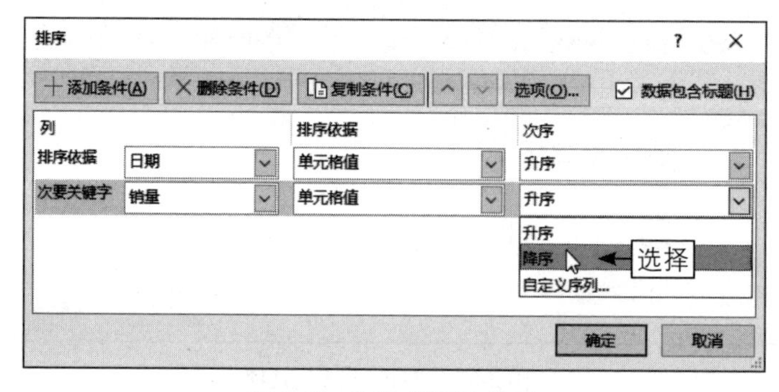

图 3-40　选择“降序”选项

	A	B	C	D	E
1	日期	客户	负责人	销量	
2	11月1日	花素清苑	重楼	500	
3	11月1日	科达科技	紫兰	470	
4	11月1日	枫叶红山庄	章倩	440	
5	11月2日	墨尚文化	丁香	640	
6	11月2日	洛奇文化	商榷	420	
7	11月3日	珂驰科技	邱月	610	
8	11月3日	宝瑞文化	商陆	520	
9	11月4日	麓园庄	木兰	480	

图 3-41　对表格数据进行排序的效果

3.3　将 ChatGPT 接入 Excel

在 Excel 中接入 ChatGPT 插件，用户便可以在工作表中与 ChatGPT 进行对话，并利用其智能的自然语言理解和生成能力来执行各种任务。这种结合将大大提高用户在 Excel 中的工作效率，无须切换到其他应用程序或浏览器，用户可以直接在 Excel 中获取 ChatGPT 的帮助。本节主要介绍在 Excel 中接入 ChatGPT 插件的操作方法。

3.3.1　接入 ChatGPT 插件

扫码看教学视频

在 Excel 中，用户可以通过“开发工具”功能区中的“加载项”功能接入 ChatGPT 插件，下面介绍具体的操作方法。

步骤 01 打开一个空白工作表，在“开发工具”功能区的“加载项”面板中，单击“加载项”按钮，如图 3-42 所示。

步骤 02 执行操作后，弹出“Office 加载项”对话框，如图 3-43 所示，其中显示了多款热门插件，有免费的插件，也有需要花钱购买的插件。

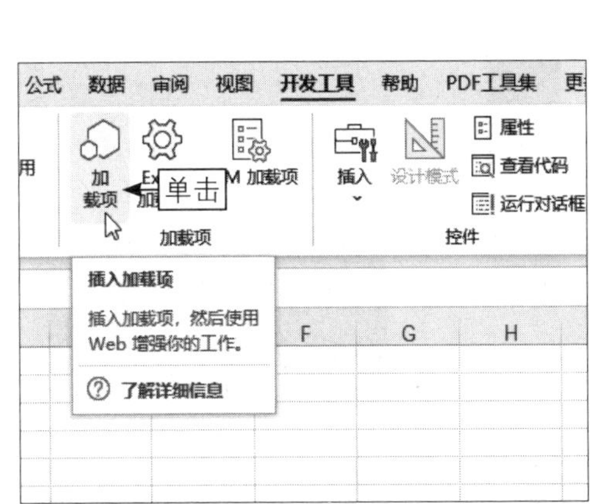

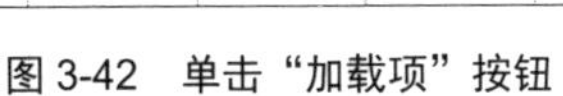

图 3-42　单击“加载项”按钮

图 3-43　弹出“Office 加载项”对话框

步骤 03 在搜索框中输入 ChatGPT，如图 3-44 所示。

步骤 04 单击“搜索”按钮 ⌕，即可搜索到与 ChatGPT 相关的插件，在 ChatGPT for Excel 插件右侧，单击“添加”按钮，如图 3-45 所示。

步骤 05 弹出“请稍等”对话框，单击“继续”按钮，如图 3-46 所示。

步骤 06 稍等片刻，即可加载 ChatGPT 插件，将其接入 Excel 中，在“开始”功能区的最右侧，即可显示 ChatGPT for Excel 插件图标，如图 3-47 所示。

步骤 07 单击 ChatGPT for Excel 插件图标，即可展开 ChatGPT for Excel 插件面板，如图 3-48 所示，用户需要在 Settings（设置）选项卡的 Your OpenAI API

Key（您的 OpenAI API 密钥）文本框中输入密钥才可以使用 ChatGPT for Excel 插件。

图 3-44　输入 ChatGPT

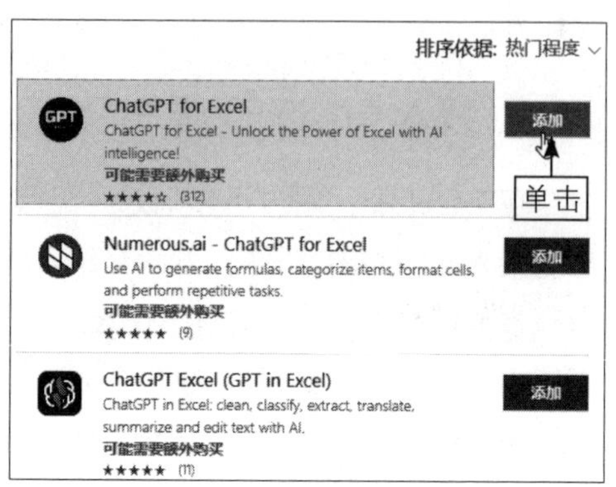

图 3-45　单击“添加”按钮

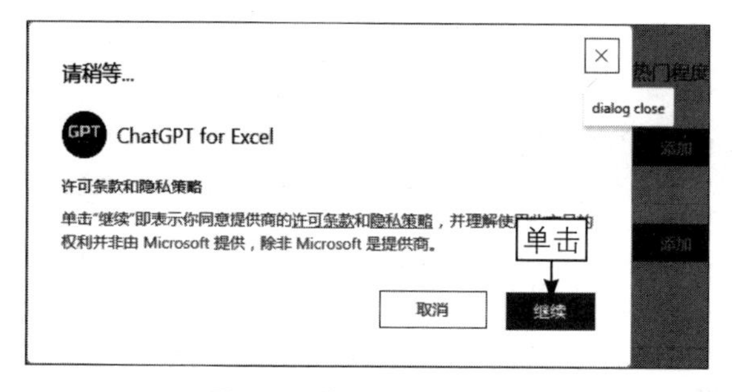

图 3-46　单击“继续”按钮

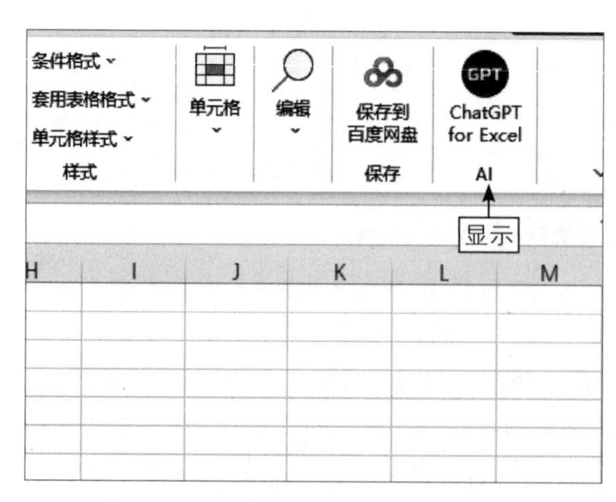

图 3-47　显示 ChatGPT for Excel 插件图标

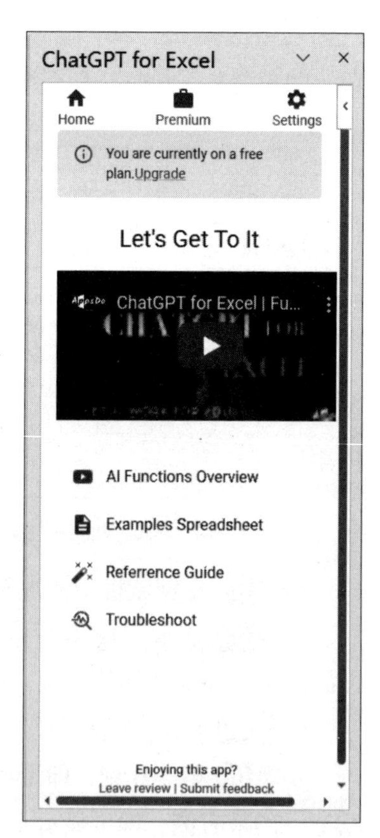

图 3-48　展开 ChatGPT for Excel 插件面板

3.3.2　掌握 AI 函数的用法

在 OpenAI 官网中获取密钥的方法在本书第 2 章的 2.3.1 中已介绍了详细的操作方法，❶ 在 ChatGPT for Excel 插件面板的 Settings（设置）选项卡的 Your OpenAI API Key 文本框中输入获取的密钥；❷ 单击 SAVE（保存）按钮，如图 3-49 所示。

执行操作后，即可成功应用 API 密钥，并提示用户可以在工作表中使用对应的 AI 函数，如图 3-50 所示。

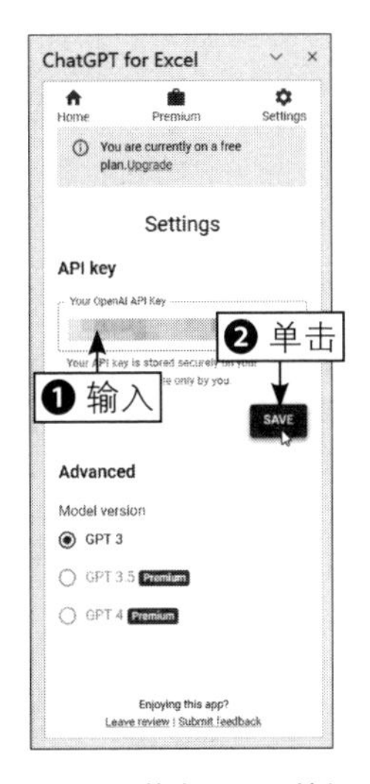

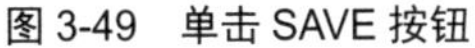

图 3-49　单击 SAVE 按钮

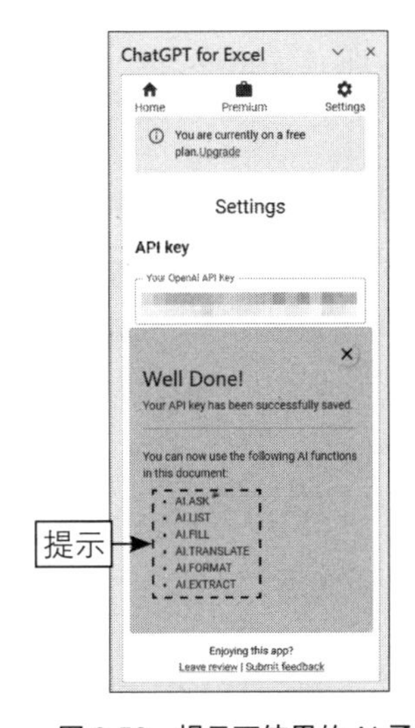

图 3-50　提示可使用的 AI 函数

在 ChatGPT 插件面板中，所提示的各个 AI 函数作用如下。

1. AI.ASK

用户可以通过 AI.ASK 函数在任意一个单元格中向 ChatGPT 进行提问并获取对应的答案。例如，在 B1 单元格中输入问题，在 B2 单元格中输入公式：=AI.ASK(B1)，即可获取问题的答案，如图 3-51 所示。

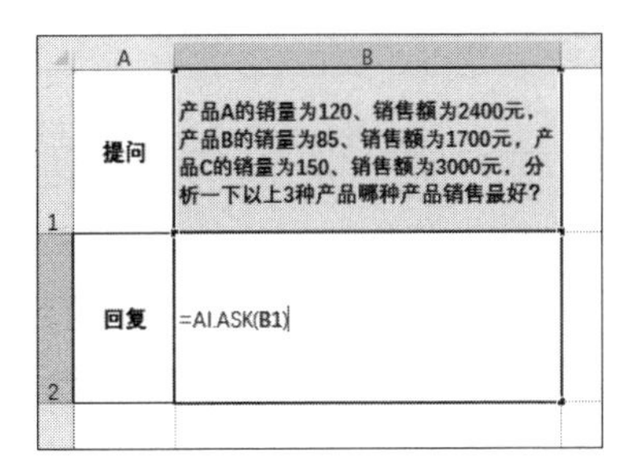

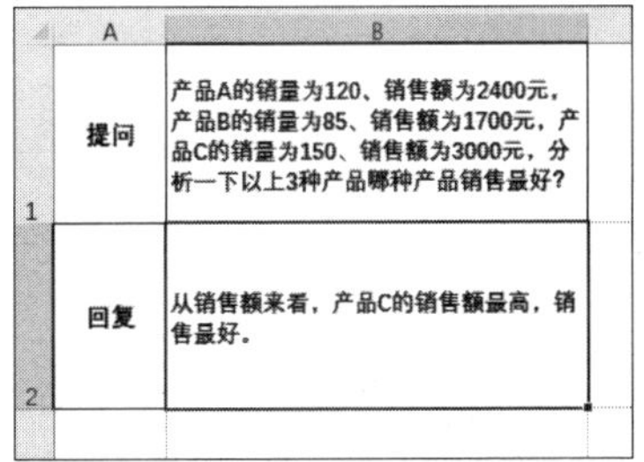

图 3-51　用 AI.ASK 函数获取问题的答案

2. AI.LIST

AI 函数 AI.LIST 的作用是将一系列数值或文本值合并成一个字符串，方便进行后续处理或显示。例如，在一个表格中，将 A 列单元格中的文本内容合并到 B 列单元格中并用顿号间隔每行文本，此时可以使用 AI 函数公式：=AI.LIST(" 合并文本 ",A2:A6)，如图 3-52 所示。

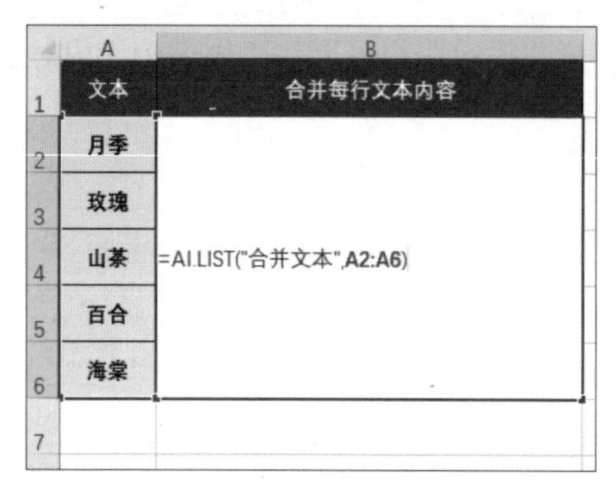

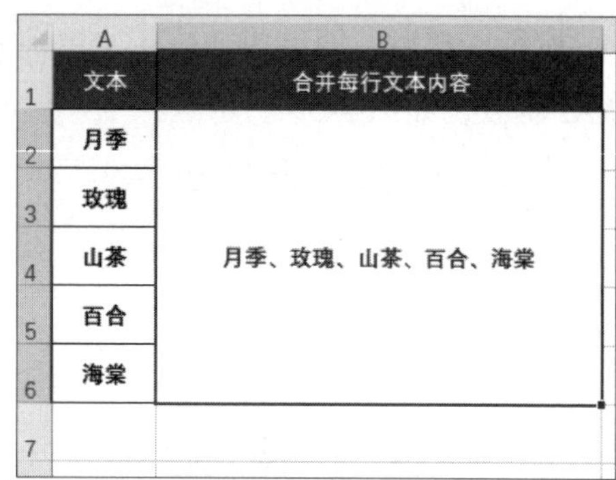

图 3-52　用 AI.LIST 函数合并行数据

3. AI.FILL

AI 函数 AI.FILL 的作用是自动生成连续序列或填充单元格中的重复模式。该函数可以帮助用户快速生成数字序列、日期序列、自定义文本序列或重复模式，并填充到指定的单元格范围中。例如，在工作表的 A2 单元格中输入起始值 1，在 A3 单元格中输入 AI 函数公式：=AI.FILL(A2,10)，表示起始值为 A2 单元格中的值，向后填充 10 个单元格，自动生成连续的序号，如图 3-53 所示。

序号	部门	部门人数
1	管理部	5
=AI.FILL(A2,10)	财务部	4
	人事部	3
	业务部	10
	销售部	20
	后勤部	5
	生产部	230
	品管部	80
	仓管部	8
	设计部	6
	工程部	4

序号	部门	部门人数
1	管理部	5
2	财务部	4
3	人事部	3
4	业务部	10
5	销售部	20
6	后勤部	5
7	生产部	230
8	品管部	80
9	仓管部	8
10	设计部	6
11	工程部	4

图 3-53　用 AI.FILL 函数自动生成连续的序号

注意，如果生成失败，可以多按几次【Enter】键进行刷新，或者在 Premium（额外付费）选项卡中进行付费升级，使插件反应更快。

4. AI.TRANSLATE

AI 函数 AI.TRANSLATE 的作用是将指定的文本根据提供的翻译词典进行翻译，可以帮助用户在 Excel 中实现文本翻译功能。例如，在工作表的 B 列中翻译 A 列单元格中的内容，可以使用 AI 函数公式：=AI.TRANSLATE(A2," 中文简体 ")，将内容翻译为中文简体，或者使用 AI 函数公式：=AI.TRANSLATE(A4," 英文 ")，将内容翻译为英文，如图 3-54 所示。

B2　=AI.TRANSLATE(A2,"中文简体")

词汇	翻译
house	房子
rose	玫瑰
柴犬	
书	
棕熊	

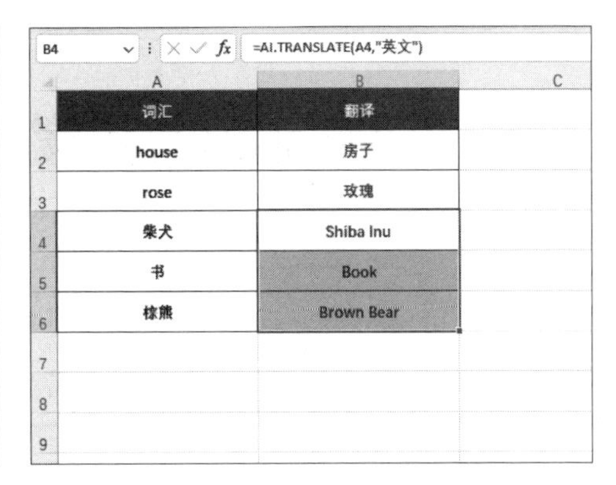

B4　=AI.TRANSLATE(A4,"英文")

词汇	翻译
house	房子
rose	玫瑰
柴犬	Shiba Inu
书	Book
棕熊	Brown Bear

图 3-54　用 AI.TRANSLATE 函数实现文本翻译

5. AI.FORMAT

AI 函数 AI.FORMAT 主要用于将数值或日期格式换为指定的格式。该函数可以帮助用户根据需求自定义数值或日期的显示方式，包括小数位数、千位分隔符、货币符号和日期格式等。例如，在工作表中将 A 列单元格中的数据格式转换为 B 列单元格中指定的格式，可以使用 AI 函数公式：=AI.FORMAT(A2,B2)，转换数据格式，如图 3-55 所示。

C2　=AI.FORMAT(A2,B2)

数据	指定格式	转换格式
2003.10.11	0000年00月00日	2003年10月11日
2013.11.11	00月00日	11月11日
2023.12.12	0000-00-00	2023-12-12
52.23	¥0.00	¥52.23
0.88	0.00元	0.88元

图 3-55　用 AI.FORMAT 函数转换数据格式

6. AI.EXTRACT

用户可以通过 AI.EXTRACT 函数从文本中提取指定类型的信息。该函数可以帮助用户自动识别和提取文本中的关键词、日期及地址等重要信息，以便进一步分析和处理。例如，在工作表 A 列单元格的文本中，提取 B 列单元格中指定要提取的内容，可以用 AI 函数公式：=AI.EXTRACT(A2,B2)，提取指定内容，如图 3-56 所示。

C2 =AI.EXTRACT(A2,B2)

	A	B	C
1	文本内容	指定要提取的内容	提取内容
2	李先生现在住在北京	城市	北京
3	小周是2010年10月1日出生的	日期	2010年10月1日
4	小于今年13岁，正在上初中	年龄	13岁
5	张小姐的联系电话是110-11001011	电话号码	110-11001011
6	陈小姐是一个服装设计师	职业	服装设计师
7	赵先生经常出门旅游	姓氏	赵

图 3-56　用 AI.EXTRACT 函数提取指定内容

用户还可以在 ChatGPT for Excel 插件面板中，选择 Examples Spreadsheet（示例电子表格）选项，在跳转的网页中，查看并学习 AI 函数示例，参考示例的公式使用即可。

※ 本章小结

本章主要向读者介绍了 AI 表格处理的相关知识，首先介绍了用 ChatGPT 编写函数公式的操作方法，包括用 ChatGPT 计算满勤奖金、判断学生成绩等次、计算奖金区间人数，以及根据员工查找部门等操作方法；其次介绍了用 ChatGPT 处理表格数据的操作方法，包括用 ChatGPT 高亮显示销售数据、查找重复的订单号、分析商品是否打折，以及提供数据排序的方法等操作技巧；最后介绍了将 ChatGPT 接入 Excel 的操作方法，包括接入 ChatGPT 插件和掌握 AI 函数的用法等内容。通过学习本章，读者可以学会使用 ChatGPT 结合 Excel 进行使用的方法。

※ 课后习题

鉴于本章知识的重要性，为了帮助读者更好地掌握所学知识，本节将通过课后习题，帮助读者进行简单的知识回顾和补充。

1. 使用 ChatGPT 协助检查 Excel 工作表中的数据，检查是否有资料未填写，效果如图 3-57 所示。

工号	姓名	性别	工龄/年	奖金/元	备注
G1001	张三	男	10	1000	
G1002	李四		8	800	有资料未填写
G1003	王五	男	6	600	
G1004		女	6	600	有资料未填写
G1005		男		500	有资料未填写
G1006	赵六	女	4	400	
G1007	钱七	男	3	200	
G1008	周八		3	300	有资料未填写

检查结果

图 3-57　用 ChatGPT 检查是否有资料未填写

2. 用“告诉我在 Excel 中 ××× 的快捷键是什么？”指令模板，让 ChatGPT 提供替换快捷键，如图 3-58 所示。

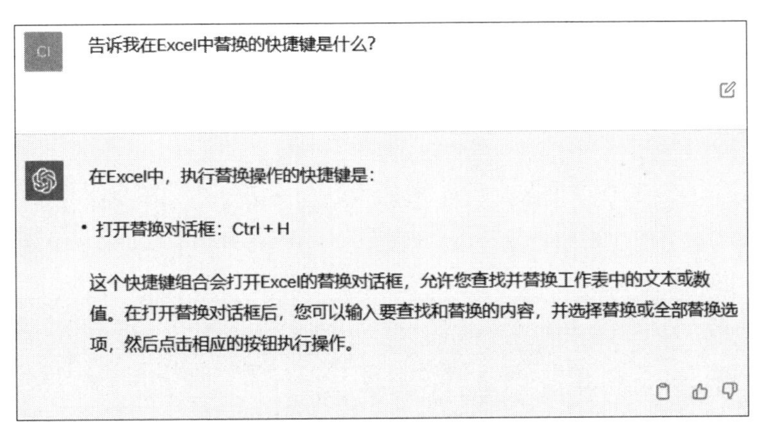

图 3-58　让 ChatGPT 提供替换快捷键

第 4 章

AI 代码编写：ChatGPT+VBA

VBA（Visual Basic for Applications）是一种自动化编程语言，在 Excel 中可以用来创建宏、完成自动化任务、与表格数据进行交互、分析数据、处理数据和计算数据等。将 ChatGPT 与 VBA 结合使用，可以实现更强大的自动化功能，创建更智能、更灵活的宏代码。

4.1　用 ChatGPT 编写计算代码

在 Excel 中，除了用函数公式来进行数据计算，还可以通过编写 VBA 代码自动计算表格数据。用户要想在 Excel 中使用 VBA 编辑器，首先需要将“开发工具”选项卡添加到功能区中，操作方法可以参考本书第 2 章 2.3.2 节中的内容。

用户可以通过与 ChatGPT 进行交互，创建一个个简单而有效的计算代码，让计算机执行各种数学计算。本节将详细介绍如何使用 ChatGPT 来编写计算代码，为数据分析和处理提供全新的可能。

4.1.1　用 ChatGPT 编写统计产品数量的代码

扫码看教学视频

在产品库存表中，当有多个产品的库存数量较少时，即可开始清点库存并补仓。用户可以让 ChatGPT 编写 VBA 代码对库存数量较少的产品进行数量统计，分析是否需要批量补仓，下面介绍具体的操作方法。

步骤 01 打开一个工作表，如图 4-1 所示，这是一个产品库存表，本节需要对库存数量低于 10 的产品数量进行统计，并将结果返回至 F2 单元格中。

	A	B	C	D	E	F	G
1	编号	产品	库存数量			库存数量低于10的产品个数	
2	C1001	本子	6				
3	C1002	铅笔	15				
4	C1003	橡皮擦	30				
5	C1004	蓝色签字笔	3				
6	C1005	红色签字笔	15				
7	C1006	黑色签字笔	9				
8	C1007	夏季上衣	18				
9	C1008	春秋上衣	30				
10	C1009	冬季羽绒服	5				
11	C1010	牙刷	20				
12	C1011	杯子	35				
13	C1012	窗帘	1				
14	C1013	被子	4				
15	C1014	被套	2				
16	C1015	凉席	7				

图 4-1　打开一个工作表

步骤 02 打开 ChatGPT 的聊天窗口，在输入框中输入“在 Excel 的 Sheet1 工作表中，A 列为编号，B 列为产品，C 列为库存数量，请用 VBA 代码统计库存数量低于 10 的产品个数，并将结果返回到 Sheet1 工作表的 F2 单元格中”，按【Enter】键发送，ChatGPT 即可回复统计产品数量的计算代码，如图 4-2 所示。

步骤03 复制 ChatGPT 编写的代码，返回 Excel 工作表，在“开发工具”功能区的“代码”面板中，单击 Visual Basic 按钮，如图 4-3 所示。

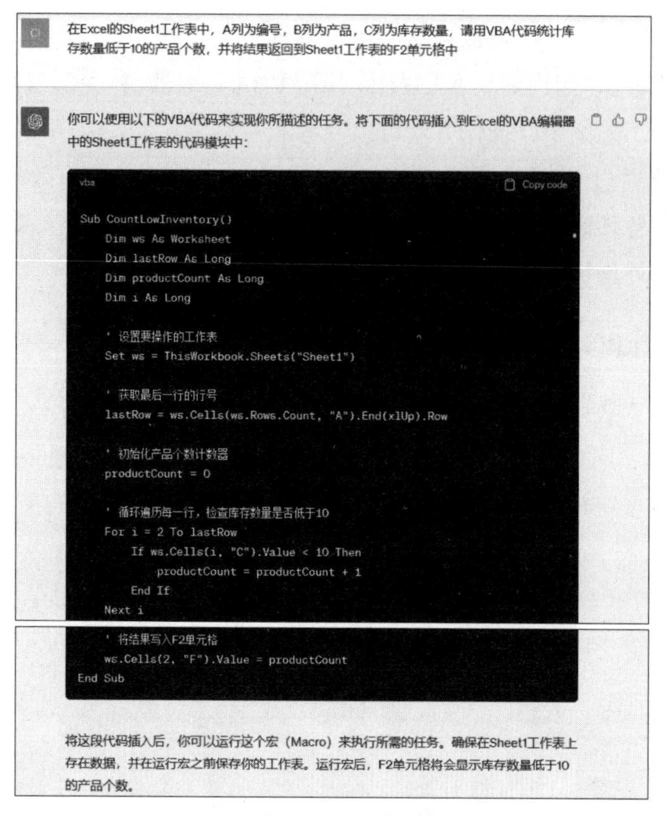

图 4-2　ChatGPT 回复统计产品数量的计算代码

步骤04 打开 Microsoft Visual Basic for Applications（VBA）编辑器，选择“插入”|“模块”命令，如图 4-4 所示。

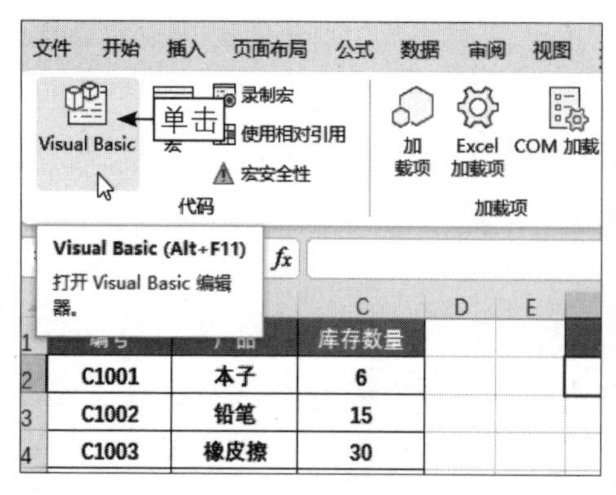

图 4-3　单击 Visual Basic 按钮

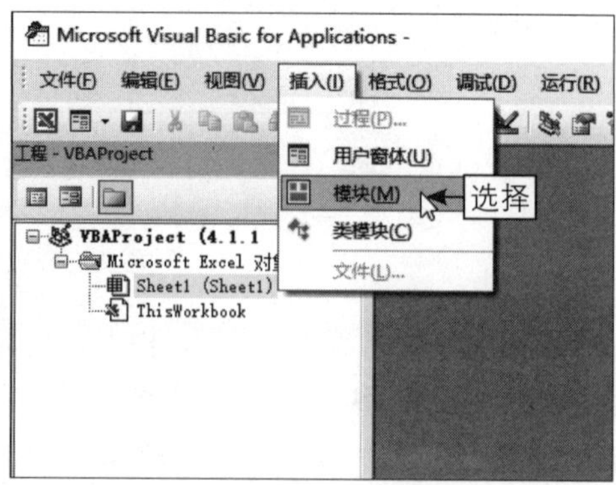

图 4-4　选择“模块”命令

步骤 05 插入一个模块，在模块中粘贴复制的代码，如图 4-5 所示。

步骤 06 单击“运行子过程/用户窗体”按钮▶，运行宏代码，关闭 VBA 编辑器，在 F2 单元格中即可返回库存数量低于 10 的产品数量，如图 4-6 所示。

图 4-5　粘贴复制的代码

编号	产品	库存数量	D	E	库存数量低于10的产品个数
C1001	本子	6			8
C1002	铅笔	15			
C1003	橡皮擦	30			返回
C1004	蓝色签字笔	3			
C1005	红色签字笔	15			
C1006	黑色签字笔	9			
C1007	夏季上衣	18			
C1008	春秋上衣	30			
C1009	冬季羽绒服	5			
C1010	牙刷	20			
C1011	杯子	35			
C1012	窗帘	1			
C1013	被子	4			
C1014	被套	2			
C1015	凉席	7			

图 4-6　返回库存数量低于 10 的产品数量

4.1.2　用 ChatGPT 编写统计重复项的代码

扫码看教学视频

在 Excel 报表中，经常需要统计重复项数量，以便更好地理解和分析数据，通过使用 ChatGPT 编写 VBA 代码，可以轻松实现重复项数量的计算，下面介绍具体的操作方法。

步骤 01 打开一个工作表，如图 4-7 所示，本节需要统计与合作方飞璃的合作次数，并将合作次数结果返回至 G2 单元格中。

项目启动日期	合作项目	合作方	项目完成进度	E	合作方	合作次数
7月20日	项目A	火山娱乐	95%		飞璃	
7月30日	项目B	红鹰	98%			
8月12日	项目C	飞璃	90%			
8月20日	项目D	红鹰	100%			
8月25日	项目E	火山娱乐	35%			
9月11日	项目F	飞璃	30%			
10月15日	项目G	火山娱乐	15%			
10月18日	项目H	红鹰	5%			
11月17日	项目I	黄金时尚	5%			
12月20日	项目J	飞璃	0%			

图 4-7　打开一个工作表

步骤 02 打开 ChatGPT 的聊天窗口，在输入框中输入“在 Excel 的 Sheet1 工作表中，C 列为合作方，需要用 VBA 代码统计与合作方飞璃的重复合作的次数，并将结果返回至 G2 单元格中”，按【Enter】键发送，ChatGPT 即可回复统计重复项数量的计算代码，如图 4-8 所示。

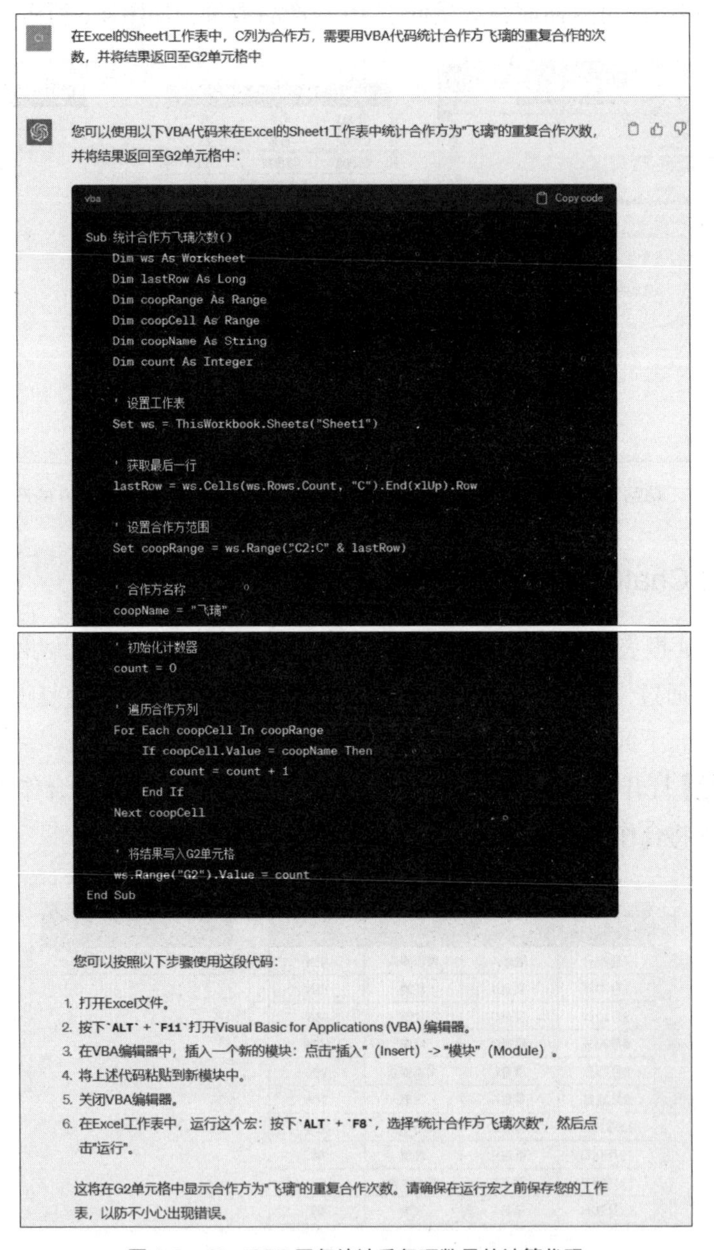

图 4-8　ChatGPT 回复统计重复项数量的计算代码

步骤 03 复制 ChatGPT 编写的代码，返回 Excel 工作表，打开 VBA 编辑器，插入一个模块，在模块中粘贴复制的代码，如图 4-9 所示。

步骤 04 单击“运行子过程/用户窗体”按钮▶，运行宏代码，关闭 VBA 编辑器，在 G2 单元格中即可返回统计的合作次数，如图 4-10 所示。

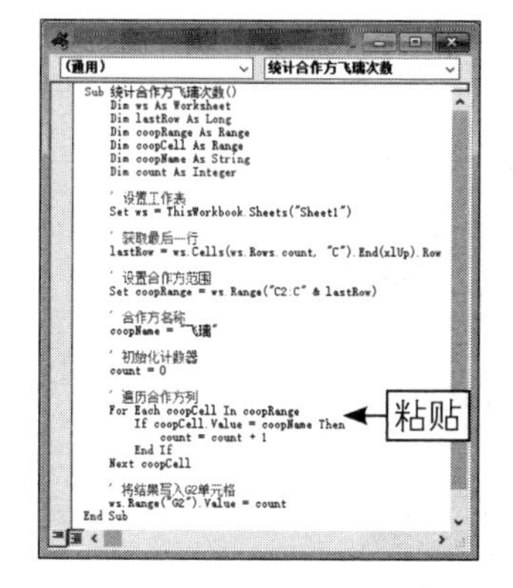

图 4-9　在模块中粘贴复制的代码

	A	B	C	D	E	F	G
1	项目启动日期	合作项目	合作方	项目完成进度		合作方	合作次数
2	7月20日	项目A	火山娱乐	95%		飞璃	3
3	7月30日	项目B	红鹰	98%			
4	8月12日	项目C	飞璃	90%			统计
5	8月20日	项目D	红鹰	100%			
6	8月25日	项目E	火山娱乐	35%			
7	9月11日	项目F	飞璃	30%			
8	10月15日	项目G	火山娱乐	15%			
9	10月18日	项目H	红鹰	5%			
10	11月17日	项目I	黄金时尚	5%			
11	12月20日	项目J	飞璃	0%			
12							

图 4-10　统计合作次数

4.1.3　用 ChatGPT 编写计算时间差的代码

扫码看教学视频

在日常工作中，计算时间差的情况很多，比如上班时长、工序时长、车辆运行时长和机械排班统计等。通过使用 ChatGPT 可以编写 VBA 代码计算时间差，并用“h 小时 m 分钟”的格式显示时间差；除此之外，还可以在工作表中创建多个宏，计算累积用时。下面介绍具体的操作方法。

步骤 01 打开一个工作表，如图 4-11 所示，A 列为开始时间、B 列为结束时间，本节需要计算开始时间和结束时间之间的时间差，并将计算结果返回至 C 列单元格中。

	A	B	C
1	开始时间	结束时间	时间差
2	2023/11/11 10:00	2023/11/11 13:10	
3	2023/11/11 14:30	2023/11/11 18:35	
4	2023/11/11 19:30	2023/11/11 23:35	
5	累积用时		

图 4-11　打开一个工作表

步骤 02 打开 ChatGPT 的聊天窗口，在输入框中输入“在 Excel 的 Sheet1 工作表中，A 列为开始时间，B 列为结束时间，时间以‘2023/11/11 10:00’的格式显示，需要用 VBA 代码计算开始时间和结束时间之间的时间差，并将计算结果以‘h 小时 m 分钟’的格式显示在 C 列单元格中”，按【Enter】键发送，ChatGPT 即可回复计算时间差的运算代码，如图 4-12 所示。

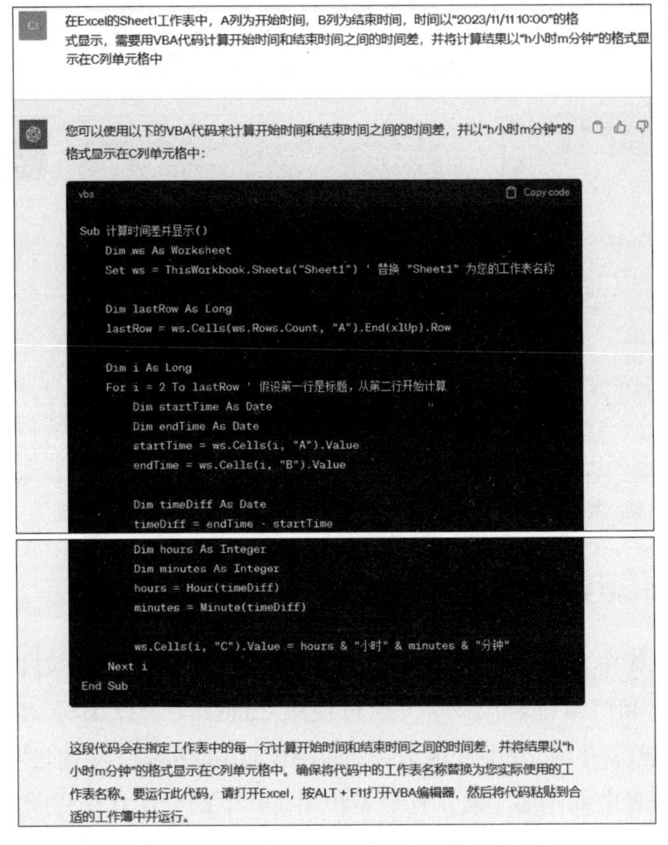

图 4-12　ChatGPT 回复计算时间差的运算代码

步骤 03 复制 ChatGPT 编写的代码，返回 Excel 工作表，打开 VBA 编辑器，插入一个模块，在模块中粘贴复制的代码，如图 4-13 所示。

步骤 04 单击"运行子过程 / 用户窗体"按钮▶，运行宏代码，关闭 VBA 编辑器，在 C 列单元格中即可返回时间差的计算结果，效果如图 4-14 所示。

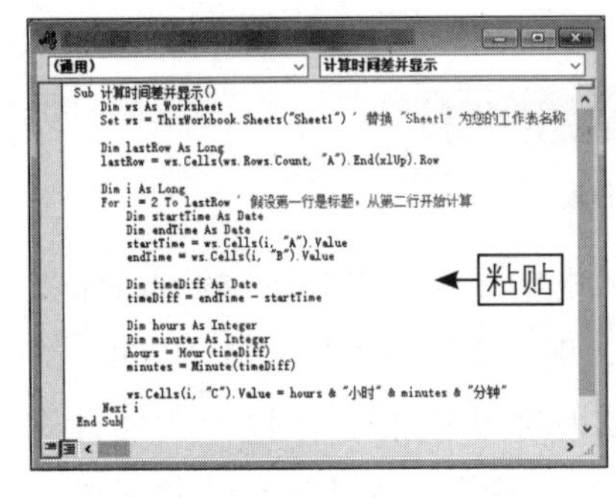

图 4-13　在模块中粘贴复制的代码

开始时间	结束时间	时间差
2023/11/11 10:00	2023/11/11 13:10	3小时10分钟
2023/11/11 14:30	2023/11/11 18:35	4小时5分钟
2023/11/11 19:30	2023/11/11 23:35	4小时5分钟
累积用时		

图 4-14　返回时间差的计算结果

步骤 05 接下来，需要统计 C2:C4 单元格中累积的时间差。打开 ChatGPT 的聊天窗口，在输入框中输入“在 Excel 的 Sheet1 工作表中，C2:C4 单元格中的时间以‘h 小时 m 分钟’的格式显示，需要用 VBA 代码累积计算 C2:C4 单元格中的时间，并将计算结果返回至 C5 单元格中，计算结果同样以‘h 小时 m 分钟’的格式显示”，按【Enter】键发送，ChatGPT 即可回复计算累积用时的计算代码，如图 4-15 所示。

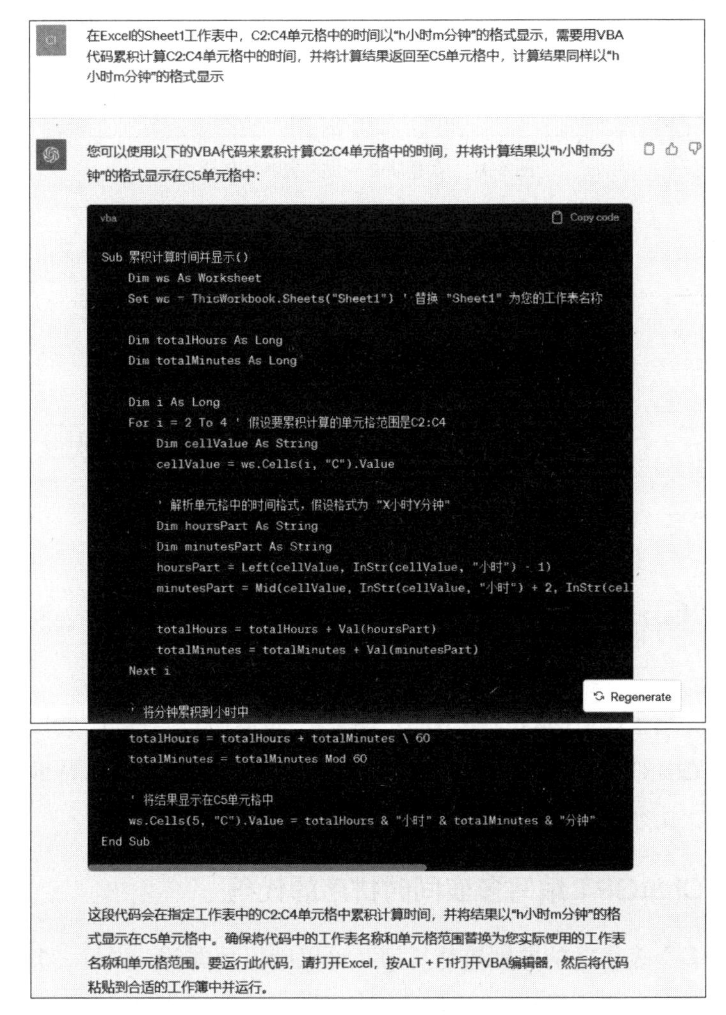

图 4-15　ChatGPT 回复计算累积用时的代码

步骤 06 复制 ChatGPT 编写的代码，返回 Excel 工作表，打开 VBA 编辑器，插入一个新的模块，在模块 2 中粘贴复制的代码，如图 4-16 所示。

步骤 07 单击“运行子过程/用户窗体”按钮▶，运行宏代码，关闭 VBA 编辑器，在 C5 单元格中即可返回累积用时，如图 4-17 所示。

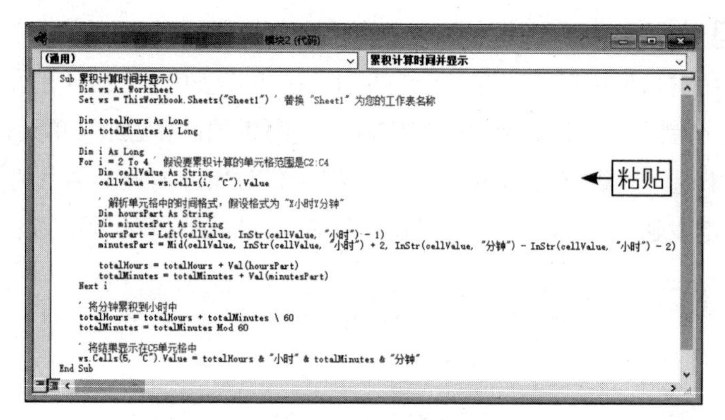

图 4-16　在模块 2 中粘贴复制的代码

	A	B	C
1	开始时间	结束时间	时间差
2	2023/11/11 10:00	2023/11/11 13:10	3小时10分钟
3	2023/11/11 14:30	2023/11/11 18:35	4小时5分钟
4	2023/11/11 19:30	2023/11/11 23:35	4小时5分钟
5	累积用时		11小时20分钟

返回

图 4-17　返回累积用时

4.2　用 ChatGPT 编写数据处理代码

上一节介绍了用 ChatGPT+VBA 实现表格自动计算数据的高效操作，本节将继续介绍用 ChatGPT+VBA 实现表格自动处理数据等操作方法，帮助大家轻松处理表格数据，让办公效率高效化、操作智能化。

4.2.1　用 ChatGPT 编写多表同时排序的代码

扫码看教学视频

同时对多个表格中的数据进行排序，可以确保数据的一致性，且进行数据比较更方便。用 ChatGPT 编写多表同时排序的代码，可以使工作表自动根据用户的要求对不同表格中的数据进行排序，使其按照用户的指定顺序排列，使用户更方便地比较不同表格中的数据。下面介绍具体的操作方法。

步骤 01 打开一个工作簿，其中包含 Sheet1 和 Sheet2 两个工作表，如图 4-18 所示，需要用 VBA 代码按名称对两个工作表同时进行排序，以便更好地进行数据比较和分析。

编号	名称	厂商	材质	价格（元）
SH001	舒适家纺家具	安全之家	布料、海绵	2388
SH002	现代风格家具	安全之家	织物、金属	3800
SH003	皮革豪华家具	安全之家	真皮、弹簧	4480
SH004	小户型家具	安全之家	织物、木板	1580
SH005	地中海风家具	安全之家	木材、棉麻	2680
SH006	简约现代家具	安全之家	织物、不锈钢	1988

Sheet1　Sheet2

编号	名称	厂商	材质	价格（元）
SH001	皮革豪华家具	优选家具	皮革、金属	3150
SH002	舒适家纺家具	优选家具	织物、弹簧	2880
SH003	简约现代家具	优选家具	织物、不锈钢	2899
SH004	现代风格家具	优选家具	织物、海绵	3580
SH005	地中海风家具	优选家具	木材、棉麻	1980
SH006	小户型家具	优选家具	布料、木板	1888

Sheet1　Sheet2

图 4-18　打开一个工作簿

步骤 02 打开 ChatGPT 的聊天窗口，在输入框中输入“在 Excel 工作簿中，有 Sheet1 和 Sheet2 两个工作表，表格数据在 A:E 列中，需要编写一段多表同时排序的 VBA 代码，在两个表中按 B 列中的名称对 B:E 列中的数据进行排序”，按【Enter】键发送，ChatGPT 即可编写多表同时排序的代码，如图 4-19 所示。

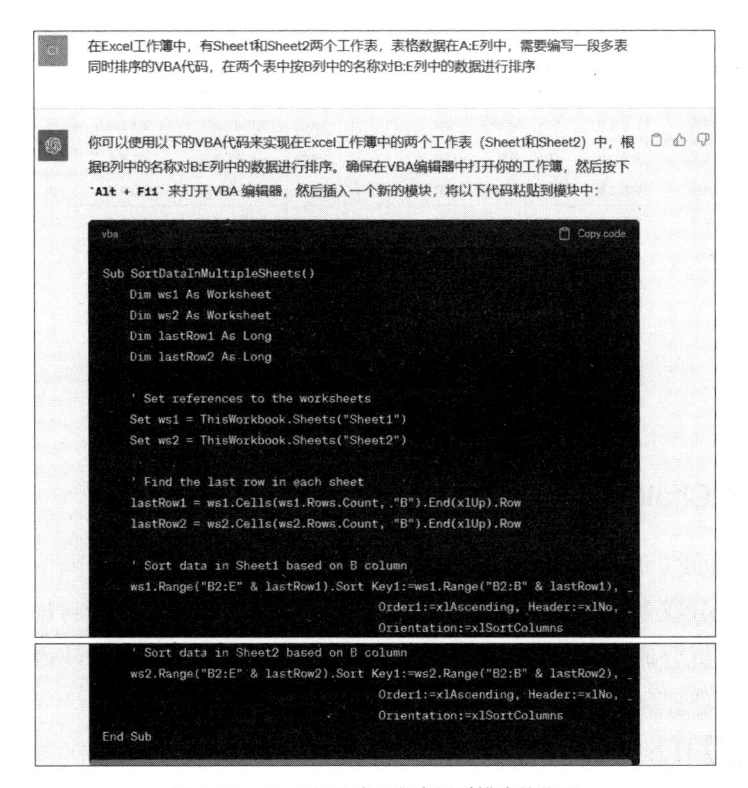

在Excel工作簿中，有Sheet1和Sheet2两个工作表，表格数据在A:E列中，需要编写一段多表同时排序的VBA代码，在两个表中按B列中的名称对B:E列中的数据进行排序

你可以使用以下的VBA代码来实现在Excel工作簿中的两个工作表（Sheet1和Sheet2）中，根据B列中的名称对B:E列中的数据进行排序。确保在VBA编辑器中打开你的工作簿，然后按下`Alt + F11`来打开 VBA 编辑器，然后插入一个新的模块，将以下代码粘贴到模块中：

```vba
Sub SortDataInMultipleSheets()
    Dim ws1 As Worksheet
    Dim ws2 As Worksheet
    Dim lastRow1 As Long
    Dim lastRow2 As Long

    ' Set references to the worksheets
    Set ws1 = ThisWorkbook.Sheets("Sheet1")
    Set ws2 = ThisWorkbook.Sheets("Sheet2")

    ' Find the last row in each sheet
    lastRow1 = ws1.Cells(ws1.Rows.Count, "B").End(xlUp).Row
    lastRow2 = ws2.Cells(ws2.Rows.Count, "B").End(xlUp).Row

    ' Sort data in Sheet1 based on B column
    ws1.Range("B2:E" & lastRow1).Sort Key1:=ws1.Range("B2:B" & lastRow1), _
                                    Order1:=xlAscending, Header:=xlNo, _
                                    Orientation:=xlSortColumns
    ' Sort data in Sheet2 based on B column
    ws2.Range("B2:E" & lastRow2).Sort Key1:=ws2.Range("B2:B" & lastRow2), _
                                    Order1:=xlAscending, Header:=xlNo, _
                                    Orientation:=xlSortColumns
End Sub
```

图 4-19　ChatGPT 编写多表同时排序的代码

步骤 03 复制 ChatGPT 编写的代码，返回 Excel 工作表，打开 VBA 编辑器，插入一个新的模块，在其中粘贴复制的代码，如图 4-20 所示。

图 4-20　在模块中粘贴复制的代码

步骤 04 运行宏代码，关闭 VBA 编辑器，即可对两个工作表中的数据同时进行排序，效果如图 4-21 所示。

Sheet1：

编号	名称	厂商	材质	价格（元）
SH001	地中海风家具	安全之家	木材、棉麻	2680
SH002	简约现代家具	安全之家	织物、不锈钢	1988
SH003	皮革豪华家具	安全之家	真皮、弹簧	4480
SH004	舒适家纺家具	安全之家	布料、海绵	2388
SH005	现代风格家具	安全之家	织物、金属	3800
SH006	小户型家具	安全之家	织物、木板	1580

Sheet2：

编号	名称	厂商	材质	价格（元）
SH001	地中海风家具	优选家具	木材、棉麻	1980
SH002	简约现代家具	优选家具	织物、不锈钢	2899
SH003	皮革豪华家具	优选家具	皮革、金属	3150
SH004	舒适家纺家具	优选家具	织物、弹簧	2880
SH005	现代风格家具	优选家具	织物、海绵	3580
SH006	小户型家具	优选家具	布料、木板	1888

图 4-21　对两个工作表中的数据同时进行排序

4.2.2　用 ChatGPT 编写分列提取数据的代码

扫码看教学视频

用 ChatGPT 编写分列提取数据的代码，可以将包含逗号分隔值的单元格拆分成多个单元格，以便更好地组织数据。代码会自动将逗号分隔的值拆分成独立的单元格，并按照用户的要求进行排列，使得数据更易于处理和分析。下面介绍具体的操作方法。

步骤 01 打开一个工作表，如图 4-22 所示，这里需要将逗号作为分隔符，分列提取 B 列单元格中的数据。

	A	B	C	D	E
1	序号	商品	风格	颜色	材质
2	EU001	沙发,现代款,蓝色,织物			
3	EU002	餐桌,木质风,橡木色,橡木			
4	EU003	椅子, 现代款,褐色,皮革			
5	EU004	床,欧式,白色,铁艺			
6	EU005	书架,北欧风格,白色, 木材			
7	EU006	餐厅椅,木质风,咖啡色,木材			
8	EU007	布艺床,现代风格,灰色,织物			
9	EU008	儿童床,简约风格,蓝色,木材			
10	EU009	办公桌,现代款,黑色,木板			

图 4-22　打开一个工作表

步骤 02 打开 ChatGPT 的聊天窗口，在输入框中输入“在 Excel 工作表中，需要编写一段 VBA 代码，分列提取 B 列单元格中的内容，以逗号作为分隔符，逗号前面的内容保留在 B 列单元格中，第 1 个逗号后面的内容分列提取至 C 列，第 2 个逗号后面的内容分列提取至 D 列，第 3 个逗号后面的内容分列提取至 E 列，然后根据 A 列中的序号对表格重新进行升序排序”，按【Enter】键发送，ChatGPT 即可编写分列提取并排序的代码，如图 4-23 所示。

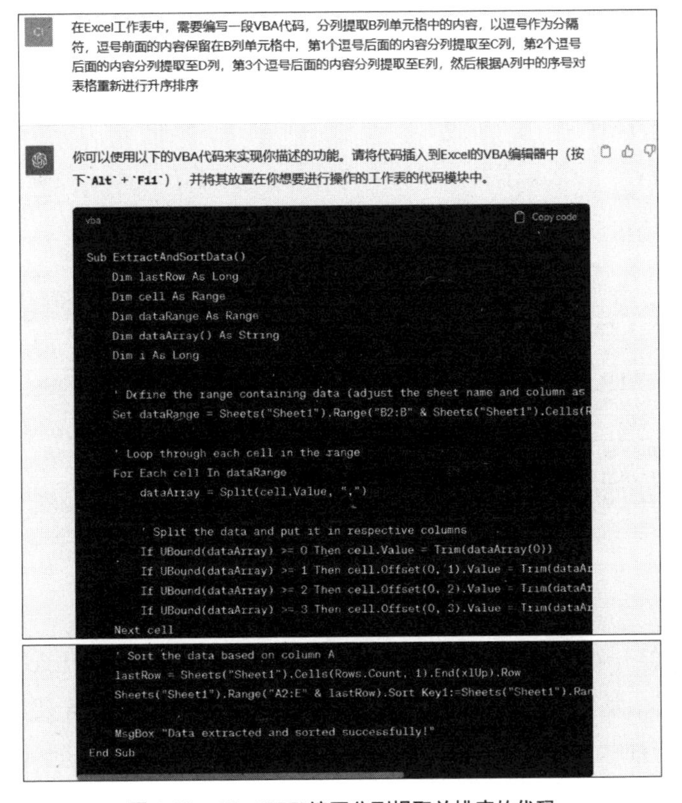

在Excel工作表中，需要编写一段VBA代码，分列提取B列单元格中的内容，以逗号作为分隔符，逗号前面的内容保留在B列单元格中，第1个逗号后面的内容分列提取至C列，第2个逗号后面的内容分列提取至D列，第3个逗号后面的内容分列提取至E列，然后根据A列中的序号对表格重新进行升序排序

你可以使用以下的VBA代码来实现你描述的功能。请将代码插入到Excel的VBA编辑器中（按下`Alt` + `F11`），并将其放置在你想要进行操作的工作表的代码模块中。

```vba
Sub ExtractAndSortData()
    Dim lastRow As Long
    Dim cell As Range
    Dim dataRange As Range
    Dim dataArray() As String
    Dim i As Long

    ' Define the range containing data (adjust the sheet name and column as
    Set dataRange = Sheets("Sheet1").Range("B2:B" & Sheets("Sheet1").Cells(R

    ' Loop through each cell in the range
    For Each cell In dataRange
        dataArray = Split(cell.Value, ",")

        ' Split the data and put it in respective columns
        If UBound(dataArray) >= 0 Then cell.Value = Trim(dataArray(0))
        If UBound(dataArray) >= 1 Then cell.Offset(0, 1).Value = Trim(dataAr
        If UBound(dataArray) >= 2 Then cell.Offset(0, 2).Value = Trim(dataAr
        If UBound(dataArray) >= 3 Then cell.Offset(0, 3).Value = Trim(dataAr
    Next cell

    ' Sort the data based on column A
    lastRow = Sheets("Sheet1").Cells(Rows.Count, 1).End(xlUp).Row
    Sheets("Sheet1").Range("A2:E" & lastRow).Sort Key1:=Sheets("Sheet1").Ran

    MsgBox "Data extracted and sorted successfully!"
End Sub
```

图 4-23　ChatGPT 编写分列提取并排序的代码

步骤 03 复制 ChatGPT 编写的代码，返回 Excel 工作表。打开 VBA 编辑器，插入一个新的模块，在其中粘贴复制的代码，如图 4-24 所示。

步骤 04 运行宏代码，关闭 VBA 编辑器，即可对表格数据进行分列提取并排序，适当调整表格列宽，最终效果如图 4-25 所示。

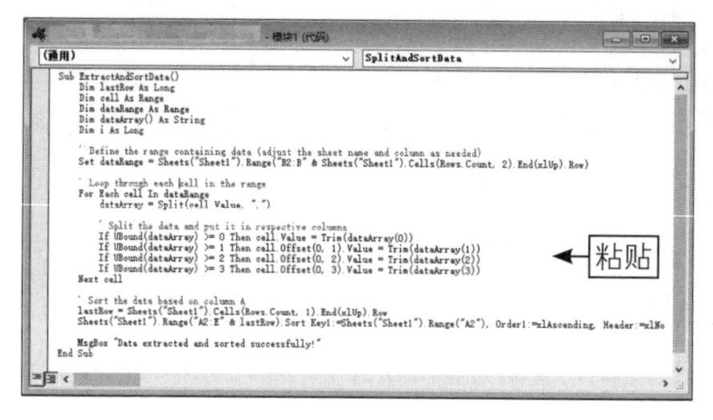

图 4-24　在模块中粘贴复制的代码

A	B	C	D	E
序号	商品	风格	颜色	材质
EU001	沙发	现代款	蓝色	织物
EU002	餐桌	木质风	橡木色	橡木
EU003	椅子	现代款	褐色	皮革
EU004	床	欧式	白色	铁艺
EU005	书架	北欧风格	白色	木材
EU006	餐厅椅	木质风	咖啡色	木材
EU007	布艺床	现代风格	灰色	织物
EU008	儿童床	简约风格	蓝色	木材
EU009	办公桌	现代款	黑色	木板

图 4-25　最终效果

4.2.3　用 ChatGPT 编写隔行插入空行的代码

扫码看教学视频

用 ChatGPT 编写隔行插入空行的代码，可以帮助用户在数据表中批量隔行插入空行，以便后续可以更好地组织和分隔数据。下面介绍具体的操作方法。

步骤 01 打开一个工作表，如图 4-26 所示，为了方便查看数据，这里需要在工作表中隔行插入空行将数据分隔。

	A	B	C	D
1	产品名称	虚拟型号	价格（元）	特点
2	笔记本电脑	CyberBook S8	5999	超高清显示屏，高性能处理器和长续航电池
3	智能音响	EchoVoice	299	语音控制家居设备，提供音乐播放和智能助手功能
4	游戏主机	GameBox 7	2499	极致游戏性能，支持4K游戏和虚拟现实体验
5	无线路由器	NetLink AX3000	399	高速的Wi-Fi 6连接，多设备同时稳定使用
6	相机	PixelLens Z3	8999	全画幅传感器，高速连拍和出色的图像稳定性
7	智能手表	SmartTime 9	1999	健康监测功能，支持应用扩展和智能通知
8	无线耳机	SoundWave Pro	799	主动降噪技术，高保真音质
9	平板电脑	TabPro Z2	2999	高分辨率显示屏，支持多任务处理和触控笔
10	手机	TechPhone X1	3999	超级薄型设计，强大的处理器和多项功能
11	4K电视	UltraView 55"	5999	高分辨率图像，支持HDR技术和智能应用

图 4-26　打开一个工作表

步骤 02 打开 ChatGPT 的聊天窗口，在输入框中输入“在 Excel 工作表中，第 1 行为表头，从第 2 行开始为数据内容，需要编写一段 VBA 代码，从第 3 行开始每隔一行插入空行，空行高度为 10”，按【Enter】键发送，ChatGPT 即可编写隔行插入空行的代码，如图 4-27 所示。

步骤 03 复制 ChatGPT 编写的代码，返回 Excel 工作表，打开 VBA 编辑器，插入一个新的模块，在其中粘贴复制的代码，如图 4-28 所示。

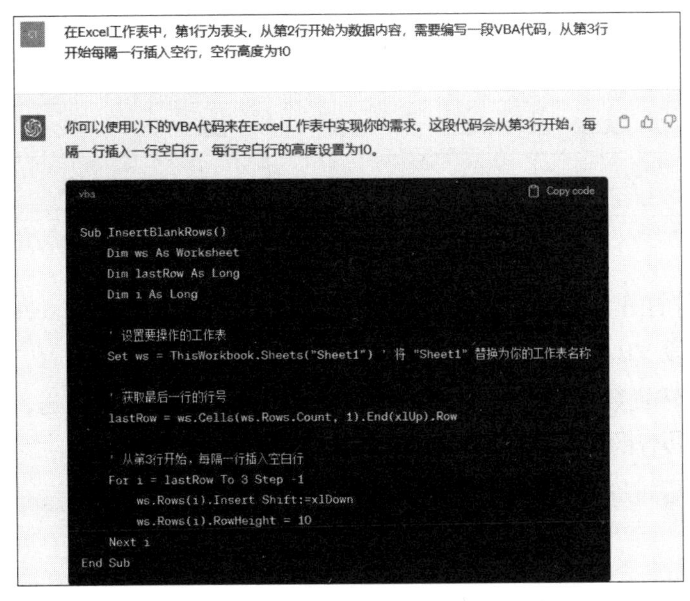

图 4-27　ChatGPT 编写隔行插入空行的代码

步骤 04 运行宏代码，关闭 VBA 编辑器，即可在工作表中批量插入空行，效果如图 4-29 所示。

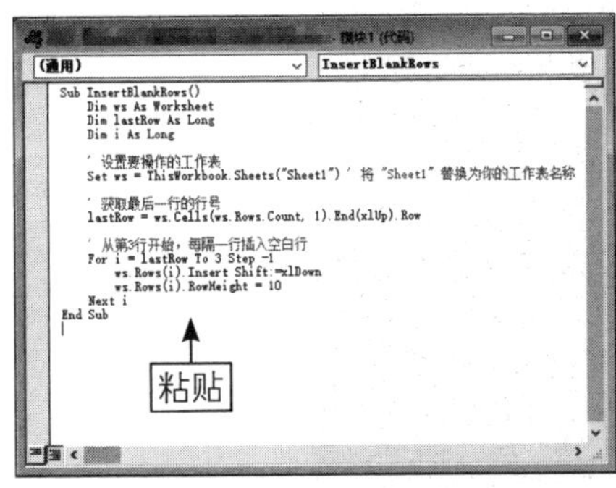

图 4-28　在模块中粘贴复制的代码

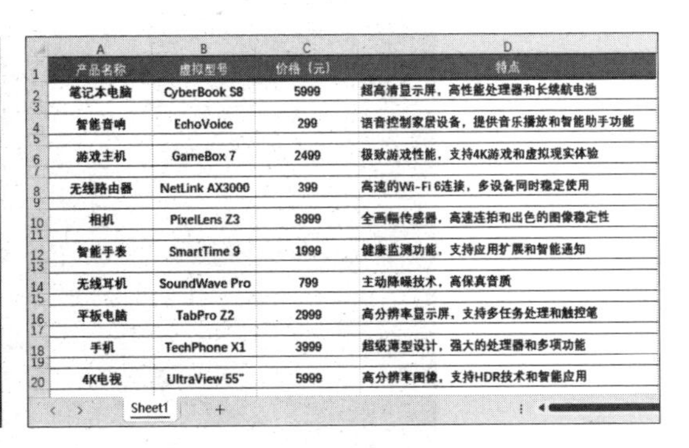

产品名称	虚拟型号	价格（元）	特点
笔记本电脑	CyberBook S8	5999	超高清显示屏，高性能处理器和长续航电池
智能音响	EchoVoice	299	语音控制家居设备，提供音乐播放和智能助手功能
游戏主机	GameBox 7	2499	极致游戏性能，支持4K游戏和虚拟现实体验
无线路由器	NetLink AX3000	399	高速的Wi-Fi 6连接，多设备同时稳定使用
相机	PixelLens Z3	8999	全画幅传感器，高速连拍和出色的图像稳定性
智能手表	SmartTime 9	1999	健康监测功能，支持应用扩展和智能通知
无线耳机	SoundWave Pro	799	主动降噪技术，高保真音质
平板电脑	TabPro Z2	2999	高分辨率显示屏，支持多任务处理和触控笔
手机	TechPhone X1	3999	超级薄型设计，强大的处理器和多项功能
4K电视	UltraView 55"	5999	高分辨率图像，支持HDR技术和智能应用

图 4-29　批量插入空行效果

4.2.4　用 ChatGPT 编写数据横竖转置的代码

用 ChatGPT 编写数据转置的代码，可以将 Excel 工作表中的行数据转置为列数据，将列数据转置为行数据。下面介绍具体的操作方法。

步骤 01 打开一个工作表，如图 4-30 所示，这里需要将工作表中的行数据和列数据相互转置。

	A	B	C	D	E
1	城市	北京	天津	上海	广州
2	温度（摄氏度）	28	30	32	26
3	天气	晴	阴	雷阵雨	多云
4	湿度（%）	60	70	75	50

图 4-30　打开一个工作表

步骤 02 打开 ChatGPT 的聊天窗口，在输入框中输入“在 Excel 工作表中，需要编写一段 VBA 代码，将 Sheet1 工作表的 A1:E4 单元格中的行、列数据相互转置，并将转置数据填充至第 6 行的位置”，按【Enter】键发送，ChatGPT 即可编写数据转置的代码，如图 4-31 所示。

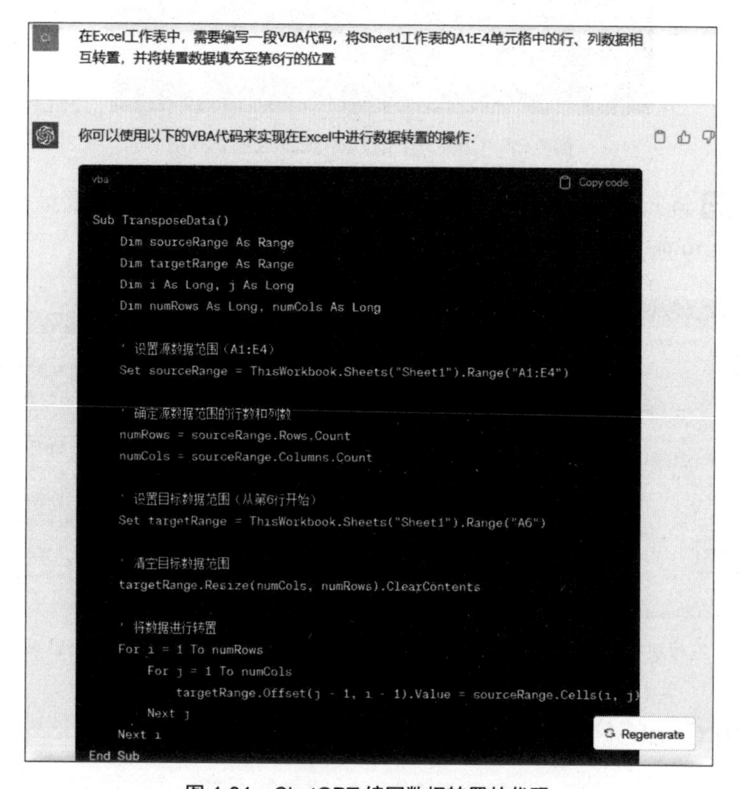

图 4-31　ChatGPT 编写数据转置的代码

步骤 03 复制 ChatGPT 编写的代码，返回 Excel 工作表，打开 VBA 编辑器，插入一个新的模块，在其中粘贴复制的代码，如图 4-32 所示。

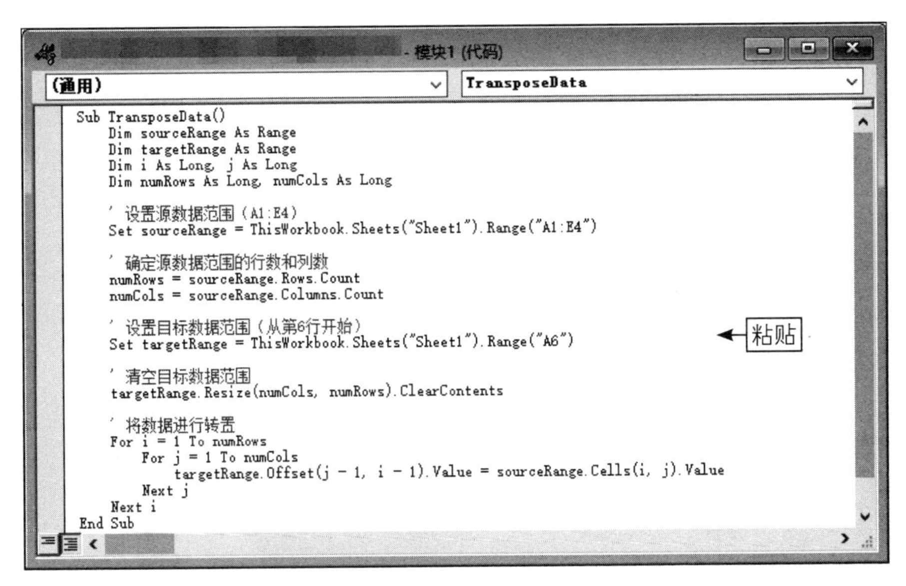

图 4-32　在模块中粘贴复制的代码

步骤 04 运行宏代码，关闭 VBA 编辑器，即可在工作表中将行列数据转置，效果如图 4-33 所示。

	A	B	C	D
6	城市	温度（摄氏度）	天气	湿度（%）
7	北京	28	晴	60
8	天津	30	阴	70
9	上海	32	雷阵雨	75
10	广州	26	多云	50

图 4-33　行列数据转置效果

※ 本章小结

本章主要向读者介绍了 AI 代码编写的相关知识，首先介绍了用 ChatGPT 编写计算代码的操作方法，包括用 ChatGPT 编写统计产品数量的代码、统计重复项的代码和计算时间差的代码等；然后介绍了用 ChatGPT 编写数据处理代码，包括用 ChatGPT 编写多表同时排序的代码、分列提取数据的代码、隔行插入空行的代码和数据横竖转置的代码等。通过对本章的学习，读者可以举一反三，掌握将 ChatGPT 与 VBA 结合使用进行自动化办公的操作方法。

※ 课后习题

鉴于本章知识的重要性，为了帮助读者更好地掌握所学知识，本节将通过课后习题，帮助读者进行简单的知识回顾和补充。

1. 用 ChatGPT 编写创建可视化图表的代码，效果如图 4-34 所示。

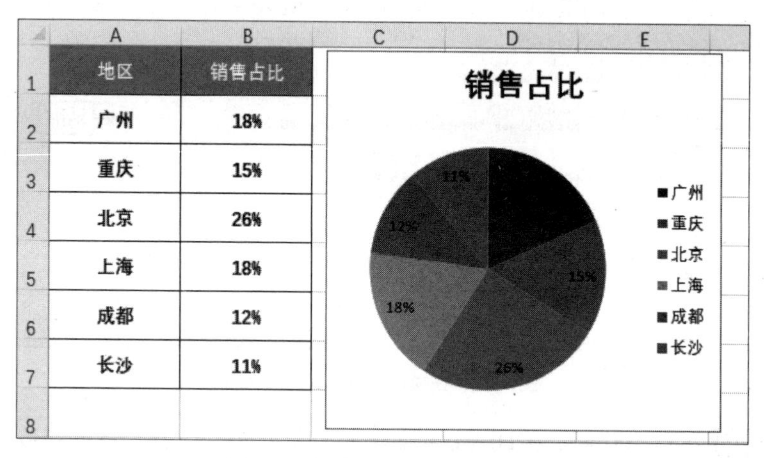

地区	销售占比
广州	18%
重庆	15%
北京	26%
上海	18%
成都	12%
长沙	11%

图 4-34　创建可视化图表代码效果

2. 用 ChatGPT 编写 VBA 代码，用 * 符号将订单编号中的数字进行隐藏，如图 4-35 所示。

订单编号	商品名称	单价（元）	数量	总金额（元）
AF1101152001	手机壳	25	3	75
AF1101152002	蓝牙耳机	60	2	120
AF1101152003	洗衣液	18	5	90
AF1101152004	水果篮	90	1	90
AF1101152005	牛奶	12	6	72
AF1101152006	游戏控制器	80	2	160
AF1101152007	汽车洗涤剂	30	4	120

素材

订单编号	商品名称	单价（元）	数量	总金额（元）
AF******01	手机壳	25	3	75
AF******02	蓝牙耳机	60	2	120
AF******03	洗衣液	18	5	90
AF******04	水果篮	90	1	90
AF******05	牛奶	12	6	72
AF******06	游戏控制器	80	2	160
AF******07	汽车洗涤剂	30	4	120

效果

图 4-35　用 * 符号隐藏订单编号中的数字

第 5 章

AI 文稿生成：ChatGPT+PPT

PowerPoint 也可以简称为 PPT，是 Office 办公系列中的一款幻灯片演示软件，它可以创建精美的演示文稿。将 ChatGPT 与 PowerPoint 结合使用，可以帮助用户智能生成演示文稿，减少用户烦琐的编写过程。

5.1 用ChatGPT生成PPT

ChatGPT具备强大的功能和创造力，用户可以通过ChatGPT生成PPT主题、封面页、大标题和副标题、目录大纲及指定页数的内容等，逐步生成PPT演示文稿中的内容。

5.1.1 准确输入关键词或语法指令

要在ChatGPT中准确输入生成PPT的关键词或语法指令，需要考虑以下几点。

1. 明确主题和目标

用户在开始输入之前，需明确想要在PPT中涵盖的主题和所需的信息，明确主题有助于更准确地输入相关的关键词和指令。

2. 使用明确的指令

ChatGPT对于特定指令和问题的回答能力很强，因此尽量使用明确的指令来引导ChatGPT生成PPT的内容。例如，可以使用类似以下的指令。

- 生成一个关于主题为《×××》的PPT标题和简介。
- 为我提供关于主题为《×××》的3个主要观点。
- 我需要一个包含主题为《×××》的相关统计数据的PPT幻灯片。

3. 限定生成长度

ChatGPT生成的文本长度可能很长，为了避免生成过多的内容，可以使用限定长度指令。例如，可以添加以下指令。

- 在500字以内为我生成一个主题为《×××》的PPT文稿。
- 每个段落的长度限制在100字以内。

4. 迭代和编辑

ChatGPT生成的内容可能需要进一步迭代和编辑。根据ChatGPT生成的结果，用户可以选择提出进一步的指令，以获取更准确或更具体的内容；也可以反复与ChatGPT进行交互，逐步完善文稿的内容和结构。

综上所述，如果想用ChatGPT生成一个完整的PPT，可以编辑一段完整的指令，将所需所求编写完整、明确。例如，可以使用以下指令：

“帮我制作一套关于主题为《×××》的PPT内容，要包括封面页的大标题和副标题、目录页、内容页、小标题和详细内容。要求内容页有×页，有具体案例展示；要求每页字数不超过×字，注意内容页的内容结构不要雷同。”

5.1.2　用 ChatGPT 生成 PPT 大纲

扫码看教学视频

用 ChatGPT 生成 PPT 大纲内容，用户可以先确定一个 PPT 主题，然后套用本章 5.1.1 节中总结的完整指令模板，生成完整的 PPT 大纲。下面介绍具体的操作方法。

步骤 01 打开 ChatGPT 的聊天窗口，在输入框中输入生成 PPT 的指令“帮我制作一套关于主题为《室内植物与绿化设计》的 PPT 内容，要包括封面页的大标题和副标题、目录页、内容页、小标题和详细内容。要求内容页有 6 页，有具体案例展示；要求每页字数不超过 120 个字，注意内容页的内容结构不要雷同”，如图 5-1 所示。

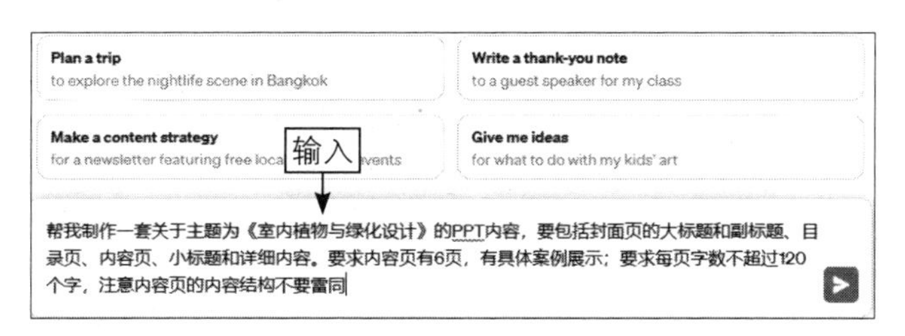

图 5-1　输入生成 PPT 的指令

步骤 02 按【Enter】键发送，ChatGPT 即可根据指令生成 PPT 大纲内容，部分内容如图 5-2 所示。

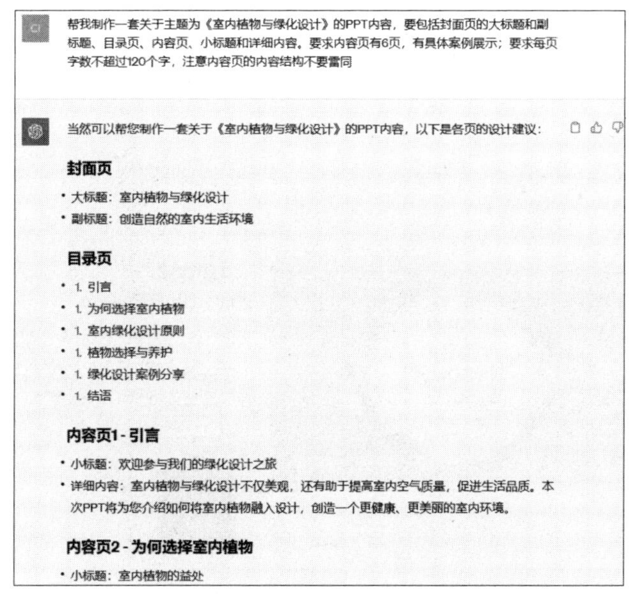

图 5-2　ChatGPT 生成 PPT 大纲内容（部分内容）

5.1.3　在 PowerPoint 中制成 PPT

扫码看教学视频

接下来，用户可以在 PowerPoint 中将 ChatGPT 生成的 PPT 大纲制作成演示文稿，还可以事先准备好与主题相关的图片作为背景或插图使用。下面介绍具体操作。

步骤 01 启动 PowerPoint 应用程序，在“新建”界面下方的模板中，单击“花团锦簇”模板缩览图，如图 5-3 所示。

图 5-3　单击“花团锦簇”模板缩览图

步骤 02 执行操作后，即可弹出“花团锦簇”对话框，单击“创建”按钮，如图 5-4 所示。

图 5-4　单击“创建”按钮

步骤 03 执行操作后，即可下载模板并打开演示文稿，效果如图 5-5 所示。

图 5-5 打开演示文稿

步骤 04 在 ChatGPT 中复制大标题，在第 1 张幻灯片中，❶ 选中“演示文稿标题”文本框中的文本；❷ 单击鼠标右键，弹出快捷菜单，在“粘贴选项：”下方单击“只保留文本”按钮，如图 5-6 所示。

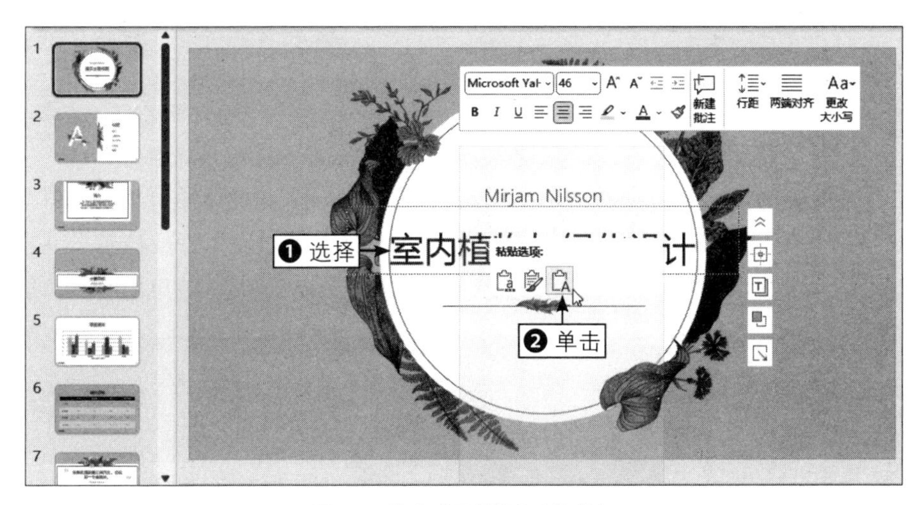

图 5-6 单击“只保留文本”按钮

步骤 05 执行操作后，即可替换大标题，❶ 选择标题内容；❷ 在弹出的面板中设置“字号”为 40，如图 5-7 所示，调整字体大小。

步骤 06 用同样的方法替换副标题，如图 5-8 所示。

图 5-7　设置“字号”为 40

图 5-8　替换副标题

步骤 07 选择一张适合做目录页的幻灯片模板，❶ 这里选择第 2 张幻灯片；将文本框中的内容修改为 ChatGPT 生成的目录，适当调整文本框的位置，并在幻灯片左下角的文本框中输入演示文稿的大标题；❷ 制作目录页，效果如图 5-9 所示。

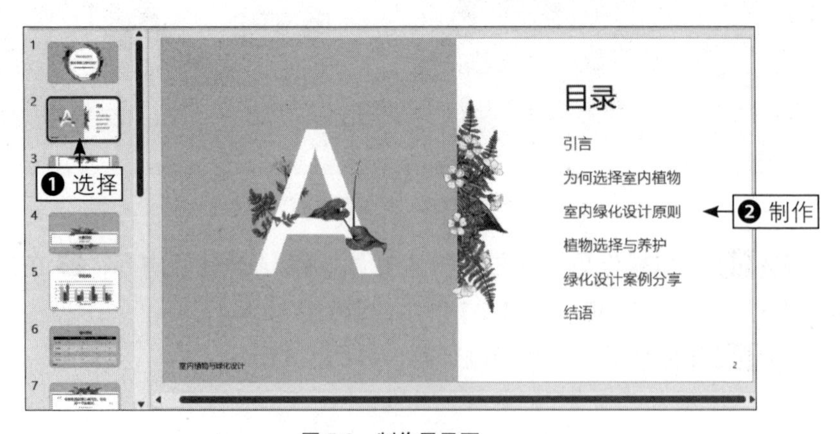

图 5-9　制作目录页

步骤 08 选择第 3 张幻灯片，用同样的方法制作引言内容页，效果如图 5-10 所示。

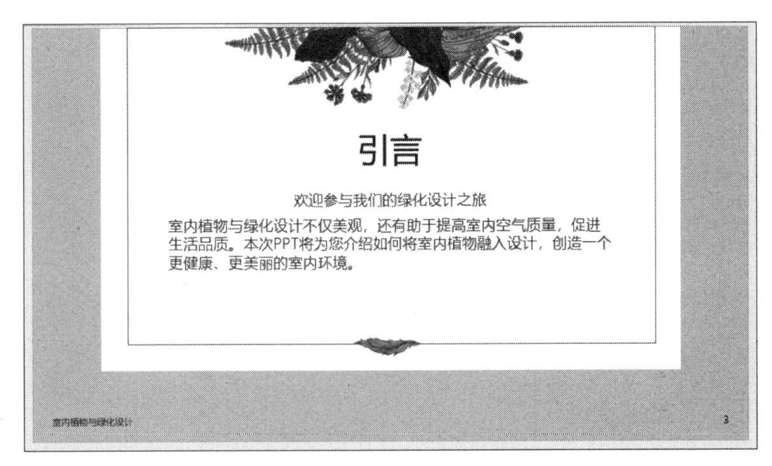

图 5-10　制作引言内容页

步骤 09 选择第 4 张幻灯片，用同样的方法制作第 1 张标题页，效果如图 5-11 所示。

图 5-11　制作第 1 张标题页

步骤 10 选择一张合适的幻灯片，❶ 用同样的方法，替换其中的文本内容为第 1 张内容页中的内容；❷ 保留一个文本框，删除文本内容，单击文本框中的“图片”按钮，效果如图 5-12 所示。

步骤 11 弹出“插入图片”对话框，选择一张准备好的图片，如图 5-13 所示。

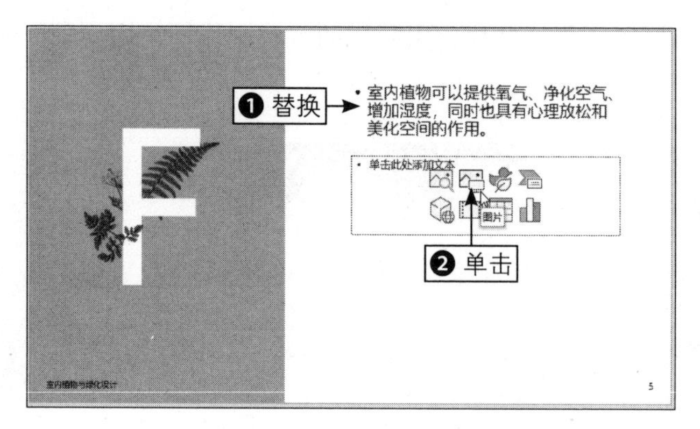

图 5-12　单击“图片”按钮

图 5-13　选择一张图片

步骤 12 单击“插入”按钮，即可插入图片，通过拖曳图片四周的控制柄，调整图片的大小和位置，效果如图 5-14 所示。

图 5-14　调整图片的大小和位置

步骤 13 参考以上方法，选择合适的幻灯片，制作其他标题页、内容页和结束页，效果如图 5-15 所示。

图 5-15　制作其他标题页、内容页和结束页

5.2　用 ChatGPT 和 Word 生成 PPT

用户可以使用 ChatGPT 生成 PPT 内容，并在 Word 文档中设置 PPT 标题格式，然后在 PowerPoint 中导入 Word 文档生成 PPT。本节将介绍用 ChatGPT 和 Word 生成 PPT 的操作方法。

5.2.1　用 ChatGPT 获取 PPT 内容

扫码看教学视频

在向 ChatGPT 获取 PPT 大纲内容时，用户可以提前在记事本中编好指令，将要求和 PPT 关键词写清楚，以便获取到的 PPT 大纲内容更加符合用户预期。下面介绍具体的操作方法。

步骤 01 打开编写好指令的记事本，如图 5-16 所示，全选并复制指令。

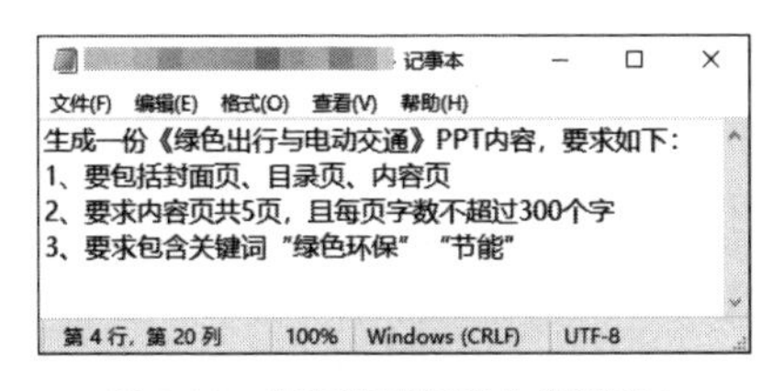

记事本
文件(F)　编辑(E)　格式(O)　查看(V)　帮助(H)
生成一份《绿色出行与电动交通》PPT内容，要求如下：
1、要包括封面页、目录页、内容页
2、要求内容页共5页，且每页字数不超过300个字
3、要求包含关键词“绿色环保”“节能”
第 4 行，第 20 列　100%　Windows (CRLF)　UTF-8

图 5-16　打开编写好指令的记事本

步骤02 打开ChatGPT聊天窗口，向其发送复制的指令，ChatGPT即可生成一份《绿色出行与电动交通》的PPT内容，如图5-17所示。

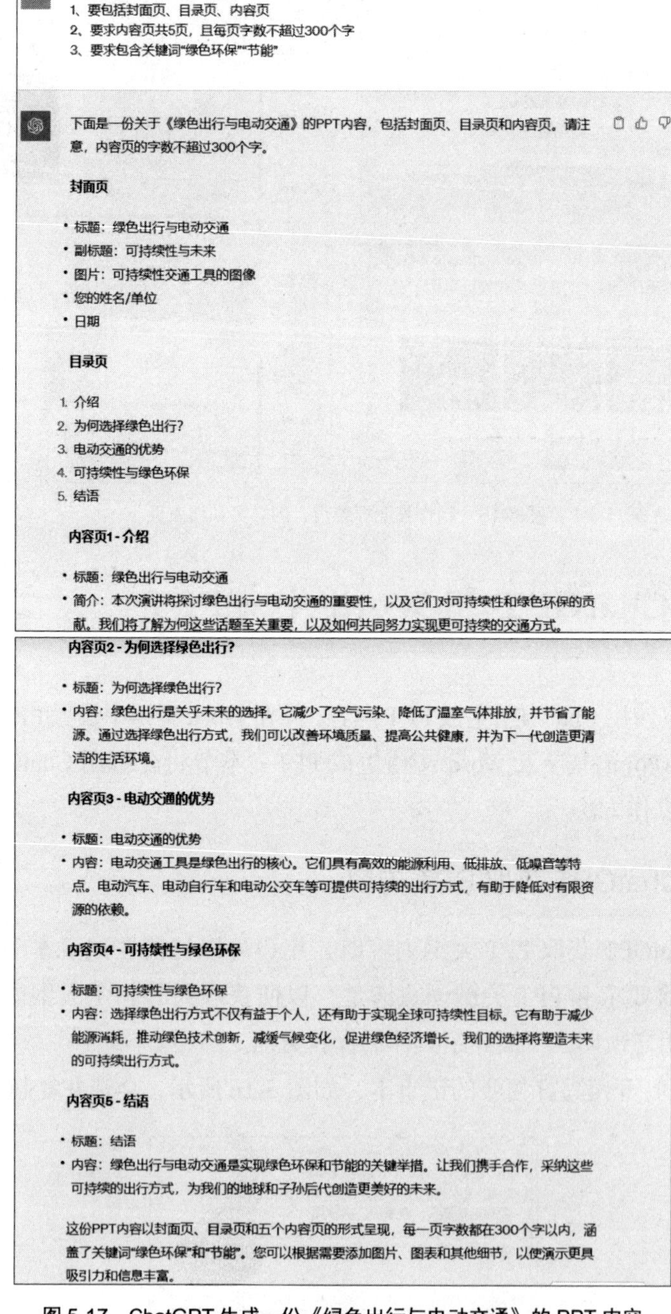
生成一份《绿色出行与电动交通》PPT内容，要求如下：
1、要包括封面页、目录页、内容页
2、要求内容页共5页，且每页字数不超过300个字
3、要求包含关键词"绿色环保""节能"

下面是一份关于《绿色出行与电动交通》的PPT内容，包括封面页、目录页和内容页。请注意，内容页的字数不超过300个字。

封面页

- 标题：绿色出行与电动交通
- 副标题：可持续性与未来
- 图片：可持续性交通工具的图像
- 您的姓名/单位
- 日期

目录页

1. 介绍
2. 为何选择绿色出行?
3. 电动交通的优势
4. 可持续性与绿色环保
5. 结语

内容页1 - 介绍

- 标题：绿色出行与电动交通
- 简介：本次演讲将探讨绿色出行与电动交通的重要性，以及它们对可持续性和绿色环保的贡献。我们将了解为何这些话题至关重要，以及如何共同努力实现更可持续的交通方式。

内容页2 - 为何选择绿色出行?

- 标题：为何选择绿色出行?
- 内容：绿色出行是关乎未来的选择。它减少了空气污染、降低了温室气体排放，并节省了能源。通过选择绿色出行方式，我们可以改善环境质量、提高公共健康，并为下一代创造更清洁的生活环境。

内容页3 - 电动交通的优势

- 标题：电动交通的优势
- 内容：电动交通工具是绿色出行的核心。它们具有高效的能源利用、低排放、低噪音等特点。电动汽车、电动自行车和电动公交车等可提供可持续的出行方式，有助于降低对有限资源的依赖。

内容页4 - 可持续性与绿色环保

- 标题：可持续性与绿色环保
- 内容：选择绿色出行方式不仅有益于个人，还有助于实现全球可持续性目标。它有助于减少能源消耗，推动绿色技术创新，减缓气候变化，促进绿色经济增长。我们的选择将塑造未来的可持续出行方式。

内容页5 - 结语

- 标题：结语
- 内容：绿色出行与电动交通是实现绿色环保和节能的关键举措。让我们携手合作，采纳这些可持续的出行方式，为我们的地球和子孙后代创造更美好的未来。

这份PPT内容以封面页、目录页和五个内容页的形式呈现，每一页字数都在300个字以内，涵盖了关键词"绿色环保"和"节能"。您可以根据需要添加图片、图表和其他细节，以使演示更具吸引力和信息丰富。

图5-17 ChatGPT生成一份《绿色出行与电动交通》的PPT内容

5.2.2　用 Word 设置 PPT 标题层级

扫码看教学视频

接下来，需要用 Word 软件来组织和编辑 ChatGPT 生成的 PPT 内容大纲，清除大纲格式并设置标题的层级格式，用 Word 重新设置 PPT 的标题层级格式，使得 PPT 整体更加清晰、有条理。如果用户还需要增页，可以结合自己的经验，编写出具有逻辑性和连贯性的总结报告内容，将其合理地嵌入 ChatGPT 生成的 PPT 内容大纲中。

步骤 01 复制 ChatGPT 生成的 PPT 大纲内容，粘贴至新建的空白 Word 文档中，部分内容如图 5-18 所示，可以看到粘贴后的内容的格式是乱的。

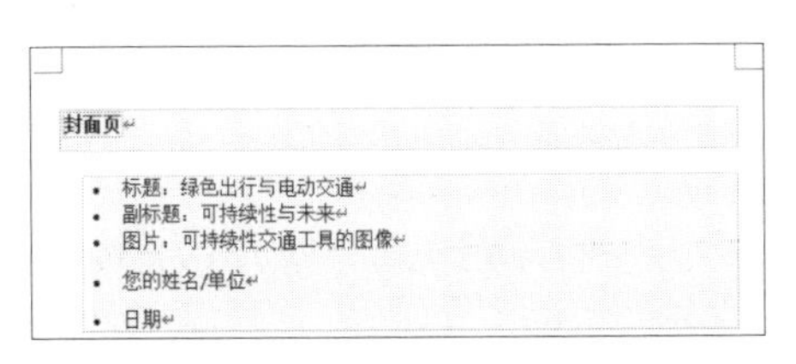

图 5-18　粘贴 ChatGPT 生成的 PPT 大纲内容（部分内容）

步骤 02 全选大纲内容，在“开始”功能区的“字体”面板中，单击“清除所有格式”按钮，如图 5-19 所示。

步骤 03 执行操作后，即可清除大纲格式，效果如图 5-20 所示。

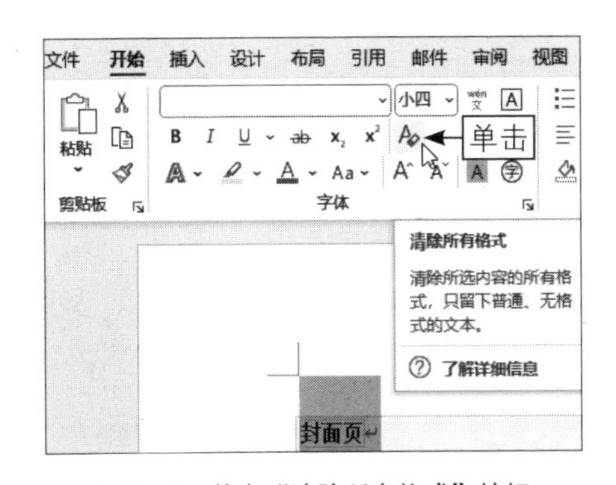

图 5-19　单击“清除所有格式”按钮

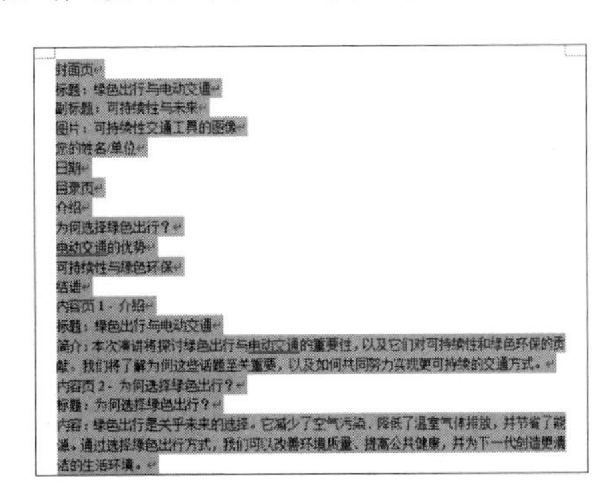

图 5-20　清除大纲格式效果

步骤 04 在“视图”功能区的“视图”面板中，单击“大纲”按钮，如图 5-21 所示，开启大纲视图模式。

步骤 05 删除第 1 行中的内容，并将标题行中的“标题：”删除，单击标题行文本内容前面的灰色圆点，如图 5-22 所示，即可选择整行内容。

步骤 06 ❶ 单击“大纲工具”面板中的“大纲级别”下拉按钮；❷ 在弹出的下拉列表中选择“1 级”选项，如图 5-23 所示，设置所选内容为 1 级格式。

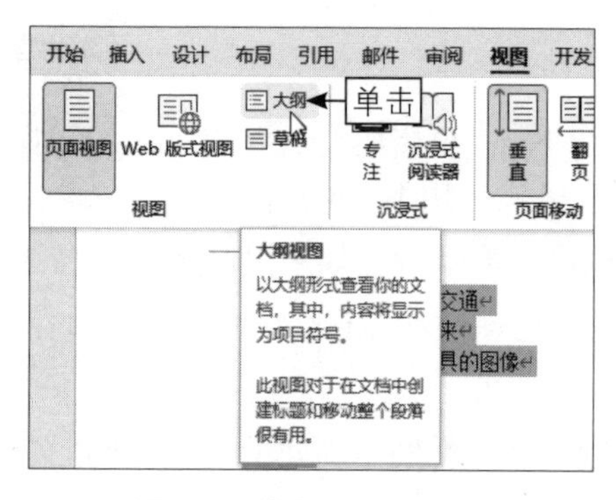

图 5-21　单击“大纲”按钮

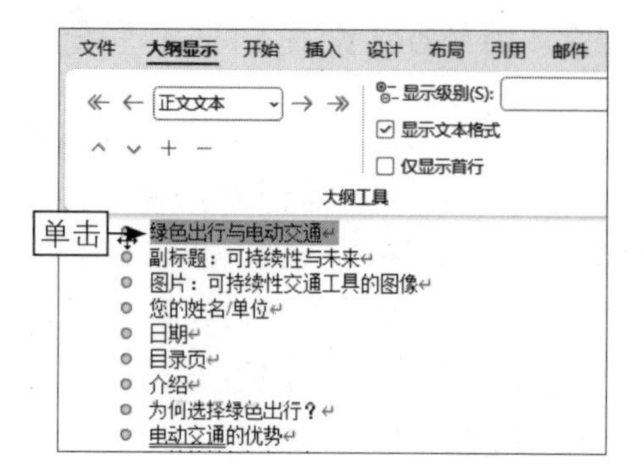

图 5-22　单击灰色圆点

步骤07 用同样的方法删除“副标题：”文本，并设置副标题行为“2 级”，如图 5-24 所示。

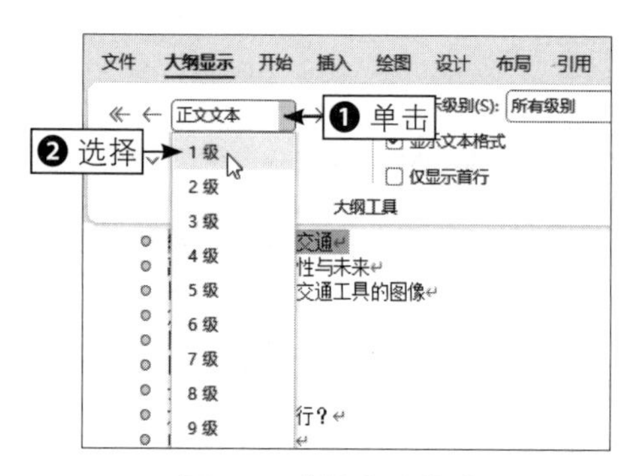

图 5-23　选择“1 级”选项

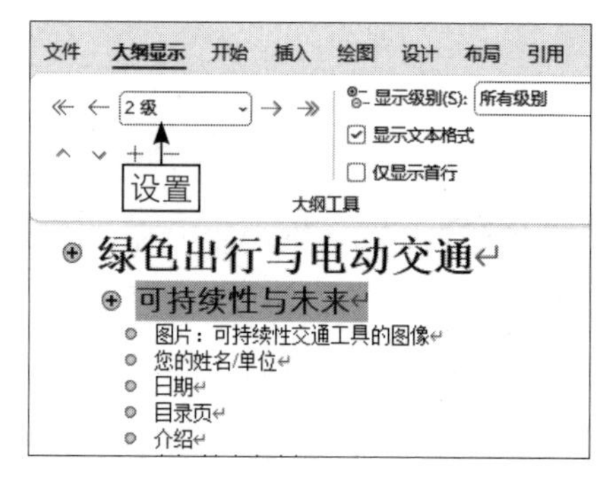

图 5-24　设置副标题行为“2 级”

步骤08 按住【Shift】键，同时选择第 3 行、第 4 行和第 5 行，按【Tab】键即可将层级格式设置为“3 级”，效果如图 5-25 所示。

步骤09 对第 4 行和第 5 行的内容进行修改（改成对应的内容即可），效果如图 5-26 所示。

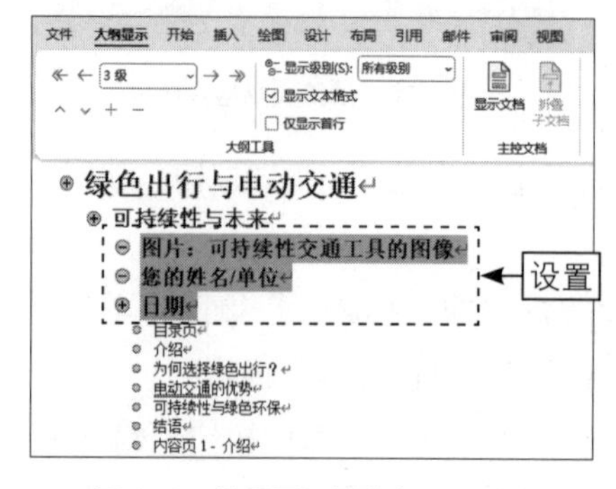

图 5-25　设置层级格式为“3 级”

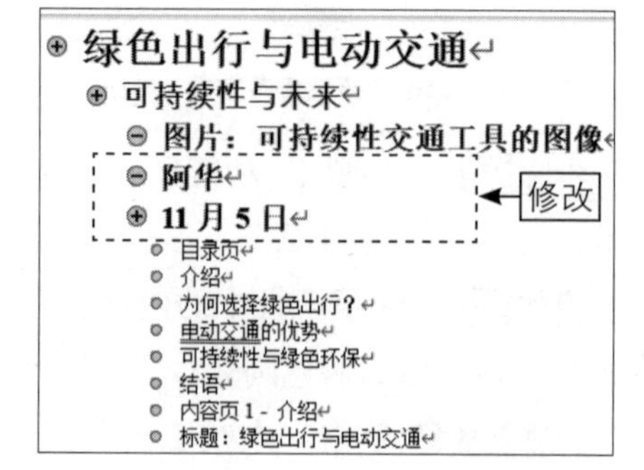

图 5-26　修改第 4 行和第 5 行的内容

步骤 10 参考上述方法，对大纲内容进行层级格式设置，效果如图 5-27 所示。

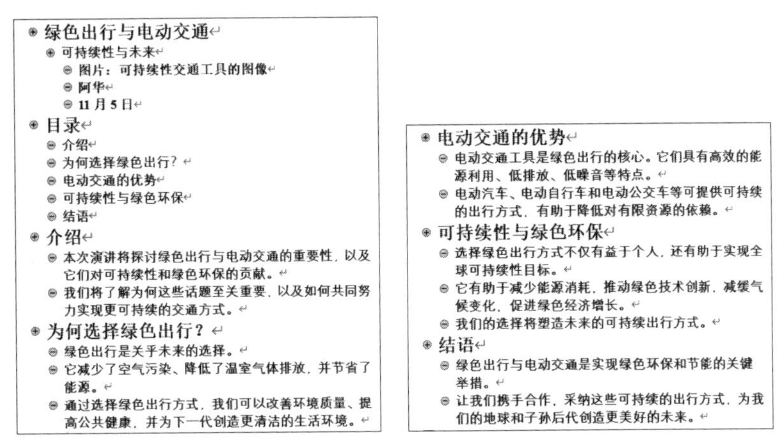

- 绿色出行与电动交通
  - 可持续性与未来
    - 图片：可持续性交通工具的图像
    - 阿华
    - 11 月 5 日
- 目录
  - 介绍
  - 为何选择绿色出行？
  - 电动交通的优势
  - 可持续性与绿色环保
  - 结语
- 介绍
  - 本次演讲将探讨绿色出行与电动交通的重要性，以及它们对可持续性和绿色环保的贡献。
  - 我们将了解为何这些话题至关重要，以及如何共同努力实现更可持续的交通方式。
- 为何选择绿色出行？
  - 绿色出行是关乎未来的选择。
  - 它减少了空气污染、降低了温室气体排放，并节省了能源。
  - 通过选择绿色出行方式，我们可以改善环境质量、提高公共健康，并为下一代创造更清洁的生活环境。
- 电动交通的优势
  - 电动交通工具是绿色出行的核心。它们具有高效的能源利用、低排放、低噪音等特点。
  - 电动汽车、电动自行车和电动公交车等可提供可持续的出行方式，有助于降低对有限资源的依赖。
- 可持续性与绿色环保
  - 选择绿色出行方式不仅有益于个人，还有助于实现全球可持续性目标。
  - 它有助于减少能源消耗，推动绿色技术创新，减缓气候变化，促进绿色经济增长。
  - 我们的选择将塑造未来的可持续出行方式。
- 结语
  - 绿色出行与电动交通是实现绿色环保和节能的关键举措。
  - 让我们携手合作，采纳这些可持续的出行方式，为我们的地球和子孙后代创造更美好的未来。

图 5-27　对大纲内容进行层级格式设置的效果

5.2.3　用 PowerPoint 生成演示文稿

扫码看教学视频

在 PowerPoint 中，可以直接将 Word 文档插入演示文稿，根据标题层级格式生成对应的幻灯片。下面介绍具体的操作方法。

步骤 01 在 PowerPoint 中，新建一个空白演示文稿，❶单击“新建幻灯片”下拉按钮；❷在弹出的列表框中选择“幻灯片（从大纲）”选项，如图 5-28 所示。

步骤 02 弹出“插入大纲”对话框，选择在 5.2.2 一节中保存的 Word 文档，如图 5-29 所示。

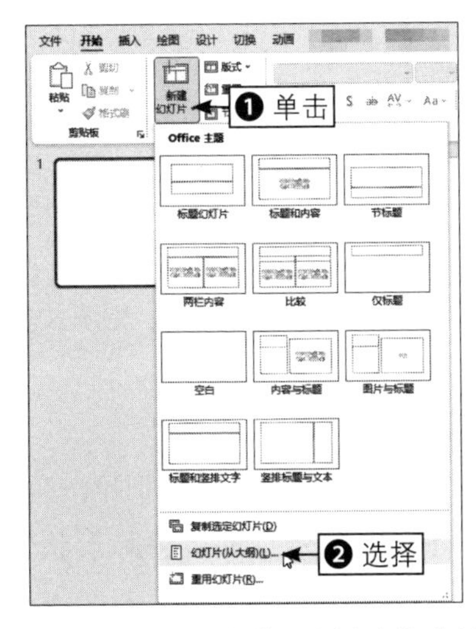

图 5-28　选择“幻灯片（从大纲）”选项

图 5-29　选择保存的 Word 文档

步骤03 单击“插入”按钮，即可将Word文档中的内容生成幻灯片，效果如图5-30所示。

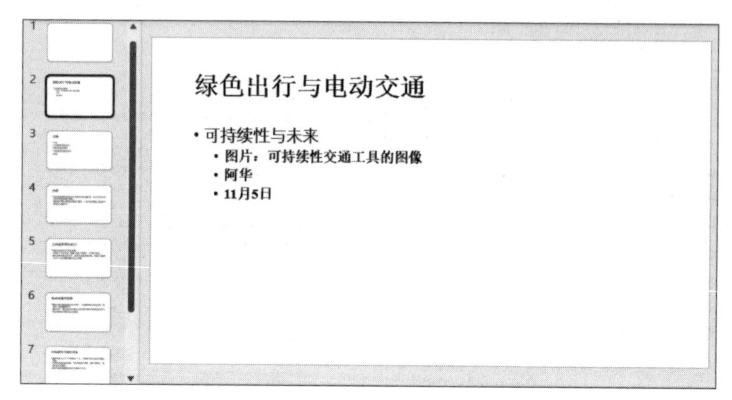

图5-30 将Word文档中的内容生成幻灯片

步骤04 ❶选择第1张空白幻灯片；❷单击鼠标右键，在弹出的快捷菜单中选择“删除幻灯片”命令，如图5-31所示，即可将空白幻灯片删除。

步骤05 在“设计”功能区的“主题”面板中，选择“平面”主题，如图5-32所示，为幻灯片设置主题样式。

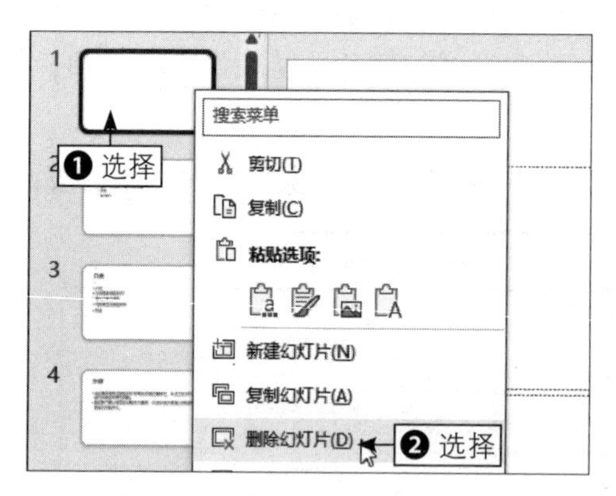

图5-31 选择“删除幻灯片”命令

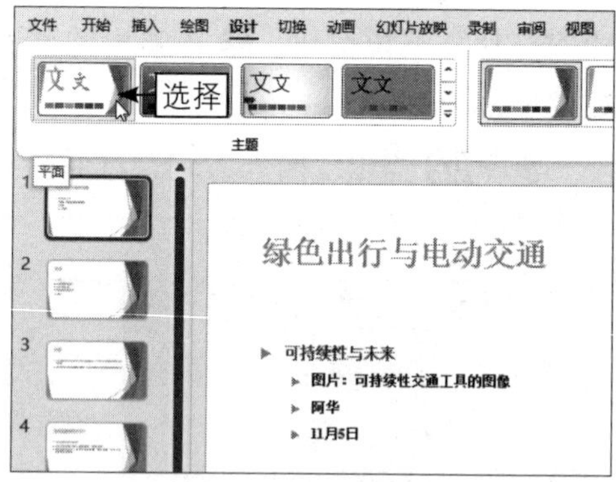

图5-32 选择“平面”主题

步骤06 在“开始”功能区的“绘图”面板中，选取“矩形”工具□，如图5-33所示。

步骤07 在封面页幻灯片的右侧绘制一个矩形，如图5-34所示。

步骤08 选择绘制的矩形，在“绘图”面板中，❶单击“形状轮廓”下拉按钮；❷在弹出的列表框中选择“无轮廓”选项，如图5-35所示，即可去除形状轮廓颜色。

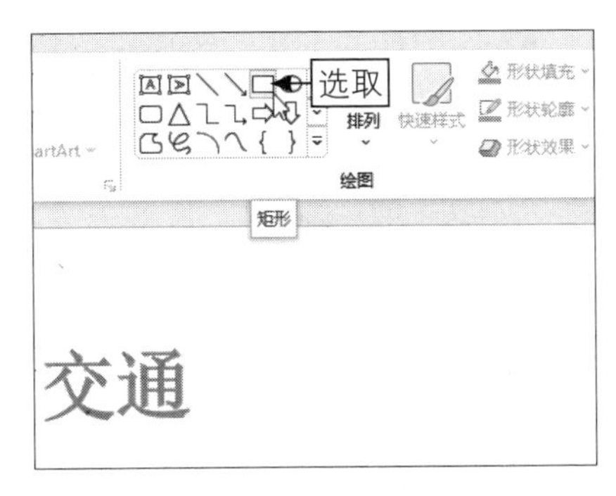

图 5-33　选取“矩形”工具

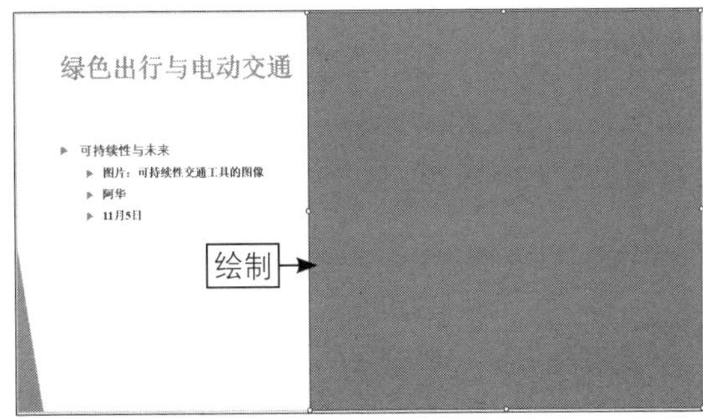

图 5-34　绘制一个矩形

步骤 09 在“形状格式”功能区的“插入形状”面板中，❶ 单击“编辑形状”下拉按钮；❷ 在弹出的下拉列表中选择“编辑顶点”选项，效果如图 5-36 所示。

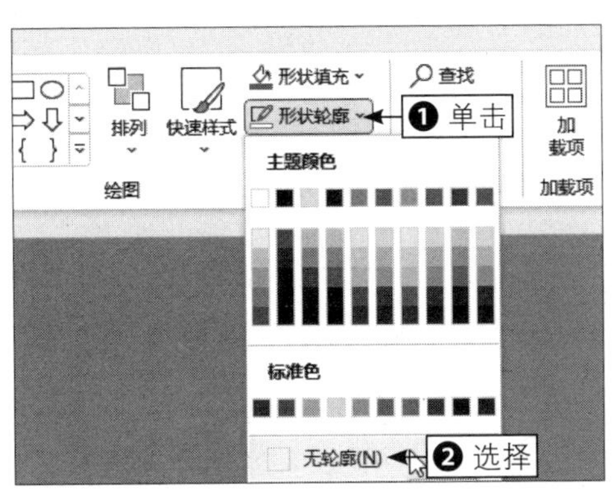

图 5-35　选择“无轮廓”选项

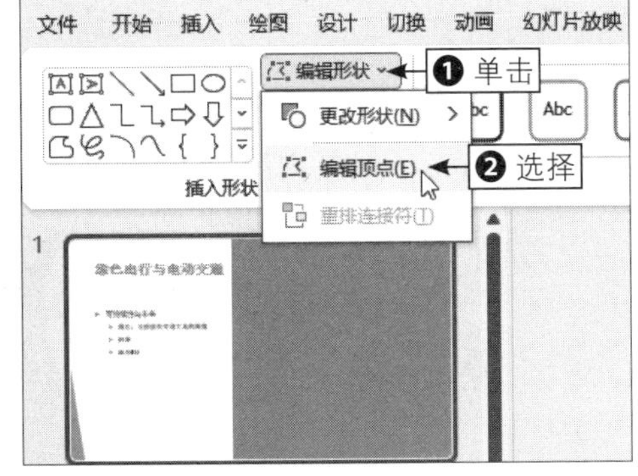

图 5-36　选择“编辑顶点”选项

步骤 10 执行操作后，即可在矩形上显示黑色的顶点，❶ 选择左上角的顶点，即可在两条边上显示白色矩形拉杆；❷ 向内拖曳左边的拉杆，即可得到一个弧形，操作如图 5-37 所示。

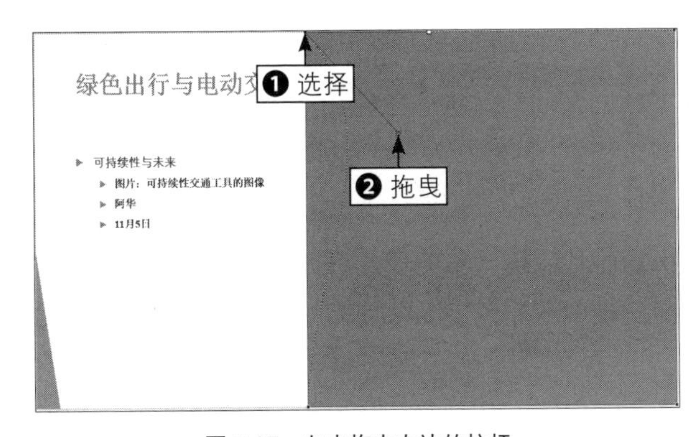

图 5-37　向内拖曳左边的拉杆

步骤 11 释放鼠标左键，即可编辑矩形形状。❶ 用同样的方法，选择左下角的顶点；❷ 向外拖曳左边的拉杆，调整弧形形状，效果如图 5-38 所示。

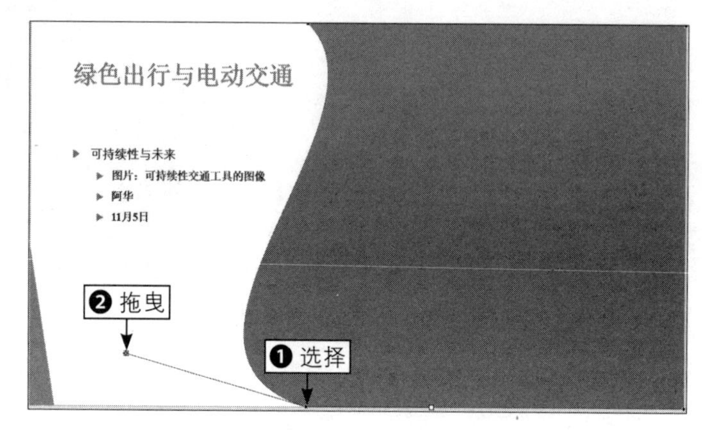

图 5-38　向外拖曳左边的拉杆

步骤 12 复制制作的形状，并向右侧移动一点点，通过拖曳控制柄，调整复制形状的大小，使其右侧的边缘与第 1 个形状的边缘吻合，效果如图 5-39 所示。

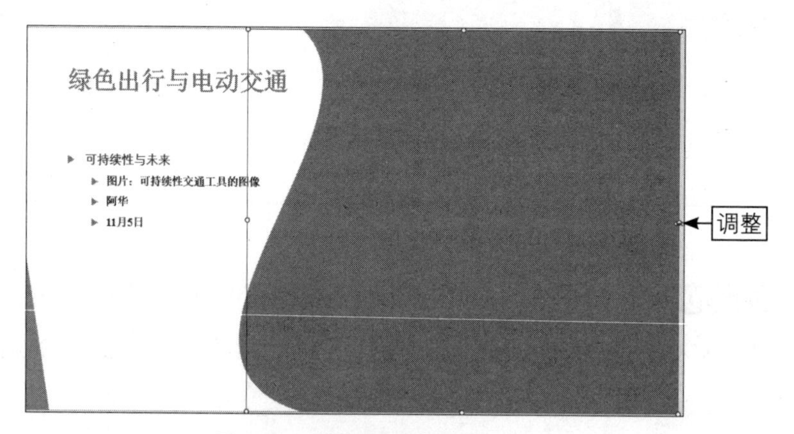

图 5-39　调整复制形状的大小

步骤 13 在“开始”功能区的“绘图”面板中，❶ 单击“形状填充”下拉按钮；❷ 在弹出的列表框中选择“图片”选项，如图 5-40 所示。

步骤 14 弹出“插入图片”界面中，选择“来自文件”选项，如图 5-41 所示。

步骤 15 弹出“插入图片”对话框，选择一张准备好的图片，如图 5-42 所示。

步骤 16 单击“插入”按钮，即可将选择的图片插入复制的形状中，效果如图 5-43 所示。

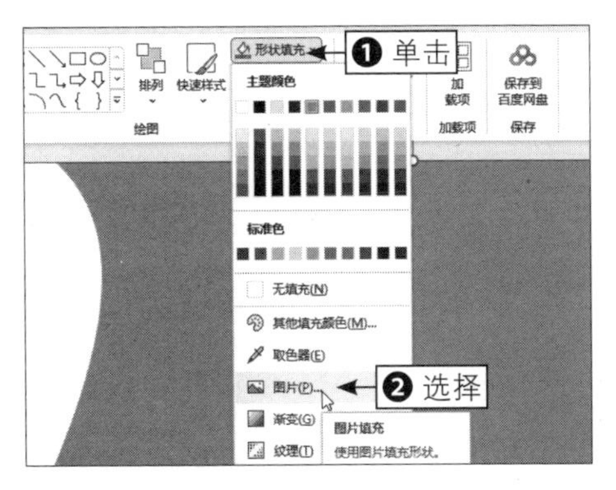

图 5-40　选择“图片”选项

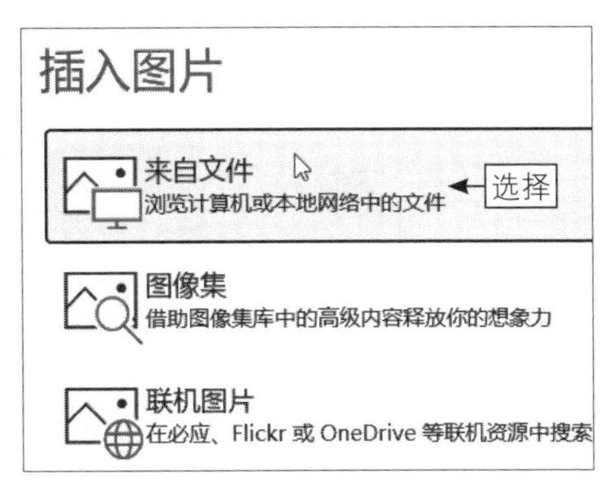

图 5-41　选择“来自文件”选项

图 5-42　选择一张准备好的图片

图 5-43　插入图片的效果

步骤 17 选择幻灯片中的第 2 个文本框，删除多余的内容，在“开始”功能区的“段落”面板中，❶ 单击“项目符号”下拉按钮；❷ 在弹出的列表框中选择“无”选项，如图 5-44 所示，即可去除文本框中的项目符号。

步骤 18 根据需要修改第 2 个文本框中的内容和段落格式，设置行间距为 3.0，并调整两个文本框的位置，完成封面页的制作，效果如图 5-45 所示。

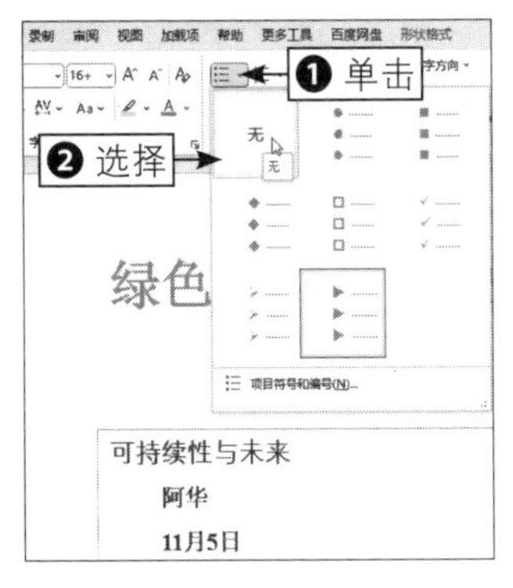

图 5-44　选择“无”选项

图 5-45　封面页的效果

步骤19 在第 2 页幻灯片中，调整文本框的位置和大小，制作目录页，效果如图 5-46 所示。

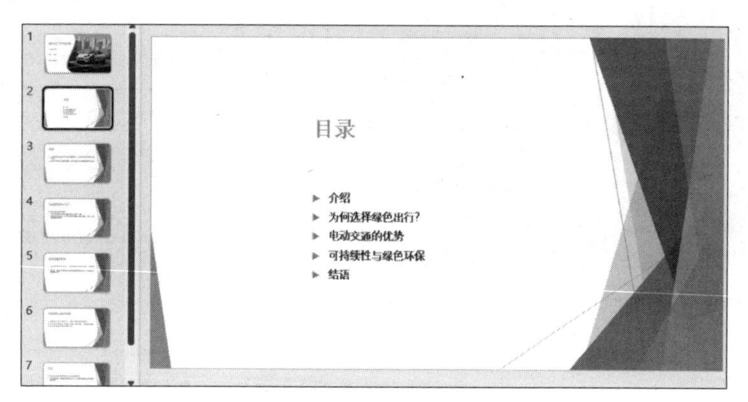

图 5-46　制作目录页

步骤20 ❶ 选择第 3 张幻灯片；❷ 在“插入”功能区的“图像”面板中，单击“图片”下拉按钮；❸ 在弹出的下拉列表中选择“此设备”选项，如图 5-47 所示。

步骤21 弹出“插入图片”对话框，选择合适的图片，单击“插入”按钮，插入一张图片，拖曳图片四个角的控制柄调整图片大小，在“图片格式”功能区的“大小”面板中，单击“裁剪”按钮，如图 5-48 所示。

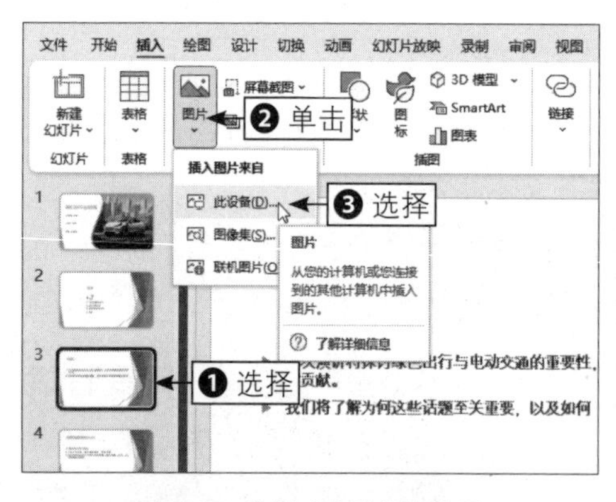

图 5-47　选择“此设备”选项

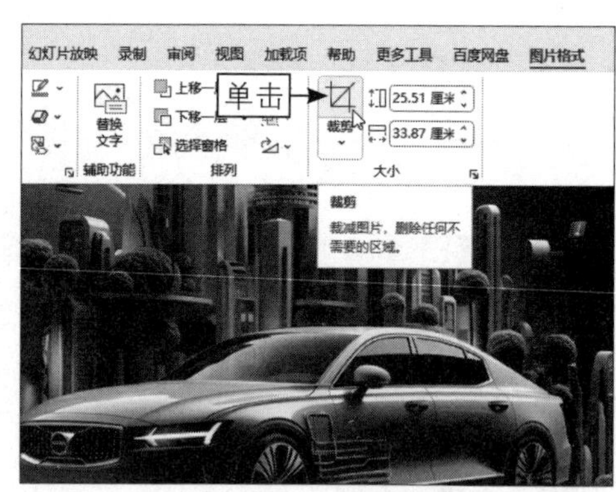

图 5-48　单击“裁剪”按钮

步骤22 将图片裁剪成幻灯片大小，如图 5-49 所示，单击幻灯片之外的空白位置即可完成裁剪操作。

步骤23 双击图片，在“图片格式”功能区的“调整”面板中，❶ 单击“透明度”下拉按钮；❷ 在弹出的列表框中选择“透明度：80%”选项，如图 5-50 所示。

图 5-49　将图片裁剪成幻灯片大小

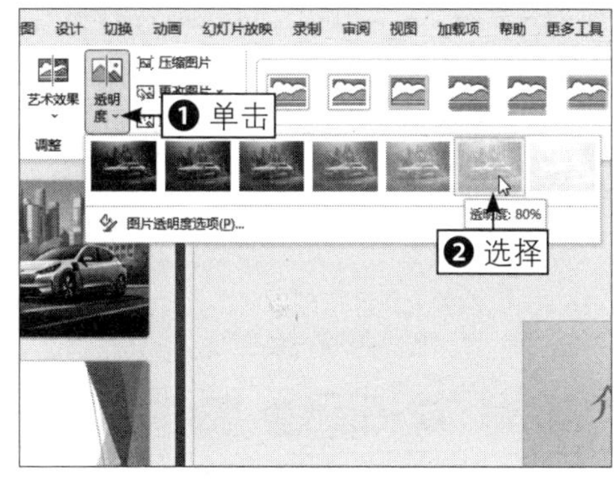

图 5-50　选择“透明度：80%”预设效果

步骤 24 执行操作后，即可设置图片的透明效果，单击鼠标右键，在弹出的快捷菜单中选择“置于底层”命令，如图 5-51 所示。

步骤 25 至此，即可将图片置于最底层，以便文本框可以正常使用，效果如图 5-52 所示。

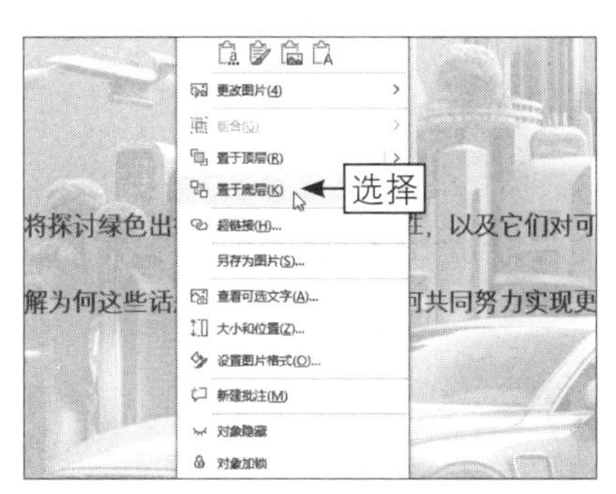

图 5-51　选择“置于底层”命令

图 5-52　将图片置于最底层的效果

步骤 26 参考以上方法，对其他幻灯片进行美化，效果如图 5-53 所示。

图 5-53　对其他幻灯片进行美化的效果

步骤 27 选择第 6 张幻灯片，用同样的方法插入图片并设置图片透明效果，在“图片格式”功能区的“图片样式”面板中，选择“柔化边缘椭圆”样式，如图 5-54 所示。

步骤 28 执行操作后，即可改变图片样式，然后调整图片和标题文本框的位置，效果如图 5-55 所示。

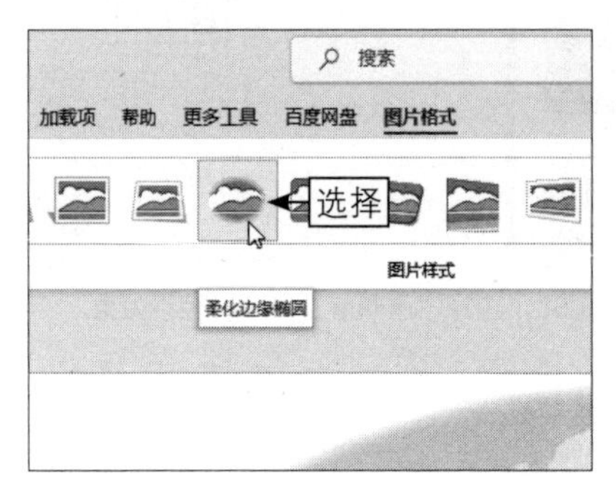

图 5-54 选择“柔化边缘椭圆”样式

图 5-55 调整图片和标题文本框位置的效果

步骤 29 选择第 2 张幻灯片，选择“目录”文本框，在“动画”功能区的“动画”面板中，选择“劈裂”动画，如图 5-56 所示。

步骤 30 在“计时”面板中，设置“持续时间”为 02.00，如图 5-57 所示，表示动画时长为两秒。

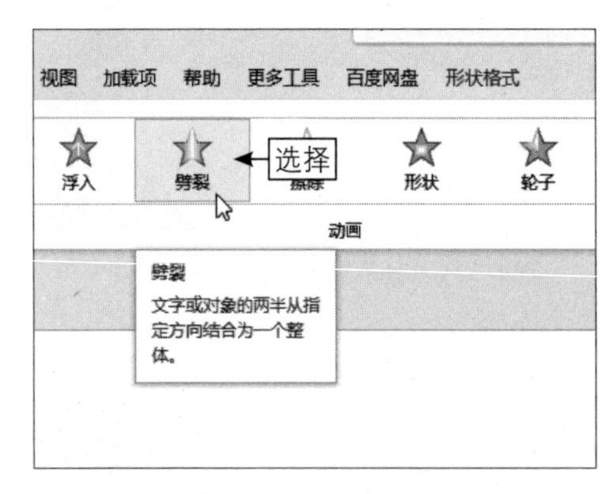

图 5-56 选择“劈裂”动画

图 5-57 设置“持续时间”参数

步骤 31 执行操作后，单击“预览”面板中的“预览”按钮，即可预览动画效果，如图 5-58 所示。

步骤 32 用同样的方法为第 2 个文本框添加“擦除”动画，并设置“持续时间”为 00.80，动画效果如图 5-59 所示。执行操作后，用同样的方法为第 3、4、5、6 张幻灯片中的图片和第 7 张幻灯片中的文本框添加“淡化”动画，并设置“持续时间”为 02.00，完成 PPT 的制作。

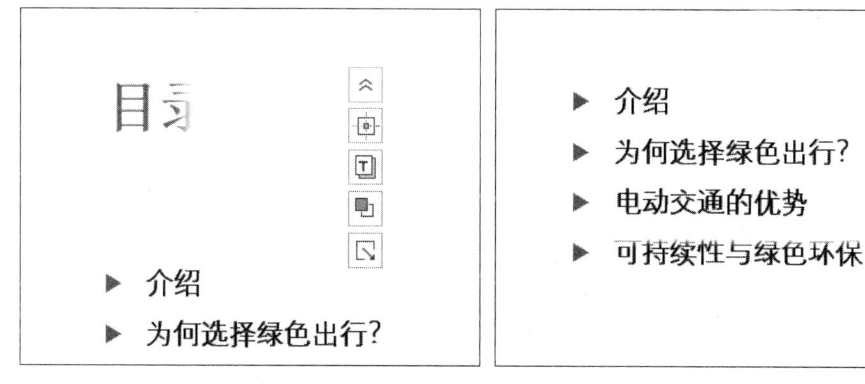

图 5-58　预览动画效果　　图 5-59　第 2 个文本框的动画效果

5.3　用 ChatGPT 和其他 AI 工具生成 PPT

除了用 ChatGPT 生成 PPT，市场上还有很多智能 AI 工具，例如 Mindshow、闪击 PPT 及 MotionGO ChatPPT 等，使用 ChatGPT 结合这些 AI 工具，可以帮助用户快速制作出精美的 PPT 演示文稿。

5.3.1　ChatGPT+Mindshow 生成 PPT

扫码看教学视频

Mindshow 是一个用于自动生成 PPT 的 AI 工具，它可以根据用户输入的大纲文字，通过强大的人工智能系统自动生成精美的 PPT 页面。用户可以先用 ChatGPT 生成文稿，再用 Mindshow 生成精美的 PPT，可以节省制作 PPT 花费在设计和排版上的时间和精力。

步骤 01 打开 ChatGPT 的聊天窗口，在输入框中输入生成 PPT 的指令“帮我制作一套主题为《品牌创新与新产品推出》的 PPT 内容，要包括封面页的大标题和副标题以及内容页等，注意内容页的内容结构不要雷同，每页字数不超过 350 个字，并以 markdown 格式回复”，按【Enter】键发送，ChatGPT 即可以 markdown 格式回复 PPT 内容，部分内容如图 5-60 所示。

步骤 02 在 ChatGPT 聊天窗口中，单击 markdown 代码框右上角的 Copy code（复制代码）按钮，如图 5-61 所示。

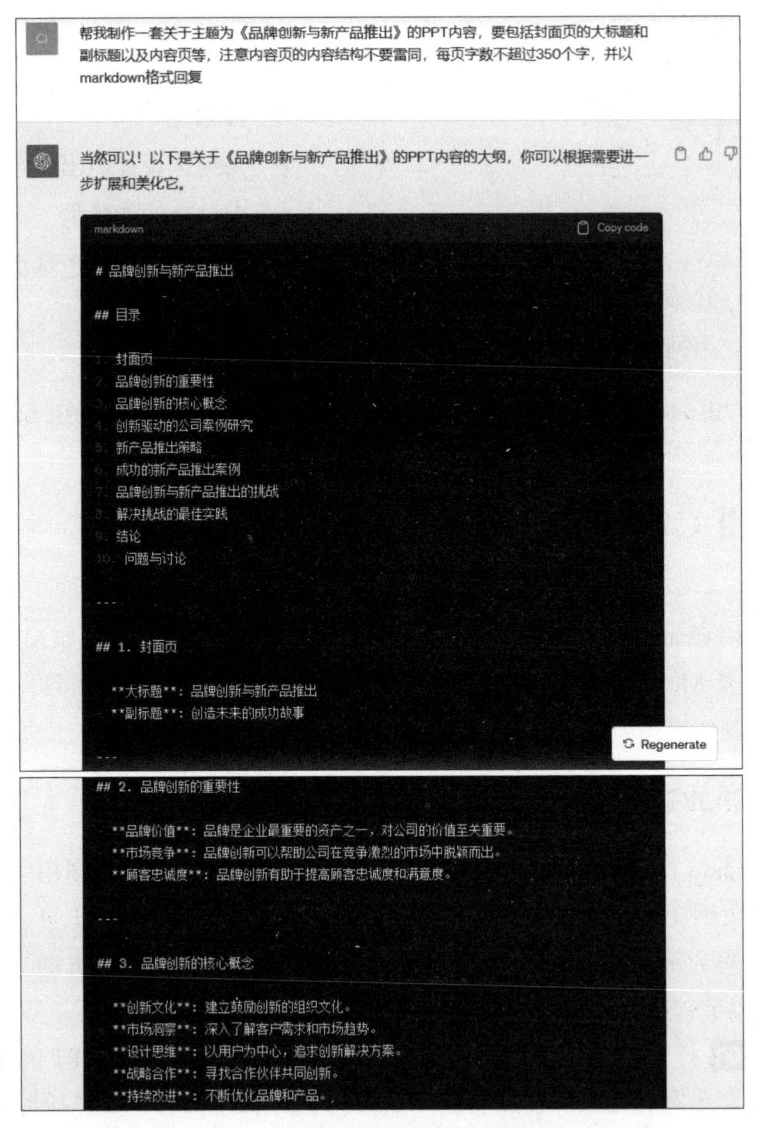

图 5-60　ChatGPT 以 markdown 格式生成《品牌创新与新产品推出》PPT（部分内容）

图 5-61　单击 Copy code 按钮

步骤 03 进入 Mindshow 官网首页，单击右上角的头像，登录账号，如图 5-62 所示。

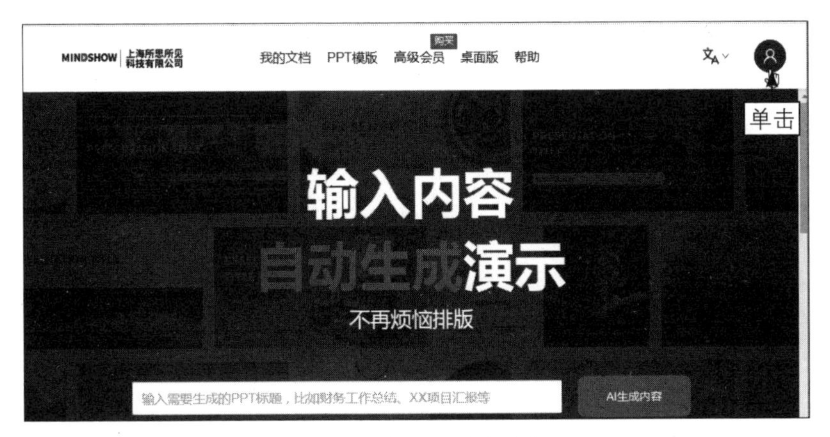

图 5-62　单击右上角的头像

步骤 04 单击“我的文档”进入相应的页面，选择“导入”选项，如图 5-63 所示。

步骤 05 执行操作后，即可进入“导入”页面，默认格式为 Markdown 格式，在文本框中按【Ctrl+V】组合键，粘贴 ChatGPT 生成的 PPT 文稿代码，如图 5-64 所示。

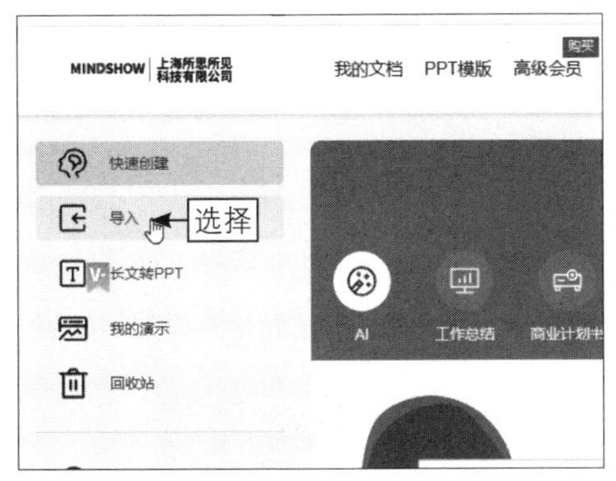

图 5-63　选择“导入”选项

图 5-64　粘贴 ChatGPT 生成的 PPT 文稿代码

步骤 06 在文本框下方单击“导入创建”按钮，进入编辑页面，生成 PPT 演示文稿，部分内容效果如图 5-65 所示。

步骤 07 在编辑页面中，可以根据需要对文稿内容进行修改，❶ 例如将副标题内容改为前面 ChatGPT 生成的副标题内容；❷ 还可以对演讲者和演讲时间进行修改，如图 5-66 所示。

步骤 08 由于 Mindshow 会根据级别自动生成目录页，因此此处可以将正文中的目录内容删除，❶ 在正文中“目录”左侧的级别节点上单击鼠标右键；弹出快捷菜单，❷选择“删除节点”命令，如图 5-67 所示，即可删除目录内容。

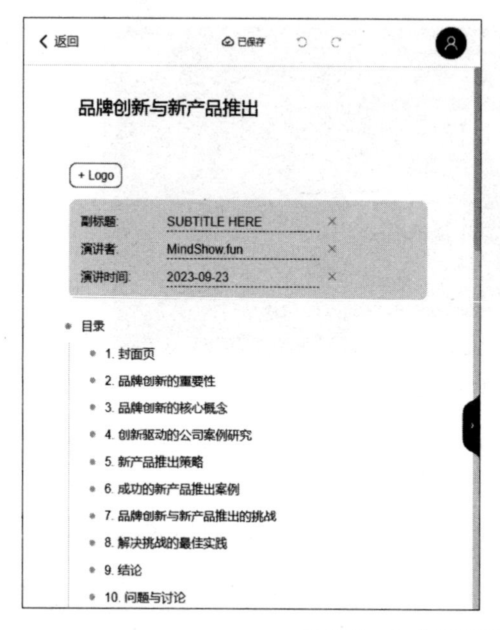

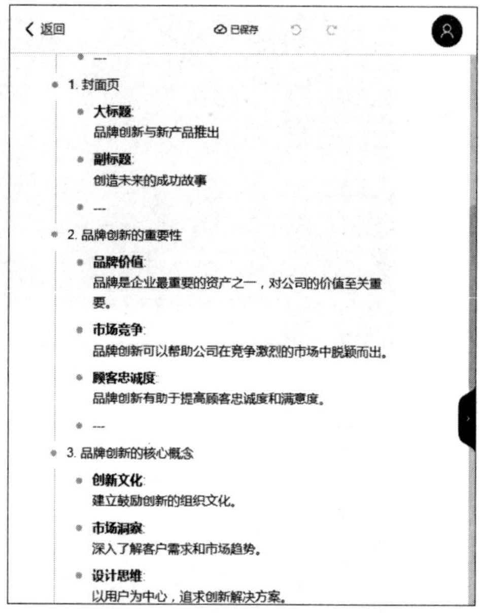

图 5-65 生成 PPT 演示文稿（部分内容）

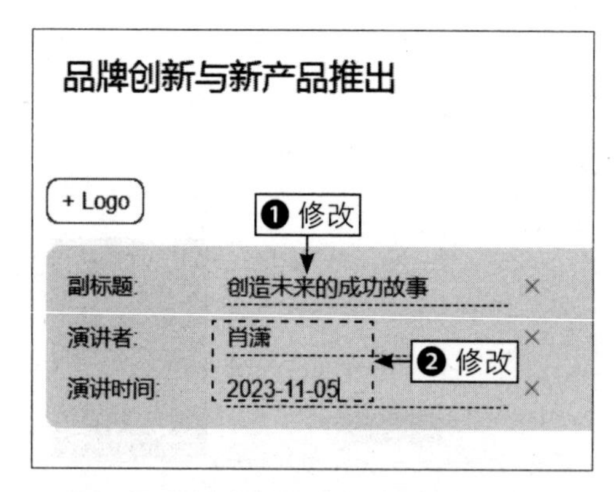

图 5-66 修改副标题、演讲者和演讲时间

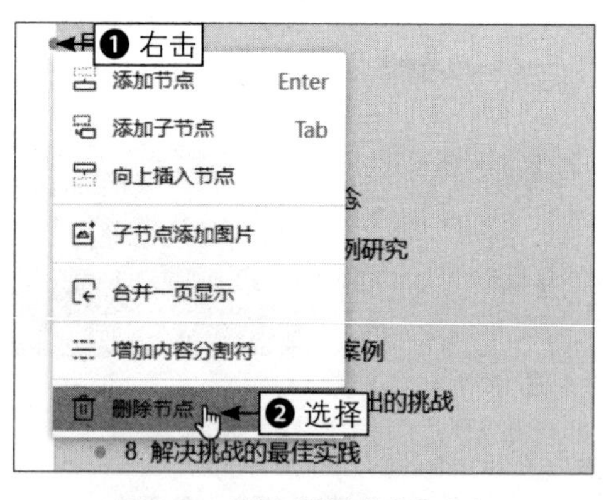

图 5-67 选择“删除节点”命令

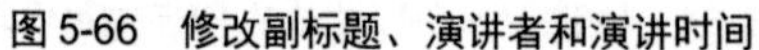

步骤 09 参考以上方法，对文稿内容进行修改，部分内容效果如图 5-68 所示。

步骤 10 右侧为“演示预览”页面，已经自动生成了 PPT，效果如图 5-69 所示。用户可以单击（向左）按钮和（向右）按钮，预览生成的幻灯片；在下方的“模板”“布局”“私有模板”选项卡中，为用户提供了多款 PPT 模板和幻灯片布局样式，用户可以重新选择 PPT 模板和布局样式。

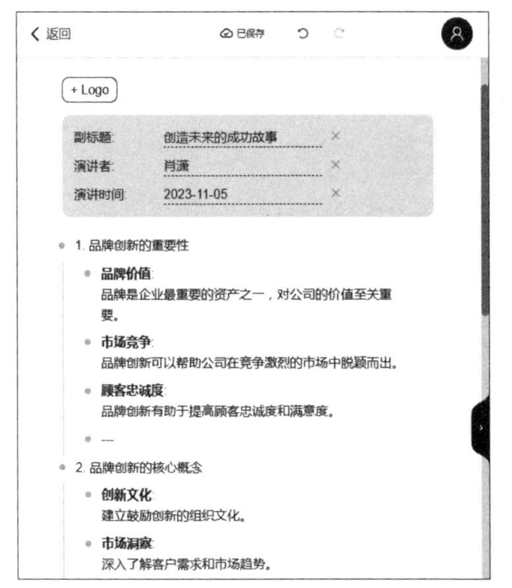

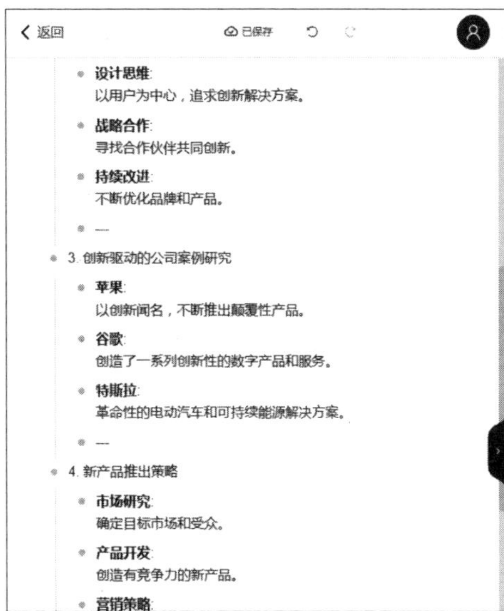

图 5-68　对文稿内容进行修改（部分内容）

图 5-69　自动生成 PPT

步骤 11 ❶ 更换一个 PPT 模板；❷ 单击“演示预览”页面上方的“下载”按钮；❸ 在弹出的下拉列表中选择“PPTX 格式”选项，如图 5-70 所示，根据提示下载保存 Mindshow 生成的 PPT。

图 5-70 选择“PPTX 格式”选项

5.3.2 ChatGPT+ 闪击 PPT 生成 PPT

闪击 PPT 是一款功能强大、易于使用的 PPT 幻灯片制作工具，具备 AI 智能处理系统，适用于学术报告、企业演示和培训课程等各种场景。它能够帮助用户打造出精美、专业的演示文稿，提升演示效果，吸引观众的注意力。用户可以通过 ChatGPT 生成文稿，然后将文稿复制到闪击 PPT 中生成美观、大气的 PPT。

闪击 PPT 支持将文本内容直接转化为 PPT，但是需要用户遵循一定的语法，其语法格式大致如图 5-71 所示。其中，“=”符号表示区分页面；一个“#”符号，表示页面页标题；两个“#”符号，表示页面副标题；1、2、3……序号表示列举要点。

下面介绍使用 ChatGPT 和闪击 PPT 生成 PPT 的操作方法。

步骤 01 在闪击 PPT 中将文本转为 PPT 需要用户遵循一定的语法格式，因此当用户使用 ChatGPT 生成 PPT 大纲时，也要遵循语法格式来编写指令。打开一个记事本，在其中根据闪击 PPT 的语法要求先编写好指令，如图 5-72 所示。

步骤 02 全选并复制编写好的指令，打开 ChatGPT 聊天窗口，在输入框中粘贴指令并发送，ChatGPT 即可根据发送的指令，以 Markdown 代码格式生成 PPT 大纲，部分内容如图 5-73 所示。

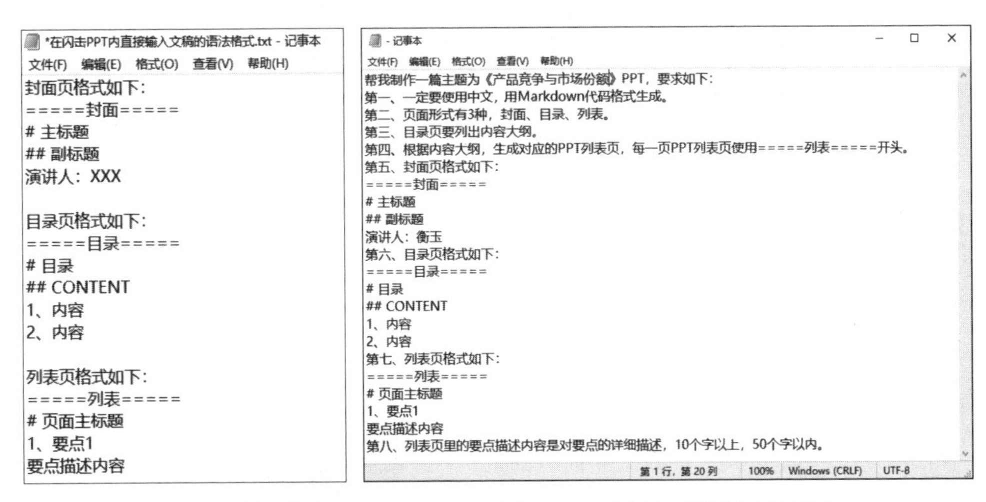

图 5-71　闪击 PPT 的语法格式

图 5-72　在记事本中提前编写好指令

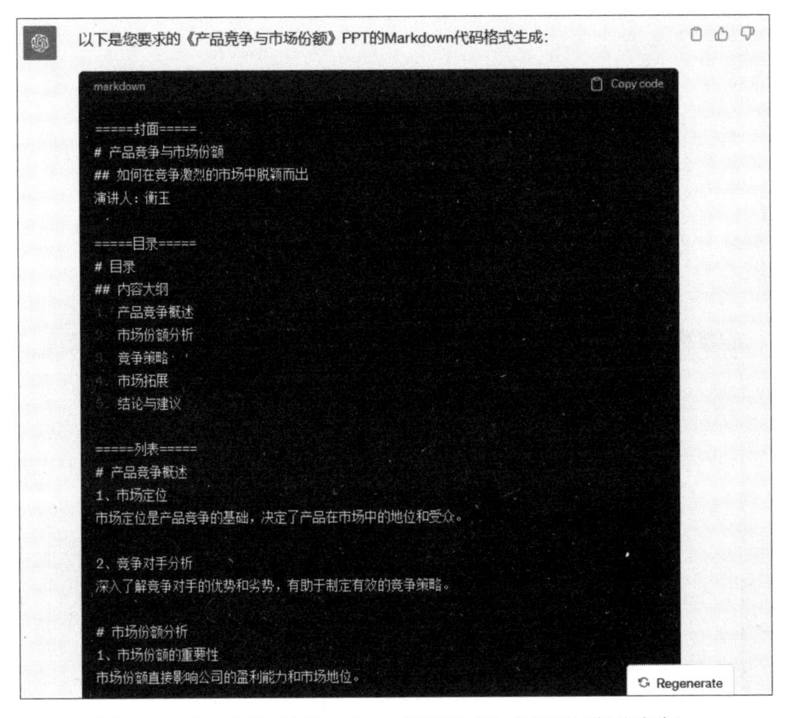

图 5-73　ChatGPT 以 Markdown 代码格式生成 PPT（部分内容）

步骤03 单击markdown代码框右上角的Copy code按钮，如图5-74所示，复制ChatGPT生成的markdown代码。

图5-74　单击Copy code按钮

步骤04 打开闪击PPT网页，注册或登录账号，即可进入“我的工作台”页面，在“新建PPT”选项区下方，单击“空白PPT”按钮，如图5-75所示。

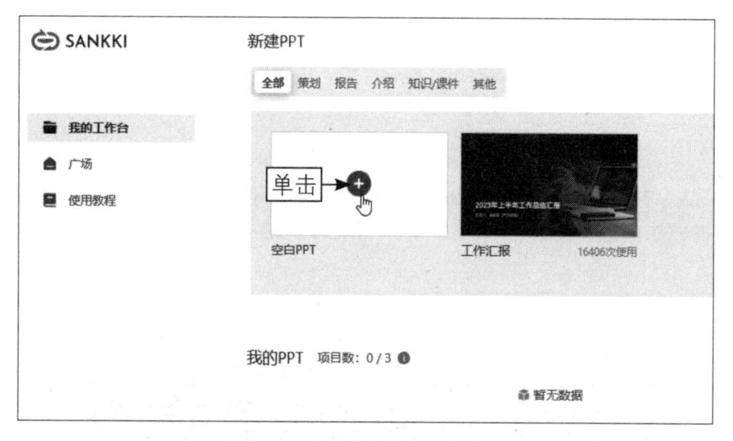

图5-75　单击“空白PPT”按钮

步骤05 执行操作后，即可新建一个空白PPT文档，进入到编辑页面中，如图5-76所示。

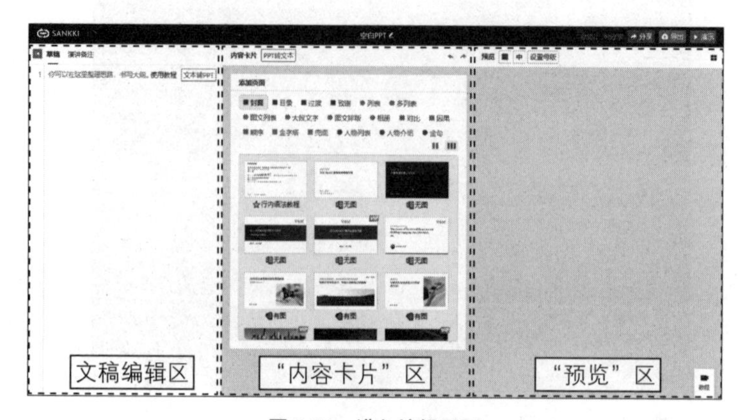

图5-76　进入编辑页面

步骤 06 在闪击 PPT 中新建的空白 PPT 草稿文档中，按【Ctrl+V】组合键，粘贴 ChatGPT 生成的 PPT 文稿代码，如图 5-77 所示。

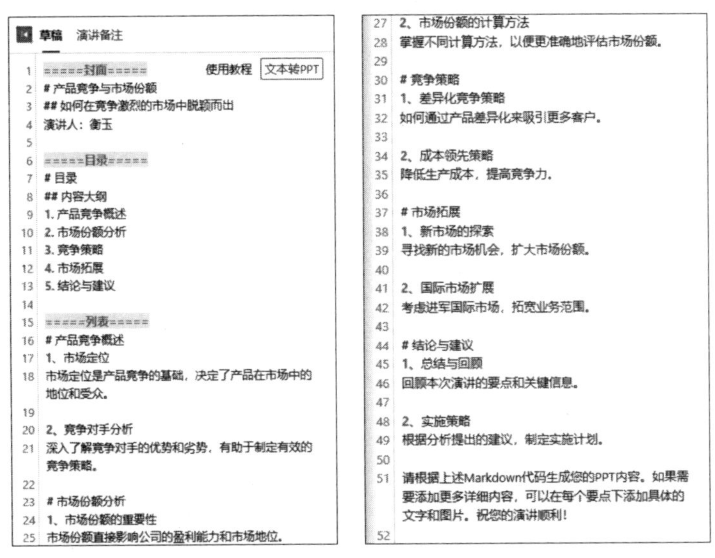

图 5-77　粘贴 ChatGPT 生成的 PPT 文稿代码

步骤 07 执行操作后，选择并复制列表页区分代码，粘贴在各个列表页标题上方，如图 5-78 所示。

步骤 08 将最后一段话删除，在“草稿”选项卡中，单击“文本转 PPT”按钮，如图 5-79 所示。

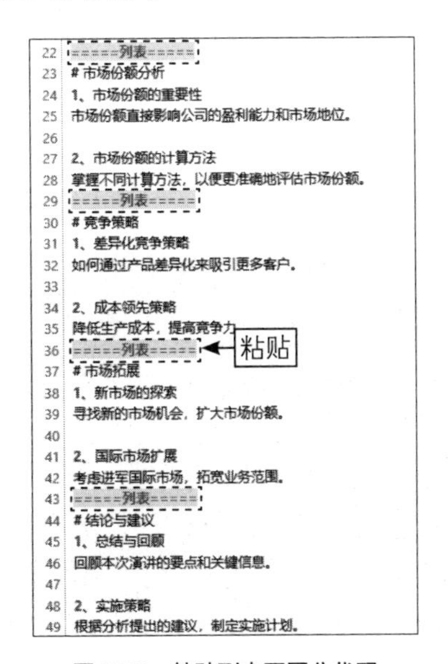

图 5-78　粘贴列表页区分代码

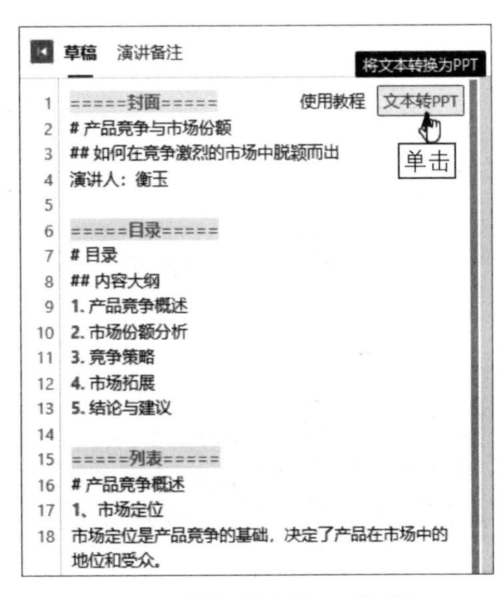

图 5-79　单击“文本转 PPT”按钮

步骤09 弹出“提示”对话框，单击“确定”按钮，如图5-80所示。

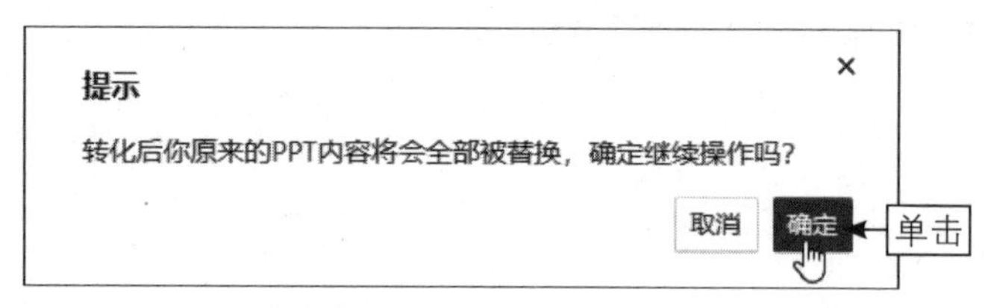

图5-80　单击“确定”按钮

步骤10 执行操作后，即可生成PPT，效果如图5-81所示。滑动页面查看PPT中的内容是否完整，如有内容未生成，可以在“内容卡片”区中，通过“新增一项”功能将内容补全；如果字号太小了，可以选择文本内容，在弹出的面板中选择字号，调整文本内容的字号大小。

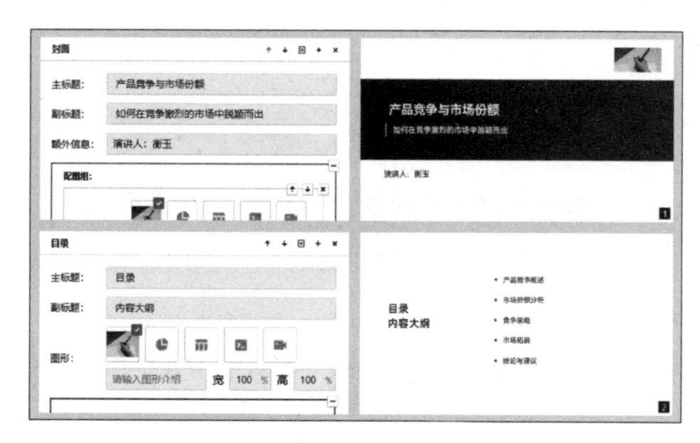

图5-81　生成PPT（部分内容）

步骤11 单击“预览”区右上方的“导出”按钮，如图5-82所示。

步骤12 执行操作后，弹出“导出文件”面板，单击“PPT（不可编辑）”右侧的“导出”按钮，如图5-83所示，根据提示下载保存PPT。

图5-82　单击“导出”按钮（1）

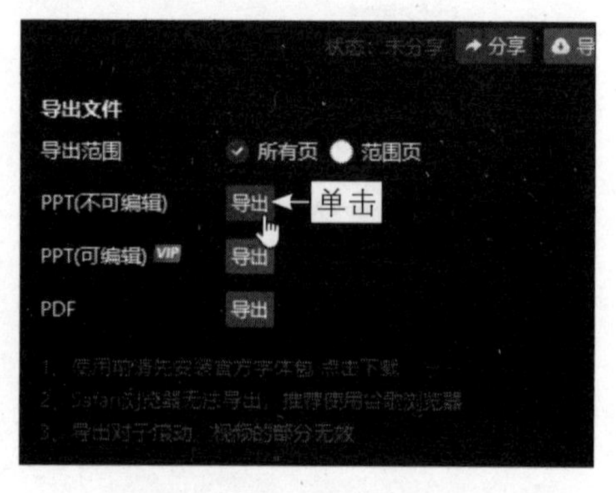

图5-83　单击“导出”按钮（2）

5.3.3　ChatGPT+ChatPPT 生成 PPT

扫码看教学视频

ChatPPT 是 MotionGO 中的一款 AI 自动生成 PPT 的工具，它可以通过命令式智能对话一键生成 PPT，它的制作过程智能化、自动化，可以使 PPT 内容表达更加快速、更加有条理。

MotionGO 则是必优科技（原口袋动画团队）全新升级的一款 PPT 动画插件，兼容 Office 和 WPS 软件。进入 MotionGO 官网，单击“下载安装包”按钮，如图 5-84 所示，根据提示将 MotionGO 插件下载并安装在电脑中。

图 5-84　单击“下载安装包”按钮

MotionGO 安装完成后，即可自动在 PowerPoint 中接入 MotionGO 和 ChatPPT。用户可以启用 ChatPPT 功能，通过对话直接生成 PPT，也可以利用 ChatGPT 先生成 PPT 文稿内容，再通过 ChatPPT 生成 PPT。下面介绍具体的操作方法。

步骤 01 ChatGPT 可以根据用户提供的 PPT 主题要点，生成 PPT 的整体框架和结构内容，大大提高制作效率和准确性。打开一个记事本，其中是编写好的含有主题要点的指令，如图 5-85 所示。

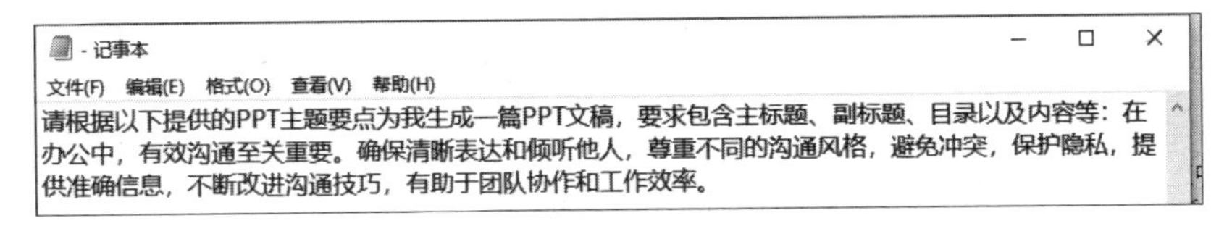

图 5-85　在记事本中提前编写好指令

步骤02 全选并复制编写好的指令，打开 ChatGPT 聊天窗口，在输入框中粘贴指令并发送，ChatGPT 即可根据发送的指令生成 PPT 内容，部分内容如图 5-86 所示。

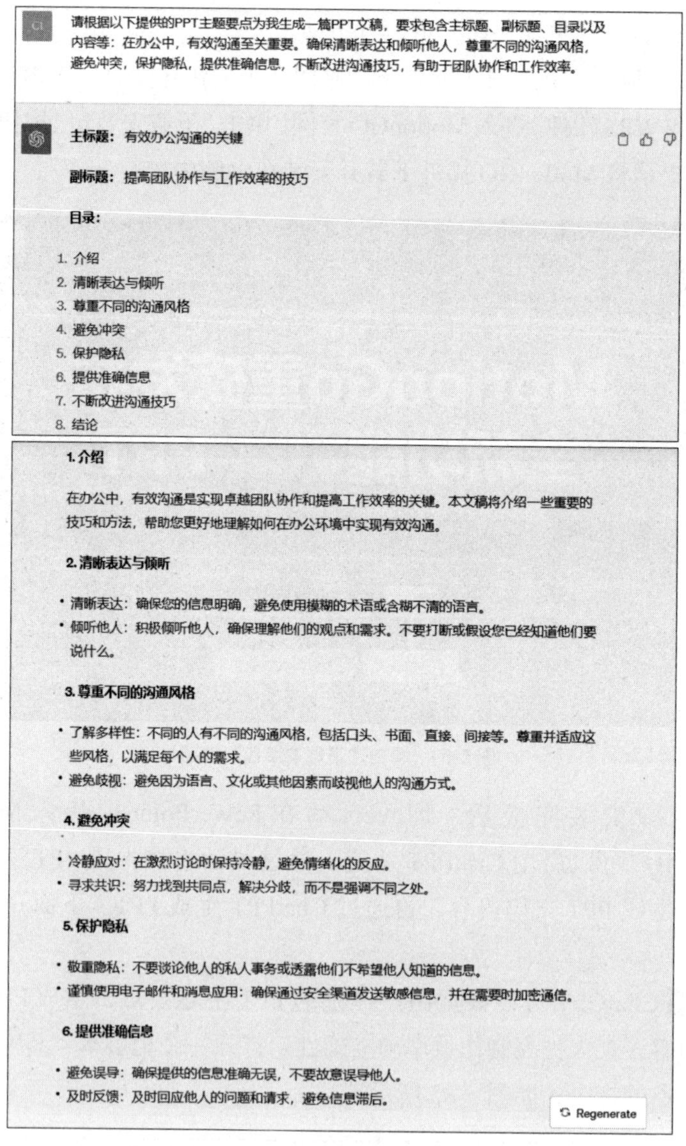

图 5-86　ChatGPT 生成 PPT 内容（部分内容）

步骤03 复制 ChatGPT 生成的内容，新建一个记事本，按【Ctrl+V】组合键粘贴复制的内容，如图 5-87 所示，保存记事本。

步骤04 启动 PowerPoint 应用程序，新建一个空白演示文稿，在 Chat PPT

功能区的"AI 工具（Beta）"面板中，单击 ChatPPT 按钮，如图 5-88 所示。

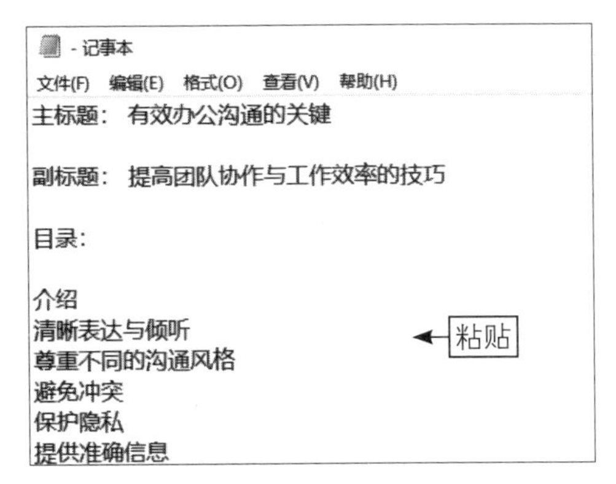

图 5-87　粘贴复制的 PPT 内容（部分内容）

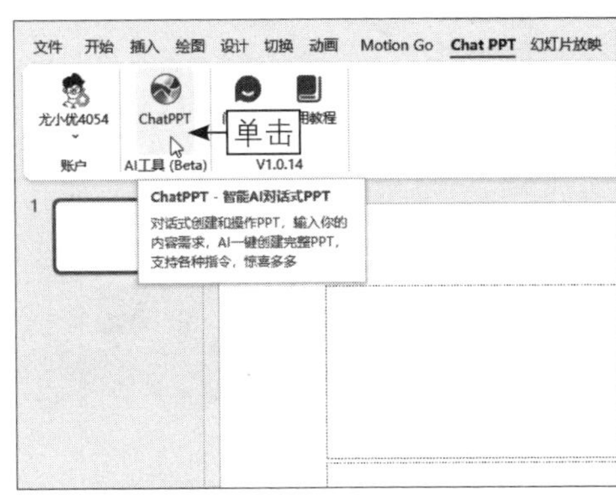

图 5-88　单击 ChatPPT 按钮

步骤 05 在编辑区右侧弹出 ChatPPT 对话面板，❶ 单击输入框左侧的"文件转 PPT"按钮；❷ 展开列表，选择 TXT 选项，如图 5-89 所示。

步骤 06 弹出"打开"对话框，选择前面保存的记事本，如图 5-90 所示。

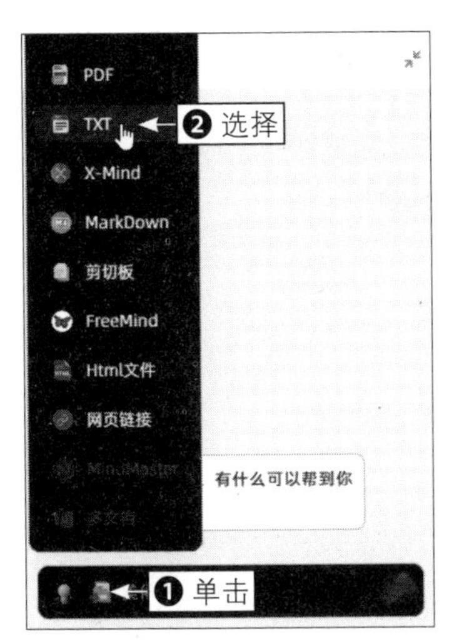

图 5-89　选择 TXT 选项

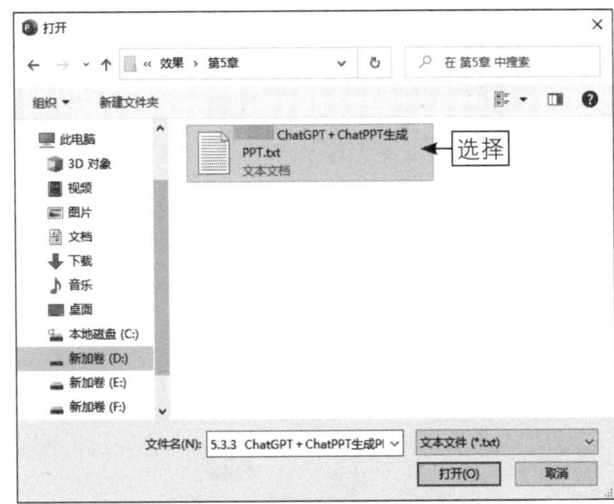

图 5-90　选择前面保存的记事本

步骤 07 单击"打开"按钮，即可进行内容解析与读取，稍等片刻，即可生成 PPT 主题，单击"确认"按钮，如图 5-91 所示。

步骤 08 弹出"请确认您的 PPT 大纲"对话框，核实大纲内容是否完整、正确，如果是错误的，可以直接修改内容。❶ 单击标题右侧的"缩进"按钮，可以设置标题层级；❷ 单击"添加"按钮 +，可添加大纲内容；❸ 单击"删除"按钮，可以将多余的内容删除；❹ 单击"使用"按钮，如图 5-92 所示，开始生成PPT幻灯片。

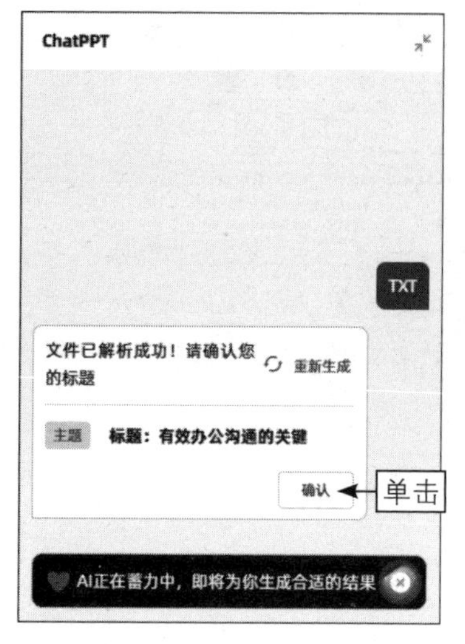

图5-91　单击“确认”按钮

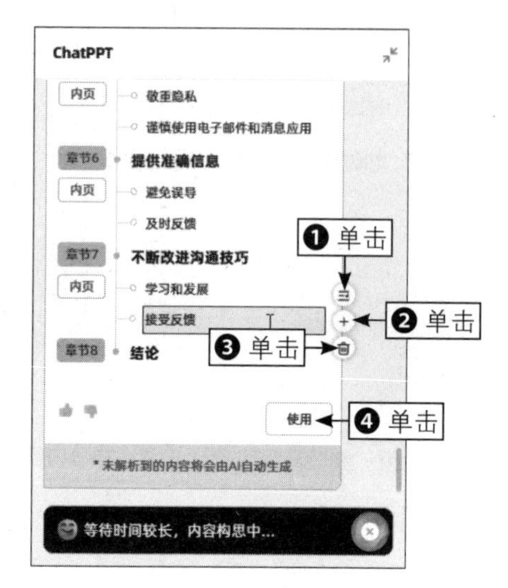

图5-92　单击“使用”按钮

步骤09 弹出“是否需要为您生成演讲备注”对话框，单击“不需要”按钮，如图5-93所示。

步骤10 弹出“是否需要根据您的PPT内容为您生成演示动画”对话框，单击“需要”按钮，如图5-94所示，即可生成演示动画效果。

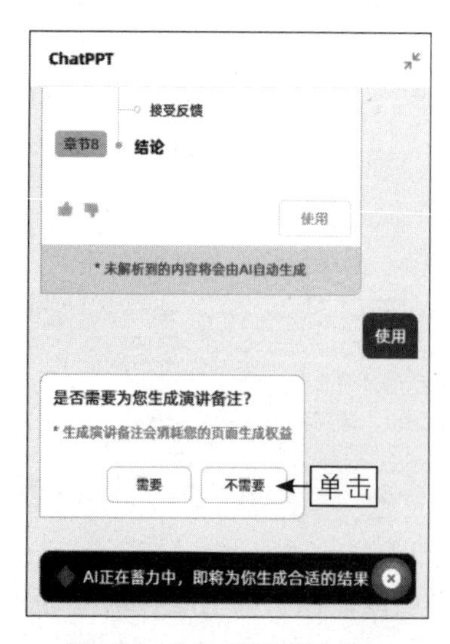

图5-93　单击“不需要”按钮

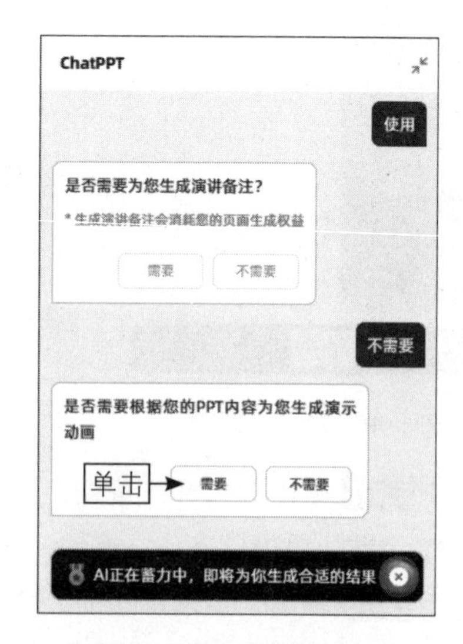

图5-94　单击“需要”按钮

步骤11 执行操作后，即可完成PPT幻灯片的生成，浏览并检查PPT中的内容，如有错误的内容，可以进行修改，部分内容如图5-95所示。

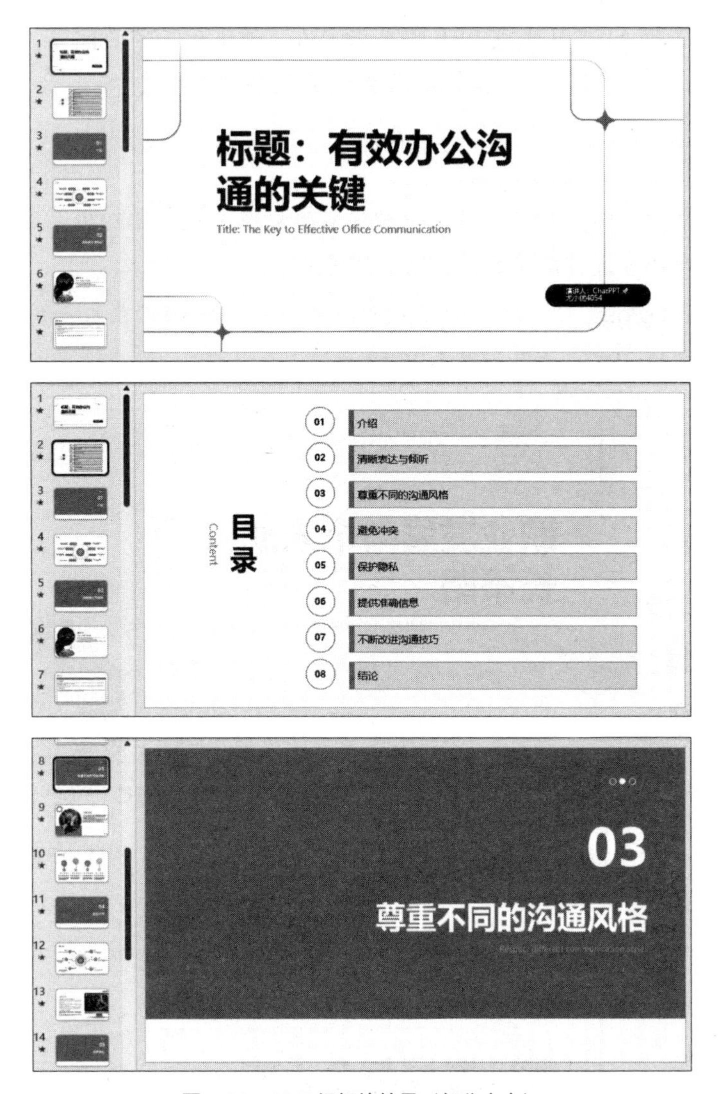

图 5-95　PPT 幻灯片效果（部分内容）

※ 本章小结

本章主要向读者介绍了 AI 文稿生成的相关知识，首先介绍了用 ChatGPT 生成 PPT 的操作方法，包括准确输入关键词或语法指令、用 ChatGPT 生成 PPT 大纲，以及在 PowerPoint 中制成 PPT 等操作方法；然后介绍了用 ChatGPT 和 Word 生成 PPT 的操作方法，包括用 ChatGPT 获取 PPT 内容、用 Word 设置 PPT 标题层级，以及用 PowerPoint 生成演示文稿等操作方法；最后介绍了用 ChatGPT 和其他 AI 工具生成 PPT 的操作方法，例如用 ChatGPT 结合 Mindshow、闪击 PPT

及 ChatPPT 三款 AI 工具生成 PPT 的操作方法。通过对本章的学习，读者可以掌握用 AI 工具生成演示文稿，制作各类 PPT 的操作方法。

※ 课后习题

鉴于本章知识的重要性，为了帮助读者更好地掌握所学知识，本节将通过课后习题，帮助读者进行简单的知识回顾和补充。

1. 在 PowerPoint 中，以对话交互的方式，用 ChatPPT 生成一份职业发展与个人成长策略的 PPT，效果如图 5-96 所示。

图 5-96　用 ChatPPT 生成一份职业发展与个人成长策略的 PPT

2. 接上一个习题，以对话交互的方式，让 ChatPPT 将 PPT 的主题色改为浅绿色，效果如图 5-97 所示。

图 5-97　让 ChatPPT 将 PPT 的主题色改为浅绿色

第 6 章
AI 高效办公：ChatGPT+WPS

WPS 是一款功能强大的办公软件套装，它和 Office 一样具备文字、演示、表格及 PDF 等组件，可以帮助读者高效办公。用户同样可以将 ChatGPT 与 WPS 组件相结合，实现智能办公，提供工作效率和质量。

6.1　用 ChatGPT 生成办公文档

WPS 具备与其他办公软件兼容的能力，支持常见的文档格式。将 WPS 与 ChatGPT 结合使用，用户可以轻松创建符合要求的 WPS 办公文档，这种联合办公的模式为用户提供了高效、智能的办公文档生成方法，可以使工作变得更加便捷和高效。

6.1.1　用 ChatGPT 智能生成培训计划

扫码看教学视频

ChatGPT 的逻辑计划能力很强，用户可以采用“帮我生成 ××× 培训计划”指令模板，用 ChatGPT 智能生成专业性的培训计划。下面介绍具体的操作方法。

步骤 01 打开 ChatGPT 聊天窗口，向 ChatGPT 发送指令“帮我生成入职一周岗位培训计划”，ChatGPT 即可智能生成通用的培训计划，部分内容如图 6-1 所示。

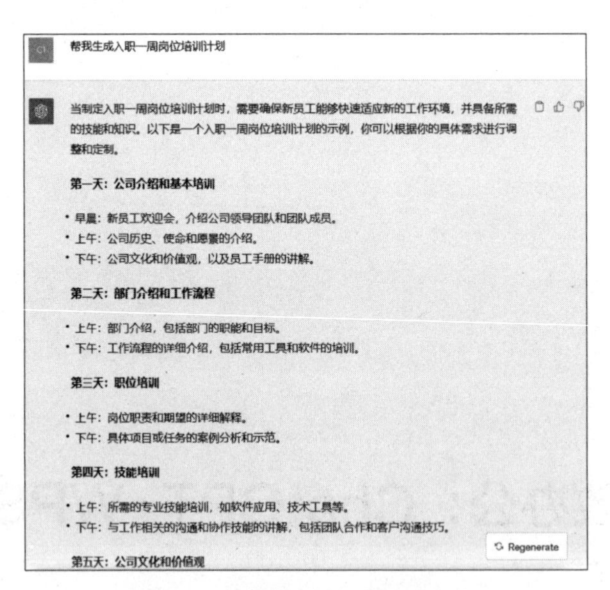

图 6-1　生成培训计划（部分内容）

步骤 02 复制 ChatGPT 生成的培训计划，打开 WPS Office，❶单击“新建”按钮；❷在弹出的“新建”面板中单击“文字”按钮，如图 6-2 所示。

步骤 03 进入“新建文档”界面，单击“空白文档”缩览图，如图 6-3 所示，即可新建一个 WPS 文档。

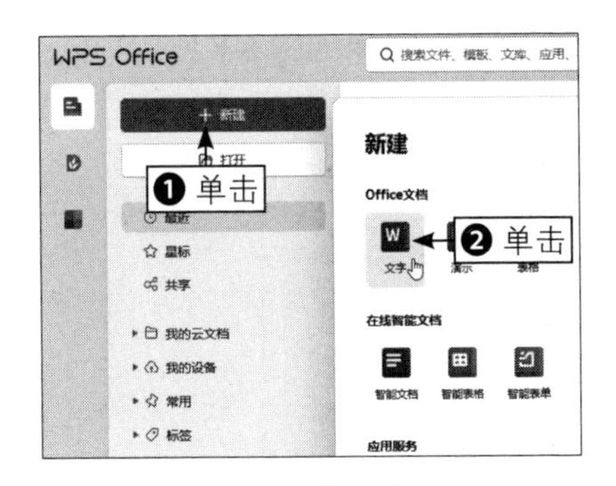

图 6-2　单击“文字”按钮

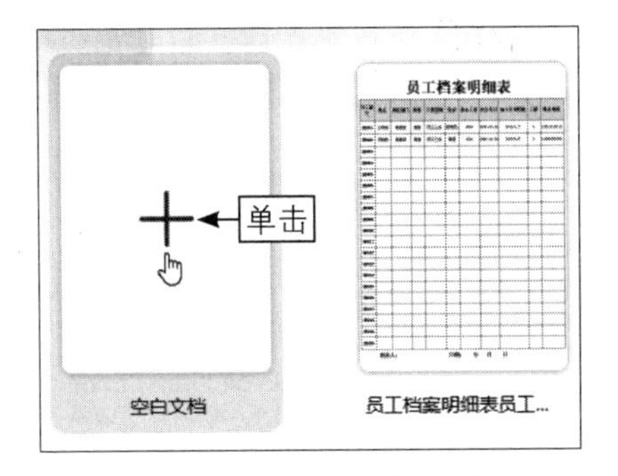

图 6-3　单击“空白文档”缩览图

步骤 04 ❶ 在首行输入内容标题；❷ 另起一行并单击鼠标右键，在弹出的快捷菜单中单击“只粘贴文本”按钮，如图 6-4 所示。

步骤 05 执行操作后，即可粘贴复制的内容，部分内容如图 6-5 所示。

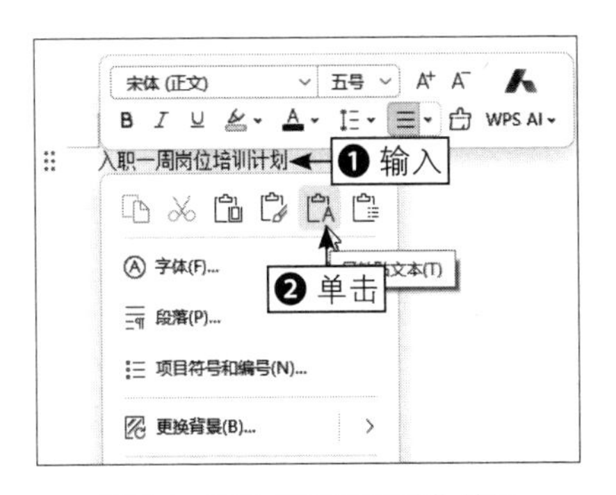

图 6-4　单击“只粘贴文本”按钮

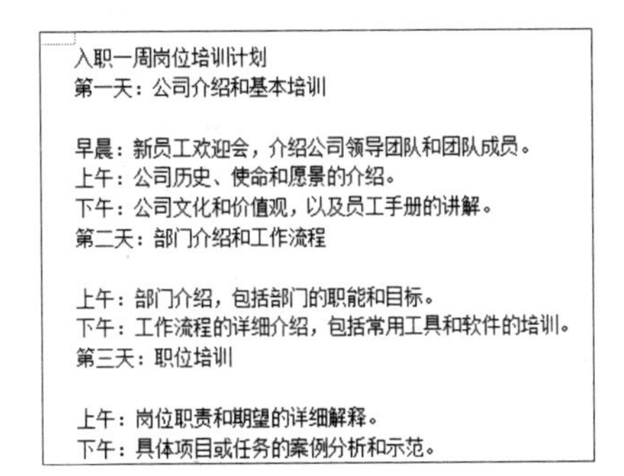

入职一周岗位培训计划
第一天：公司介绍和基本培训

早晨：新员工欢迎会，介绍公司领导团队和团队成员。
上午：公司历史、使命和愿景的介绍。
下午：公司文化和价值观，以及员工手册的讲解。
第二天：部门介绍和工作流程

上午：部门介绍，包括部门的职能和目标。
下午：工作流程的详细介绍，包括常用工具和软件的培训。
第三天：职位培训

上午：岗位职责和期望的详细解释。
下午：具体项目或任务的案例分析和示范。

图 6-5　粘贴复制的内容（部分内容）

步骤 06 接下来可以根据 ChatGPT 原本生成的格式，重新隔行排版，通过按【Ctrl+B】组合键将标题和天数加粗，部分内容效果如图 6-6 所示。

步骤 07 选择培训项目内容，在“开始”功能区中，❶ 单击“项目符号”按钮；❷ 选择“带填充效果的大圆形项目符号”样式，如图 6-7 所示。

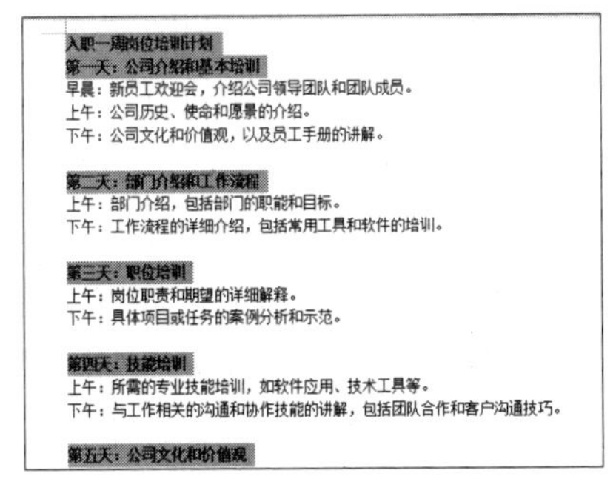

入职一周岗位培训计划
第一天：公司介绍和基本培训
早晨：新员工欢迎会，介绍公司领导团队和团队成员。
上午：公司历史、使命和愿景的介绍。
下午：公司文化和价值观，以及员工手册的讲解。

第二天：部门介绍和工作流程
上午：部门介绍，包括部门的职能和目标。
下午：工作流程的详细介绍，包括常用工具和软件的培训。

第三天：职位培训
上午：岗位职责和期望的详细解释。
下午：具体项目或任务的案例分析和示范。

第四天：技能培训
上午：所需的专业技能培训，如软件应用、技术工具等。
下午：与工作相关的沟通和协作技能的讲解，包括团队合作和客户沟通技巧。

第五天：公司文化和价值观

图 6-6　重新排版效果（部分内容）

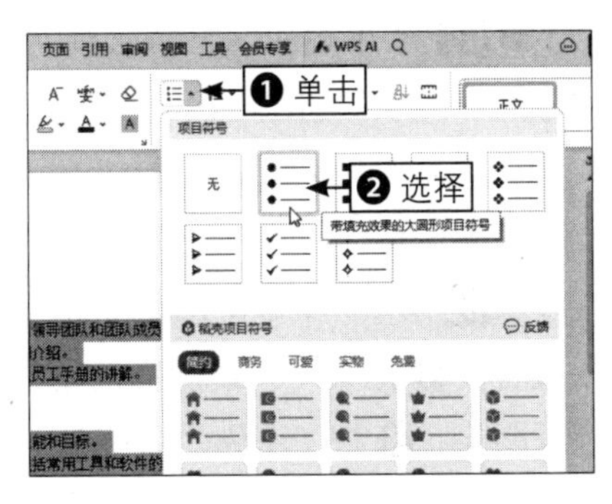

图 6-7　选择项目符号样式

步骤 08 执行操作后，即可完成项目符号的添加，效果如图 6-8 所示。至此，完成培训计划的编辑。

入职一周岗位培训计划

第一天：公司介绍和基本培训

- 早晨：新员工欢迎会，介绍公司领导团队和团队成员。
- 上午：公司历史、使命和愿景的介绍。
- 下午：公司文化和价值观，以及员工手册的讲解。

第二天：部门介绍和工作流程

- 上午：部门介绍，包括部门的职能和目标。
- 下午：工作流程的详细介绍，包括常用工具和软件的培训。

第三天：职位培训

- 上午：岗位职责和期望的详细解释。
- 下午：具体项目或任务的案例分析和示范。

第四天：技能培训

- 上午：所需的专业技能培训，如软件应用、技术工具等。
- 下午：与工作相关的沟通和协作技能的讲解，包括团队合作和客户沟通技巧。

第五天：公司文化和价值观

- 上午：公司文化的深入讨论，包括员工成功故事分享。
- 下午：公司价值观的强化，以及员工在实际工作中如何践行这些价值观。

第六天：安全和合规培训

- 上午：公司安全政策和程序的介绍。
- 下午：法律合规性和道德行为的培训。

第七天：回顾和未来展望

- 上午：一周培训的回顾，解答员工的问题和疑虑。
- 下午：未来发展机会的介绍，包括晋升路径和培训机会。

图 6-8　完成项目符号的添加

6.1.2　让 ChatGPT 自动编写辞职报告

扫码看教学视频

当用户对辞职报告一筹莫展时，用户可以采用“我是一名 ××× （职业），因另有职业规划，想在 × 月 × 日正式离职，请帮我生成一份辞职报告，要求字数在 ××× 字左右”指令模板，让 ChatGPT 自动编写一份辞职报告，并限定报告字数。下面介绍具体的操作方法。

步骤 01 打开 ChatGPT 聊天窗口，用户可以在指令中向 ChatGPT 表述清楚离职原因和离职日期，向 ChatGPT 发送指令“我是一名绘画师，因另有职业规划，想在 11 月 22 日正式离职，请帮我生成一份辞职报告，要求字数在 100 字左右”，ChatGPT 即可自动编写一份辞职报告，如图 6-9 所示。

步骤 02 复制 ChatGPT 编写的辞职报告，新建一个 WPS 文档，粘贴复制的辞职报告，❶ 把第 1 句话后面的逗号改成冒号；❷ 把“谨代表衷心感谢”后面的逗号删除；❸ 把“【你的名字】”改为“程晓”（这里输入的是虚拟名称），如图 6-10 所示。

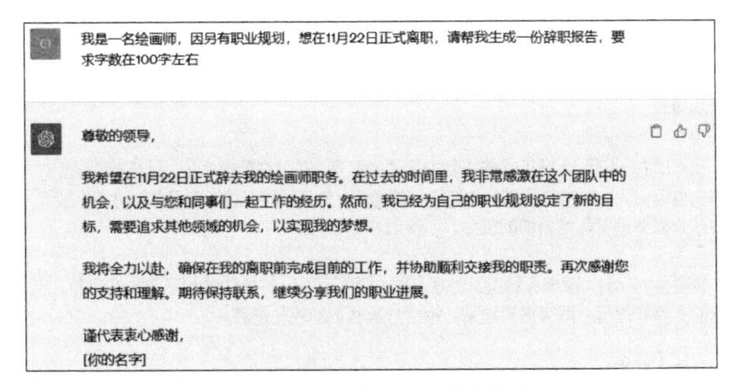

我是一名绘画师，因另有职业规划，想在11月22日正式离职，请帮我生成一份辞职报告，要求字数在100字左右

尊敬的领导，

我希望在11月22日正式辞去我的绘画师职务。在过去的时间里，我非常感激在这个团队中的机会，以及与您和同事们一起工作的经历。然而，我已经为自己的职业规划设定了新的目标，需要追求其他领域的机会，以实现我的梦想。

我将全力以赴，确保在我的离职前完成目前的工作，并协助顺利交接我的职责。再次感谢您的支持和理解。期待保持联系，继续分享我们的职业进展。

谨代表衷心感谢，
[你的名字]

图 6-9　自动编写一份辞职报告

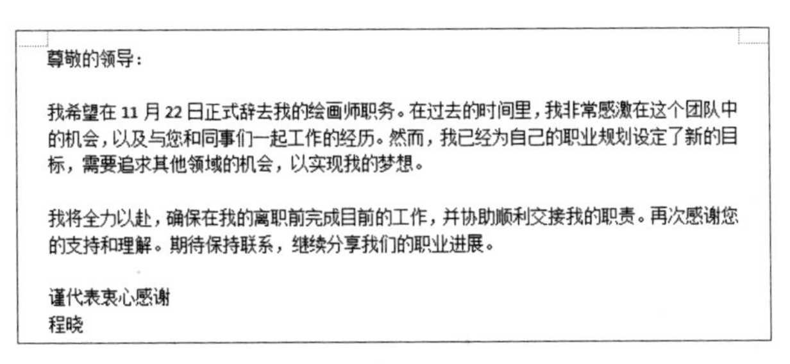

尊敬的领导：

我希望在 11 月 22 日正式辞去我的绘画师职务。在过去的时间里，我非常感激在这个团队中的机会，以及与您和同事们一起工作的经历。然而，我已经为自己的职业规划设定了新的目标，需要追求其他领域的机会，以实现我的梦想。

我将全力以赴，确保在我的离职前完成目前的工作，并协助顺利交接我的职责。再次感谢您的支持和理解。期待保持联系，继续分享我们的职业进展。

谨代表衷心感谢
程晓

图 6-10　粘贴并修改复制的辞职报告

步骤 03 ❶ 选择两段正文；❷ 单击鼠标右键，在弹出的快捷菜单中选择“段落”命令，如图 6-11 所示。

步骤 04 弹出“段落”对话框，设置“特殊格式”为“首行缩进”、“度量值”为“2 字符”，如图 6-12 所示。

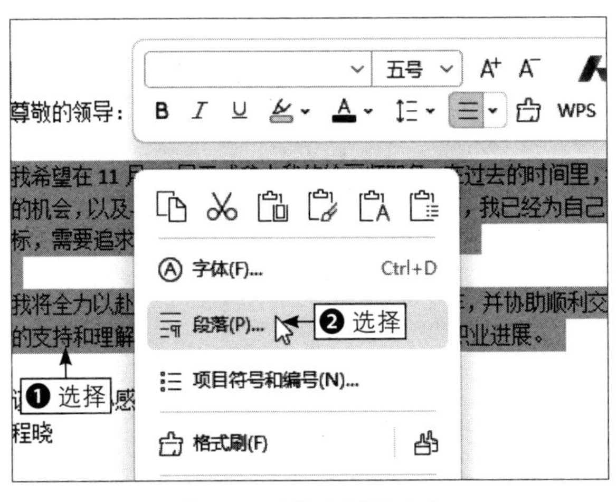

图 6-11　选择“段落”命令

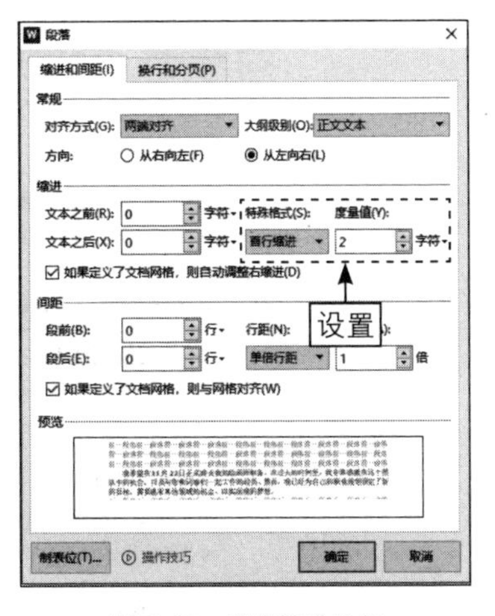

图 6-12　段落缩进设置

步骤 05 单击“确定”按钮，即可将段落缩进两个字符，完成辞职报告的编辑，

最终效果如图 6-13 所示。

尊敬的领导：

我希望在 11 月 22 日正式辞去我的绘画师职务。在过去的时间里，我非常感激在这个团队中的机会，以及与您和同事们一起工作的经历。然而，我已经为自己的职业规划设定了新的目标，需要追求其他领域的机会，以实现我的梦想。

我将全力以赴，确保在我的离职前完成目前的工作，并协助顺利交接我的职责。再次感谢您的支持和理解。期待保持联系，继续分享我们的职业进展。

谨代表衷心感谢
程晓

图 6-13　辞职报告最终效果

6.1.3　让 ChatGPT 智能编写分析报告

扫码看教学视频

ChatGPT 可以智能化、精准化地编写分析报告，为各行各业的决策者和专业人士提供更多有价值的信息。下面介绍采用“帮我编写一份关于 ××× 的分析报告”指令模板，让 ChatGPT 智能编写分析报告的操作方法。

步骤 01 打开 ChatGPT 聊天窗口，向 ChatGPT 发送指令“帮我编写一份关于旅游业数字化与在线预订趋势的分析报告”，ChatGPT 即可智能编写一份分析报告，部分内容如图 6-14 所示。

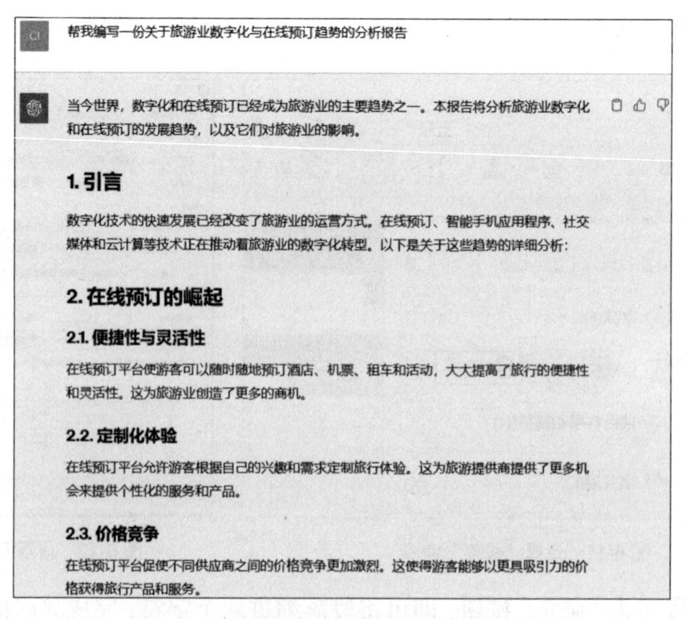

图 6-14　智能编写一份分析报告（部分内容）

步骤 02 复制 ChatGPT 编写的分析报告，新建一个 WPS 文档，输入标题，粘贴复制的分析报告，删除不要的内容，根据需要调整文本的段落格式、对齐格式和字体属性等，效果如图 6-15 所示。

分析报告：旅游业数字化与在线预订趋势

1. 引言

数字化技术的快速发展已经改变了旅游业的运营方式。在线预订、智能手机应用程序、社交媒体和云计算等技术正在推动着旅游业的数字化转型。以下是关于这些趋势的详细分析：

2. 在线预订的崛起

2.1. 便捷性与灵活性

在线预订平台使游客可以随时随地预订酒店、机票、租车和活动，大大提高了旅行的便捷性和灵活性。这为旅游业创造了更多的商机。

2.2. 定制化体验

在线预订平台允许游客根据自己的兴趣和需求定制旅行体验。这为旅游提供商提供了更多机会来提供个性化的服务和产品。

2.3. 价格竞争

在线预订平台促使不同供应商之间的价格竞争更加激烈。这使得游客能够以更具吸引力的价格获得旅行产品和服务。

3. 数字化技术的应用

3.1. 人工智能和机器学习

人工智能和机器学习技术被用于改进客户服务、个性化推荐、航班和酒店价格预测等方面。这有助于提高用户体验并增加销售。

3.2. 虚拟现实和增强现实

虚拟现实和增强现实技术为游客提供更丰富的目的地预览和互动体验。这对于旅游目的地的宣传和营销非常有益。

3.3. 区块链技术

区块链技术被用于提高旅游业的透明性和安全性，特别是在支付和身份验证方面。这有助于减少欺诈和提高信任度。

4. 社交媒体和影响力营销

社交媒体已经成为旅游业的重要一环，旅行体验的分享和推荐对于吸引新客户至关重要。影响力营销也变得越来越重要，因为社交媒体名人和博主可以在他们的受众中推广旅游产品和服务。

5. 数据分析和个性化服务

通过大数据分析，旅游公司能够更好地了解客户的需求和偏好，以提供个性化的旅行建议和特别优惠。这有助于提高客户忠诚度。

6. 持续挑战和风险

虽然数字化和在线预订为旅游业带来了许多机会，但也伴随着一些挑战和风险。这包括数据隐私问题、网络安全风险以及对传统旅游业务模式的冲击。

7. 结论

数字化和在线预订趋势已经深刻改变了旅游业的运营方式。旅游公司需要积极采纳这些趋势，以满足不断变化的客户需求，提高效率，提升竞争力。然而，他们也需要谨慎应对相关风险，确保数据安全和客户隐私。

图 6-15　粘贴复制的分析报告并修改内容、调整字体

6.2　用 ChatGPT 整理表格内容

WPS 表格具有强大的数据处理功能，其功能和操作方法与 Excel 大致相同，将其与 ChatGPT 结合使用，可以帮助用户快速整理表格内容，提高办公效率。

6.2.1　用 ChatGPT 在表格中查找客户名单

扫码看教学视频

在一个客户名单表中，包含姓名和城市，要求用户根据指定的城市查找客户名单，当用户不确定用哪个函数公式时，可以让 ChatGPT 来编写函数公式。下面通过实例介绍具体的操作方法。

步骤 01 在 WPS 中打开一个工作表，如图 6-16 所示，B 列为客户姓名、C 列为客户所在城市，需要找出在长沙的客户名单。

步骤 02 打开 ChatGPT 的聊天窗口，在输入框中输入“在工作表中，B 列为客户姓名，C 列为客户所在城市，需要找出在长沙的客户名单，并将结果返回到

E 列单元格中，可以用哪个函数公式？”按【Enter】键发送，ChatGPT 即可提供找出客户名单的公式，如图 6-17 所示。

	A	B	C	D	E
1	序号	客户姓名	所在城市		在长沙的客户名单
2	1	欧阳明	重庆		
3	2	王晓芳	长沙		
4	3	张天磊	武汉		
5	4	杨阳洋	贵州		
6	5	刘婷	长沙		
7	6	陈华	武汉		
8	7	张静	重庆		
9	8	王晓伟	重庆		
10	9	李敏	长沙		
11	10	程子杰	长沙		
12					

图 6-16　打开一个工作表

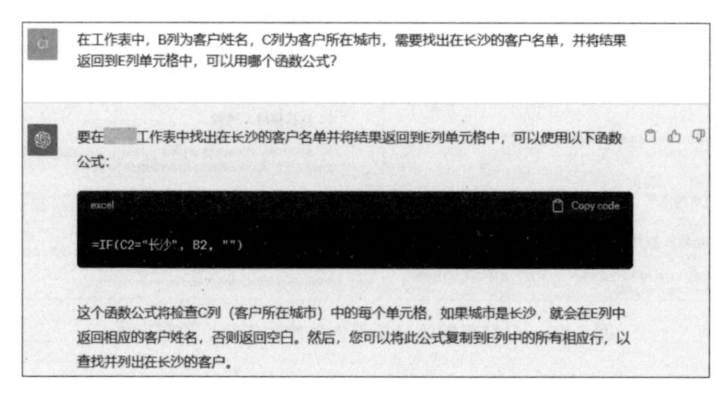

图 6-17　ChatGPT 提供找出客户名单的公式

步骤 03 复制 ChatGPT 提供的计算公式，在 WPS 工作表中，❶ 选择 E2:E11 单元格；❷ 在编辑栏中粘贴复制的公式：=IF(C2=" 长沙 ",B2,"")，如图 6-18 所示。

步骤 04 按【Ctrl+Enter】组合键确认，即可找出在长沙的客户名单，效果如图 6-19 所示。

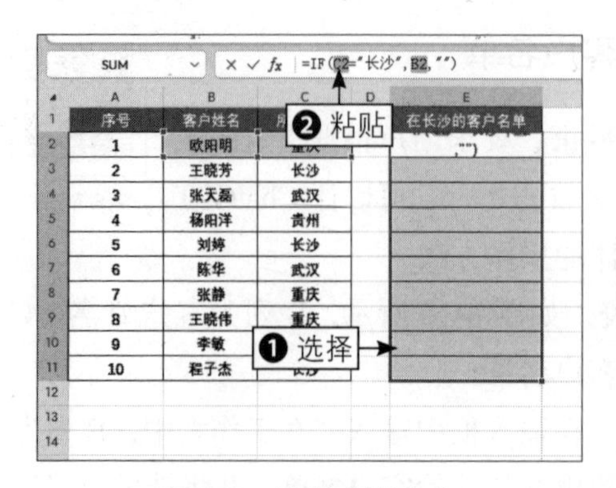

图 6-18　粘贴复制的公式

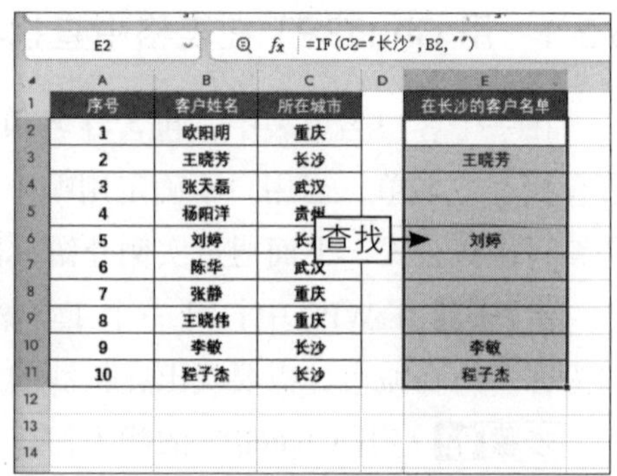

图 6-19　找出在长沙的客户名单

步骤 05 接下来需要删除 E2:E11 单元格区域中的空格，选择 E1 单元格，在“开始”功能区中，单击“筛选”按钮，如图 6-20 所示。

步骤 06 执行操作后，即可在 E1 单元格中添加一个筛选下拉按钮，❶ 单击该按钮；❷ 在展开的列表框中仅选中“（空白）”复选框，如图 6-21 所示。

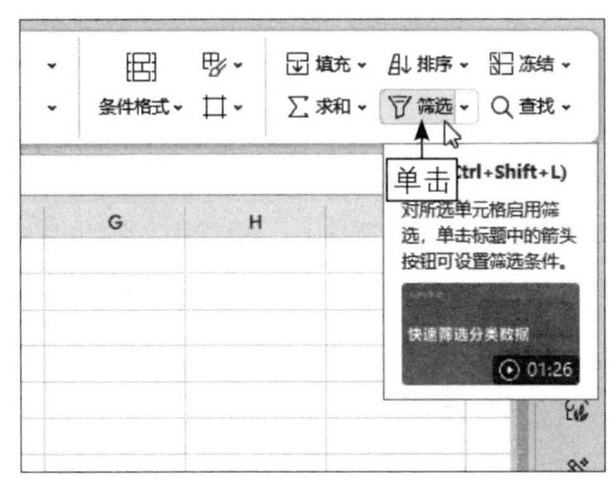

图 6-20　单击“筛选”按钮

图 6-21　仅选中“（空白）”复选框

步骤 07 按【Enter】键，即可筛选出空白的单元格，❶ 选择空白的单元格；❷ 单击鼠标右键，在弹出的快捷菜单中选择“清除内容”命令，如图 6-22 所示，即可清除空白单元格中的计算公式。

步骤 08 恢复筛选后隐藏的内容，选择 E2:E11 单元格，在“开始”功能区中，展开“查找”下拉列表，选择“定位”选项，如图 6-23 所示。

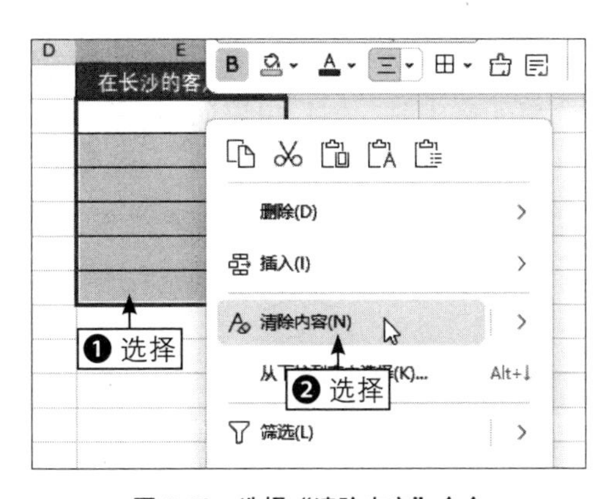

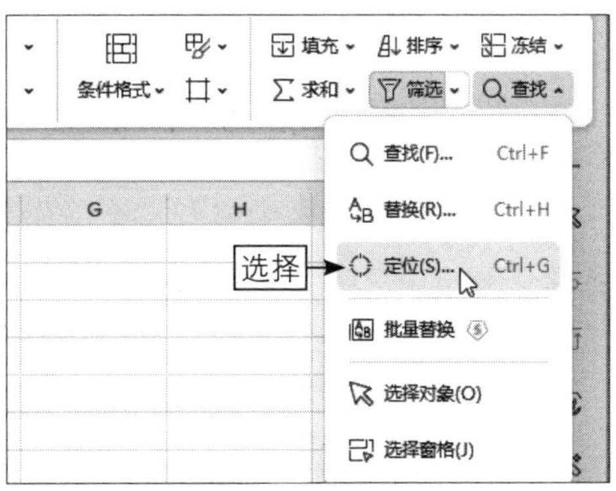

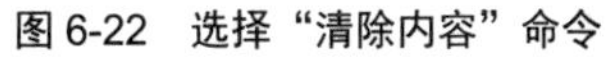

图 6-22　选择“清除内容”命令

图 6-23　选择“定位”选项

步骤 09 弹出“定位”对话框，选中“空值”单选按钮，如图 6-24 所示。

步骤 10 单击“定位”按钮，即可定位空值单元格，单击鼠标右键，在弹出的快捷菜单中选择“删除”|“下方单元格上移”命令，如图 6-25 所示。

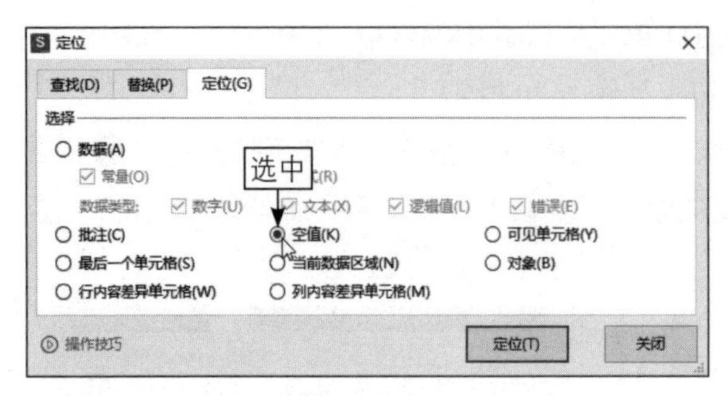

图 6-24　选中“空值”单选按钮

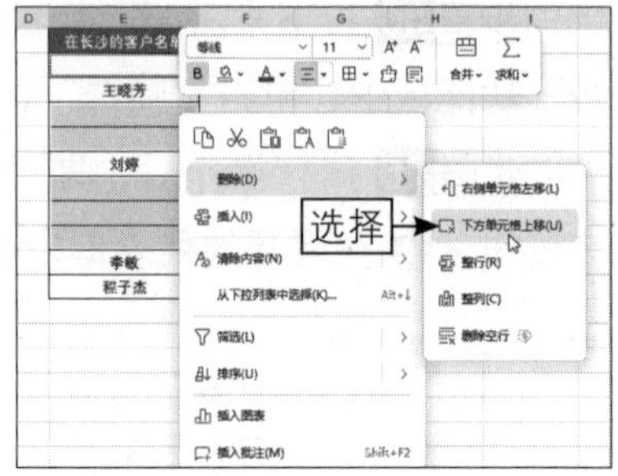

图 6-25　选择“下方单元格上移”命令

步骤 11 执行操作后，即可在不影响其他表格内容的情况下，删除E列中的空白单元格，效果如图6-26所示。至此，即完成了删除E列中的空白单元格的操作。

	A	B	C	D	E
1	序号	客户姓名	所在城市		在长沙的客户名单
2	1	欧阳明	重庆		王晓芳
3	2	王晓芳	长沙		刘婷
4	3	张天磊	武汉		李敏
5	4	杨阳洋	贵州		程子杰
6	5	刘婷	长沙		
7	6	陈华	武汉		
8	7	张静	重庆		
9	8	王晓伟	重庆		
10	9	李敏	长沙		
11	10	程子杰	长沙		

删除

图 6-26　删除E列中的空白单元格

6.2.2　用ChatGPT在表格中提取员工职称

在表格中，当员工名字和职称在同一个单元格中时，用户可以向ChatGPT询问单独提取职称的方法，下面介绍具体操作。

扫码看教学视频

步骤 01 在WPS中打开一个工作表，如图6-27所示，在B列单元格中有一个空格分隔姓名和职称，需要在D列将B列中的职称单独提取出来。

	A	B	C	D
1	编号	员工	部门	职称
2	G1001	张晓 经理	管理部	
3	G1002	李飒 副总	管理部	
4	G1003	陈娟 部长	销售部	
5	G1004	罗莉 主管	销售部	
6	G1005	周小雄 经理	财务部	
7	G1006	郭子辰 主管	人事部	
8				

图 6-27　打开一个工作表

步骤 02 打开 ChatGPT 的聊天窗口，在输入框中输入“在 WPS 表格中，B 列为员工姓名和职称，且姓名和职称之间有一个空格，例如‘张晓 经理’，其中‘张晓’为姓名，‘经理’为职称，需要在 D 列将 B 列中的职称提取出来，有什么方法可以解决？”按【Enter】键发送，ChatGPT 即可提供提取职称的方法，如图 6-28 所示。

图 6-28　ChatGPT 提供提取职称的方法

步骤 03 复制 ChatGPT 提供的提取公式，在 WPS 工作表中，选择 D2:D7 单元格，❶ 在编辑栏中粘贴复制的公式：=RIGHT(B2,LEN(B2)−FIND(" ",B2))；按【Ctrl+Enter】组合键确认；❷ 即可批量提取员工姓名后面的职称，效果如图 6-29 所示。

D2　=RIGHT(B2,LEN(B2)-FIND(" ",B2))　❶ 粘贴

	A	B	C	D
1	编号	员工	部门	职称
2	G1001	张晓 经理	管理部	经理
3	G1002	李飒 副总	管理部	副总
4	G1003	陈娟 部长	销售部	部长
5	G1004	罗莉 主管	销售部	主管
6	G1005	周小雄 经理	财务部	经理
7	G1006	郭子辰 主管	人事部	主管

❷ 提取

图 6-29　批量提取员工姓名后面的职称

6.2.3 用 ChatGPT 在表格中筛选无用数据

在表格中进行数据处理时，如果表格中的数据较多，筛选出无用数据常常是一个费时费力的任务。然而，借助 ChatGPT 的智能和强大的数据处理能力，这一任务可以得到显著简化。下面通过实例向大家介绍用 ChatGPT 提供的方法筛选无用数据的具体操作。

步骤 01 在 WPS 中打开一个工作表，如图 6-30 所示，需要将购买记录为空的数据筛选出来并删除。

	A	B	C
1	客户	会员ID	购买记录
2	张三	VIP0001001	11次
3	李四	VIP0001002	12次
4	王五	VIP0001003	
5	赵六	VIP0001004	1次
6	刘七	VIP0001005	3次
7	陈八	VIP0001006	
8	杨九	VIP0001007	18次
9	周十	VIP0001008	13次
10	吴十一	VIP0001009	
11	孙十二	VIP0001010	5次
12	李明	VIP0001011	19次
13	王芳	VIP0001012	
14	张磊	VIP0001013	23次
15			

图 6-30 打开一个工作表

步骤 02 打开 ChatGPT 的聊天窗口，在输入框中输入“在 WPS 表格中，A 列为客户姓名，B 列为会员 ID，C 列为购买记录，可以用什么方法筛选出购买记录为空的客户数据并删除？”按【Enter】键发送，ChatGPT 即可提供筛选并删除无用数据的方法，如图 6-31 所示。

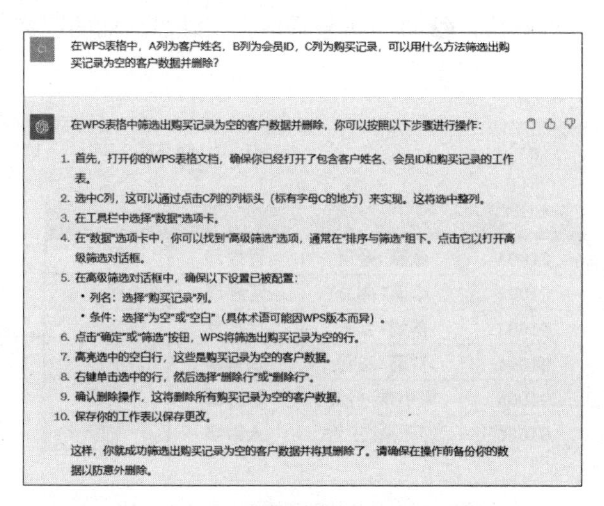
在WPS表格中，A列为客户姓名，B列为会员ID，C列为购买记录，可以用什么方法筛选出购买记录为空的客户数据并删除？

在WPS表格中筛选出购买记录为空的客户数据并删除，你可以按照以下步骤进行操作：

1. 首先，打开你的WPS表格文档，确保你已经打开了包含客户姓名、会员ID和购买记录的工作表。
2. 选中C列，这可以通过点击C列的列标头（标有字母C的地方）来实现。这将选中整列。
3. 在工具栏中选择“数据”选项卡。
4. 在“数据”选项卡中，你可以找到“高级筛选”选项，通常在“排序与筛选”组下。点击它以打开高级筛选对话框。
5. 在高级筛选对话框中，确保以下设置已被配置：
   - 列名：选择“购买记录”列。
   - 条件：选择“为空”或“空白”（具体术语可能因WPS版本而异）。
6. 点击“确定”或“筛选”按钮，WPS将筛选出购买记录为空的行。
7. 高亮选中的空白行，这些是购买记录为空的客户数据。
8. 右键单击选中的行，然后选择“删除行”或“删除行”。
9. 确认删除操作，这将删除所有购买记录为空的客户数据。
10. 保存你的工作表以保存更改。

这样，你就成功筛选出购买记录为空的客户数据并将其删除了。请确保在操作前备份你的数据以防意外删除。

图 6-31 ChatGPT 提供筛选并删除无用数据的方法

步骤 03 参考 ChatGPT 提供的方法，在 WPS 工作表中，❶ 选择 C1 单元格；❷ 在“数据”功能区中单击“筛选”按钮，如图 6-32 所示。

步骤 04 执行操作后，即可添加筛选下拉按钮，❶ 单击 C1 单元格中的筛选下拉按钮；❷ 在展开的列表框中仅选中“（空白）”复选框，如图 6-33 所示。

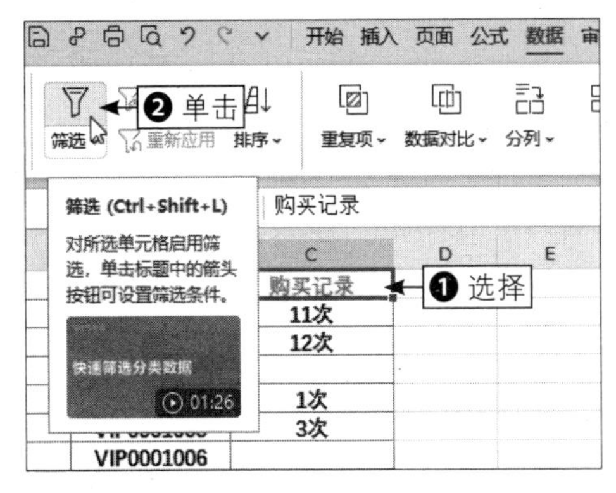

图 6-32　单击“筛选”按钮

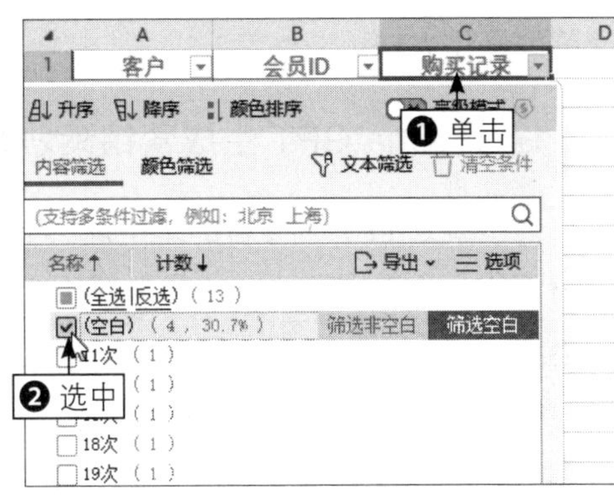

图 6-33　仅选中“（空白）”复选框

步骤 05 单击“确定”按钮或按【Enter】键，即可筛选出购买记录为空的数据行，❶ 选择筛选出的数据单元格；❷ 单击鼠标右键，在弹出的快捷菜单中选择“删除”|“整行”命令，如图 6-34 所示。

步骤 06 将数据行删除后，展开筛选列表框，选中“（全选|反选）”复选框，单击“确定”按钮，即可显示全部数据，效果如图 6-35 所示，此时购买记录为空的数据已被删除。

图 6-34　选择“整行”命令

	A	B	C	D
1	客户	会员ID	购买记录	
2	张三	VIP0001001	11次	
3	李四	VIP0001002	12次	
4	赵六	VIP0001004	1次	
5	刘七	VIP0001005	3次	
6	杨九	VIP0001007	18次	
7	周十	VIP0001008	13次	
8	孙十二	VIP0001010	5次	
9	李明	VIP0001011	19次	
10	张磊	VIP0001013	23次	
11				
12				
13				
14				
15				

图 6-35　显示全部数据后的效果

6.3 用 ChatGPT 生成演示文稿

和在 PowerPoint 中制作 PPT 一样，用户也可以使用 ChatGPT 生成演示内容，然后在 WPS 中制作演示文稿。本节将向大家介绍用 ChatGPT 生成各类办公演示文稿的操作方法。

6.3.1 用 ChatGPT 生成营销策划 PPT

扫码看教学视频

营销策划 PPT 主要目的是呈现一个明确的营销策略和计划，以达到公司的市场营销目标。这种类型的 PPT 通常用于内部会议、外部客户会议、销售团队培训、投资者演示或其他营销相关的场合。

利用 ChatGPT 的智能技术来创建一个有效的营销策划演示文稿。这个过程将充分利用人工智能的能力，以提供更精确、更具洞察力的市场分析、策略制定和内容生成。用户可以采用“生成一份 ×××（产品分类）营销策划 PPT 内容，主题是 ×××（PPT 主题），产品具有 ×××（产品亮点或特色）。要求 PPT 包含封面页、目录页和内容页，其中封面页需有主标题和副标题，目录页分为 ××× 个要点，内容页每页字数不超过 ××× 个字”指令模板生成营销策划 PPT 内容。

此外，用户还可以提前准备一个 PPT 模板，然后将 ChatGPT 生成的内容一页一页套进 PPT 模板中。下面介绍具体的操作方法。

步骤 01 打开 ChatGPT 的聊天窗口，向 ChatGPT 发送生成 PPT 的指令“生成一份美妆产品营销策划 PPT 内容，主题是我们新产品丝绒口红的上市计划，新产品具有持色长久、质地丝滑、天然有机等亮点。要求 PPT 包含封面页、目录页和内容页，其中封面页需有主标题和副标题，目录页分为 4 个要点，内容页每页字数不超过 200 个字”，ChatGPT 即可生成一份营销策划 PPT 内容，部分内容如图 6-36 所示。

步骤 02 打开提前准备好的 WPS 演示模板，❶ 在封面页中输入 ChatGPT 生成的标题（用户也可以输入自己想好的标题），并适当调整字号大小；❷ 输入汇报人姓名，如图 6-37 所示。

步骤 03 ❶ 选择第 2 张幻灯片；❷ 将 ChatGPT 生成的目录粘贴至 PPT 的目录页中，制作目录页，如图 6-38 所示。

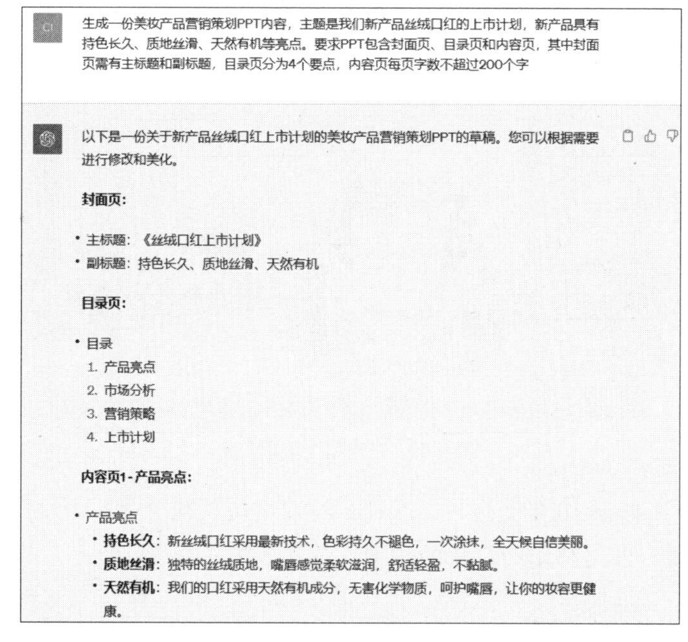

图 6-36　ChatGPT 生成一份营销策划 PPT 内容（部分内容）

图 6-37　输入汇报人姓名

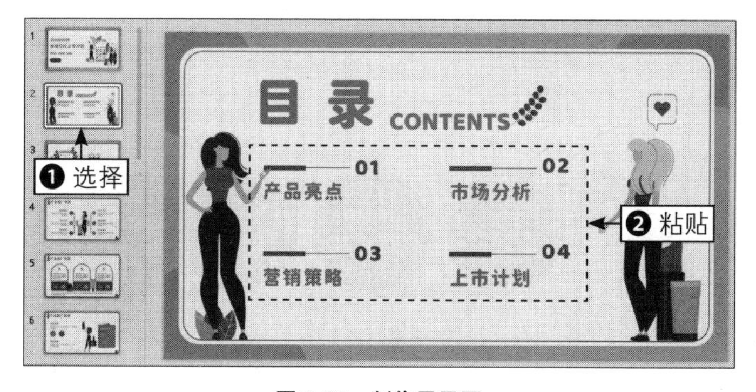

图 6-38　制作目录页

步骤 04 ❶ 选择第 3 张幻灯片；❷ 输入章节标题并调整文本位置，制作第 1 张章节页，效果如图 6-39 所示。

图 6-39　制作第 1 张章节页

步骤 05 选择第 10 张幻灯片，按住鼠标左键将其拖至第 3 张幻灯片的下方，释放鼠标左键，即可移动幻灯片的位置，效果如图 6-40 所示。

图 6-40　移动幻灯片的位置

步骤 06 修改第 4 张幻灯片中的标题，删除多余的文本框，并调整其他文本框的位置和大小，将 ChatGPT 生成的第 1 张内容页中的内容复制粘贴进来，制作第 1 张内容页，效果如图 6-41 所示。

图 6-41　制作第 1 张内容页

步骤 07 参考以上方法，选择合适的幻灯片，将 ChatGPT 生成的内容复制粘贴到幻灯片中，制作一个完整的营销策划 PPT，部分内容如图 6-42 所示。

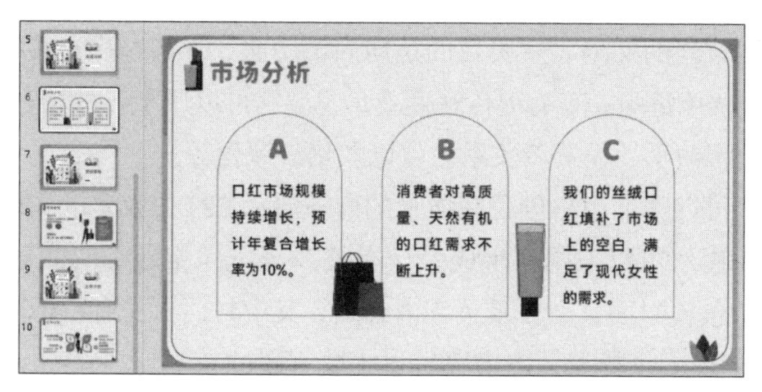

图 6-42　制作一个完整的营销策划 PPT（部分内容）

6.3.2 用 ChatGPT 生成商务演示 PPT

扫码看教学视频

商务演示 PPT 是一种用于在商业环境中传达信息、分享见解、展示数据和计划策略的文稿。主要目的是向内部团队、外部客户、投资者，以及合作伙伴清晰、有力地传达商业信息。它可以用于各种场合，例如会议、销售演示、投资者关系会议以及培训课程等。

ChatGPT 可以帮助用户创建高质量的商务演示 PPT，为演示文稿的结构和流程提供指导。用户可以采用“生成一份有关 ××× （主题）的商务演示 PPT 内容。要求 PPT 包含封面页、目录页和内容页，其中封面页需有主标题和副标题，目录页分为 ××× 个要点，内容页每页字数不超过 ××× 个字”指令模板生成商务演示 PPT 内容。

WPS 演示文稿提供了多款 PPT 模板，用户可以登录会员账号，在“新建演示文稿”界面中，挑选喜欢的 PPT 模板进行使用。下面介绍用 ChatGPT 生成商务演示 PPT 的操作方法。

步骤 01 打开 ChatGPT 的聊天窗口，向 ChatGPT 发送生成 PPT 的指令“生成一份有关企业招聘的商务演示 PPT 内容，招聘短视频领域方面的人才。要求 PPT 包含封面页、目录页和内容页，其中封面页需有主标题和副标题，目录页分为 4 个要点，内容页每页字数不超过 200 个字”，ChatGPT 即可生成一份有关企业招聘的商务演示 PPT 内容，部分内容如图 6-43 所示。

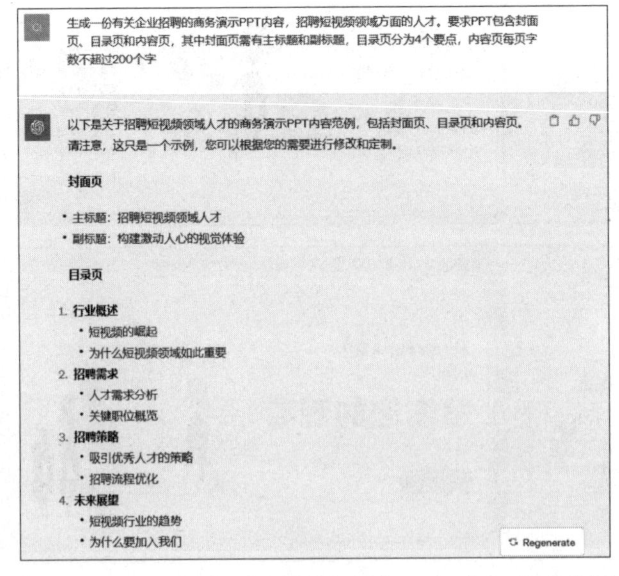

图 6-43 ChatGPT 生成企业招聘的商务演示 PPT 内容（部分内容）

步骤 02 启动 WPS 应用程序，单击“新建”|“演示”按钮，进入“新建演示文稿”界面，在“搜索”文本框中，❶输入“企业招聘商务演示”，按【Enter】键即可搜索出来与企业招聘相关的商务风 PPT 模板；❷在“商务风企业招聘演示”模板上单击“会员畅享”按钮，如图 6-44 所示。

步骤 03 执行操作后，即可下载并使用“商务风企业招聘演示”模板，效果如图 6-45 所示。

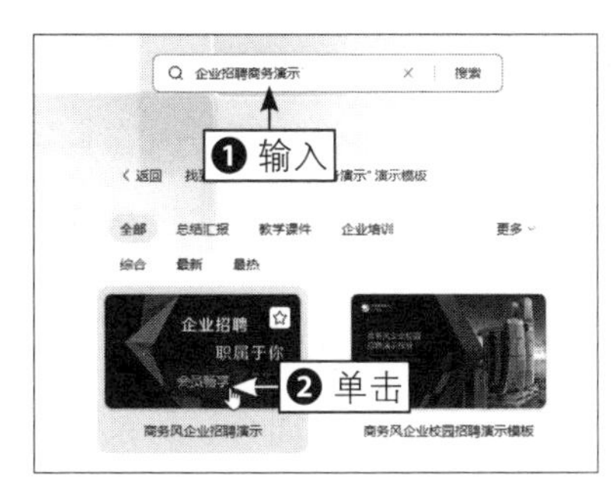

图 6-44　单击“会员畅享”按钮

图 6-45　下载并使用“商务风企业招聘演示”模板

步骤 04 参考前文中使用模板的方法，将 ChatGPT 生成的 PPT 内容套用到“商务风企业招聘演示”模板中，制作有关企业招聘的商务演示 PPT，效果如图 6-46 所示。

图 6-46　制作有关企业招聘的商务演示 PPT（部分内容）

★ 专 家 提 醒 ★

用户如果对当前选择的模板或配色不满意，可以利用“设计”功能区中的功能进行美化。

6.3.3 用 ChatGPT 生成活动策划 PPT

扫码看教学视频

活动策划 PPT 是用于策划、组织和展示活动方案和细节的演示文稿，用于向相关团队成员、利益相关者或客户传达活动的目标、内容、流程和预期结果。活动策划 PPT 的目的是提供一个清晰而详细的框架，以便参与者能够理解活动的整体规划和运行方式，因此在让 ChatGPT 生成 PPT 内容时，在指令中可以不用限制其生成页数。

用户可以采用“生成一份有关 ×××（主题）的活动策划 PPT 内容。要求 PPT 包含封面页、目录页和内容页，其中封面页需有主标题和副标题，内容页每页字数不超过 ××× 个字”指令模板生成活动策划 PPT 内容。下面介绍具体的操作方法。

步骤 01 打开 ChatGPT 的聊天窗口，向 ChatGPT 发送生成 PPT 的指令“生成一份有关食品餐饮博览会活动策划 PPT 内容。要求 PPT 包含封面页、目录页和内容页，其中封面页需有主标题和副标题，内容页每页字数不超过 200 个字”，ChatGPT 即可生成一份有关食品餐饮博览会活动策划的 PPT 内容，部分内容如图 6-47 所示。

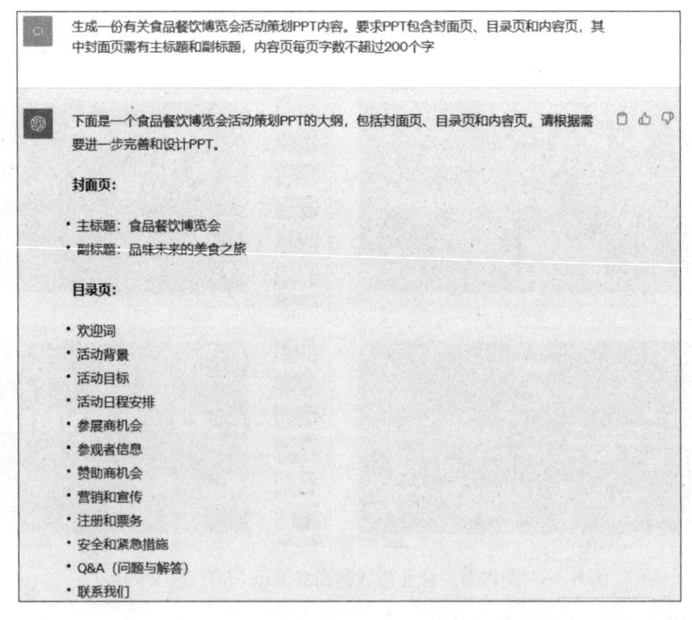

图 6-47　ChatGPT 生成的食品餐饮博览会活动策划的 PPT 内容（部分内容）

步骤 02 启动 WPS 应用程序，新建一个空白演示文稿，删除默认创建的幻灯片，单击“新建幻灯片”下拉按钮，弹出“新建单页幻灯片”面板，❶ 切换至“封面页”选项卡；❷ 在“搜索资源”文本框中输入关键词“餐饮”，按【Enter】键即可找到多款餐饮主题的封面页模板；❸ 选择一款合适的封面页模板并单击“立即使用”按钮，如图 6-48 所示。

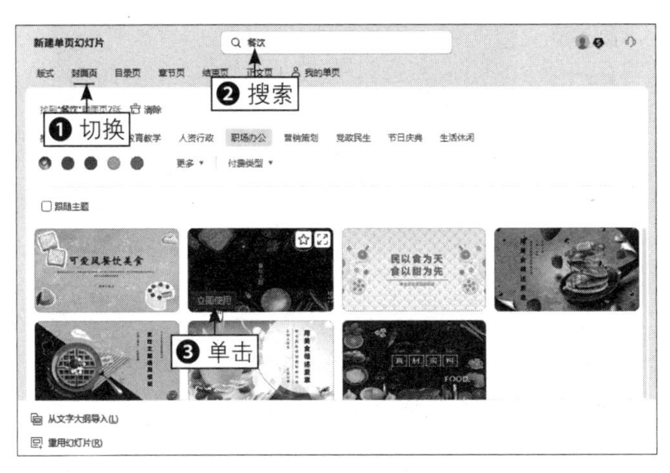

图 6-48　单击“立即使用”按钮（1）

步骤 03 执行操作后，即可下载封面页模板。在“对象美化”面板中，展示了整套 PPT 幻灯片模板，单击“立即下载”按钮，如图 6-49 所示。

步骤 04 执行操作后，即可下载整套模板。在“文档美化”选项卡中，展开“配色方案”选项区，在其中选择一款合适的配色方案（这里选择“古典深红”配色方案），单击“立即使用”按钮，部分内容如图 6-50 所示。

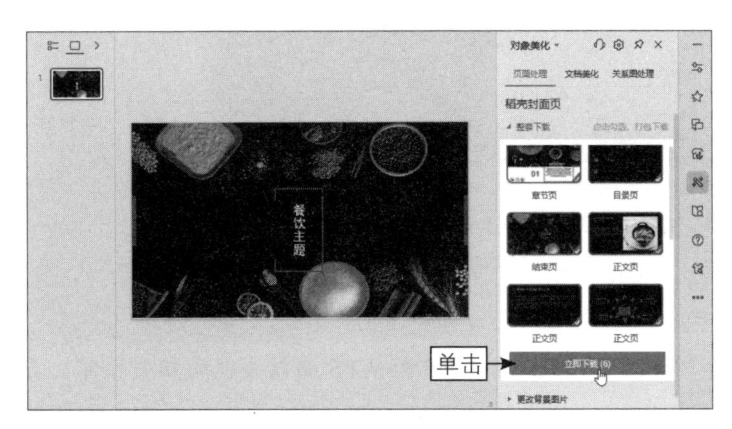

图 6-49　单击“立即下载”按钮

图 6-50　单击“立即使用”按钮（2）

步骤 05 执行操作后，即可使用配色方案，根据需要将 ChatGPT 生成的 PPT 内容套进模板之中，调整幻灯片的位置，并将多余的幻灯片删除，完成食品餐饮博览会活动策划 PPT 的制作，部分内容如图 6-51 所示。

图 6-51　制作的食品餐饮博览会活动策划 PPT（部分内容）

※ 本章小结

本章主要向读者介绍了结合使用 ChatGPT 和 WPS 高效办公的相关操作，首先介绍了用 ChatGPT 生成 WPS 办公文档的操作方法，然后介绍了用 ChatGPT 整理 WPS 表格内容的操作方法，最后介绍了用 ChatGPT 生成 WPS 演示文稿的操作方法等。通过对本章的学习，读者可以掌握利用 AI 技术结合 WPS 进行高效办公的操作方法。

※ 课后习题

鉴于本章知识的重要性，为了帮助读者更好地掌握所学知识，本节将通过课后习题，帮助读者进行简单的知识回顾和补充。

1. 使用 ChatGPT 生成一份读书计划，如图 6-52 所示。

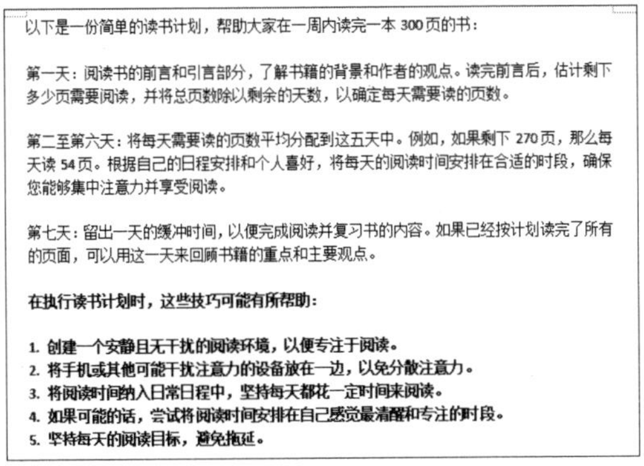

以下是一份简单的读书计划，帮助大家在一周内读完一本 300 页的书：

第一天：阅读书的前言和引言部分，了解书籍的背景和作者的观点。读完前言后，估计剩下多少页需要阅读，并将总页数除以剩余的天数，以确定每天需要读的页数。

第二至第六天：将每天需要读的页数平均分配到这五天中。例如，如果剩下 270 页，那么每天读 54 页。根据自己的日程安排和个人喜好，将每天的阅读时间安排在合适的时段，确保您能够集中注意力并享受阅读。

第七天：留出一天的缓冲时间，以便完成阅读并复习书的内容。如果已经按计划读完了所有的页面，可以用这一天来回顾书籍的重点和主要观点。

在执行读书计划时，这些技巧可能有所帮助：

1. **创建一个安静且无干扰的阅读环境，以便专注于阅读。**
2. **将手机或其他可能干扰注意力的设备放在一边，以免分散注意力。**
3. **将阅读时间纳入日常日程中，坚持每天都花一定时间来阅读。**
4. **如果可能的话，尝试将阅读时间安排在自己感觉最清醒和专注的时段。**
5. **坚持每天的阅读目标，避免拖延。**

图 6-52　用 ChatGPT 生成一份读书计划

2. 使用 ChatGPT 生成一份调岗申请书，如图 6-53 所示。

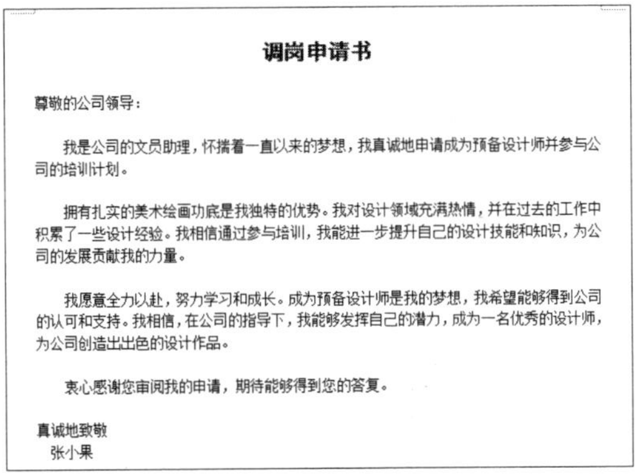

调岗申请书

尊敬的公司领导：

我是公司的文员助理，怀揣着一直以来的梦想，我真诚地申请成为预备设计师并参与公司的培训计划。

拥有扎实的美术绘画功底是我独特的优势。我对设计领域充满热情，并在过去的工作中积累了一些设计经验。我相信通过参与培训，我能进一步提升自己的设计技能和知识，为公司的发展贡献我的力量。

我愿意全力以赴，努力学习和成长。成为预备设计师是我的梦想，我希望能够得到公司的认可和支持。我相信，在公司的指导下，我能够发挥自己的潜力，成为一名优秀的设计师，为公司创造出出色的设计作品。

衷心感谢您审阅我的申请，期待能够得到您的答复。

真诚地致敬
张小果

图 6-53　用 ChatGPT 生成一份调岗申请书

第 7 章

AI 在线创作：WPS AI 智能办公

WPS AI 是 WPS 官方推出的智能办公助手，用户可以在官网通过申请获得体验资格，在 WPS 中用 AI 助手进行在线创作。WPS AI 提供了文字 AI、表格 AI、演示 AI 及 PDF AI 功能，可以自动生成所需内容、生成计算公式、生成完整的 PPT，以及在 PDF 文档中总结长文信息等，帮助用户智能办公，提高办公效率。

7.1　使用文字 AI 功能智能办公

WPS AI 是一个基于大语言模型下的生成式人工智能应用，其中文字 AI 功能可以帮助用户生成文档，支持多轮对话，并对已有的文档内容进行处理等。本节将介绍使用文字 AI 智能办公、进行 AI 在线创作的操作方法，包括写工作日报、写文章大纲及写请假条等。

7.1.1　使用 AI 模板写工作日报

扫码看教学视频

工作日报通常由员工、团队成员或管理者在每个工作日填写，用于记录并总结当天的工作进展、成果、问题和计划。在 WPS 中，用户可以使用 WPS AI 模板填写工作日报，下面介绍具体的操作方法。

步骤 01 打开 WPS Office，❶ 单击“新建”按钮；❷ 在弹出的“新建”面板中单击“智能文档”按钮，如图 7-1 所示。

步骤 02 执行操作后，即可进入“新建智能文档”界面，在“AI 模板”选项区中，选择“工作日报速写神器”模板，如图 7-2 所示。

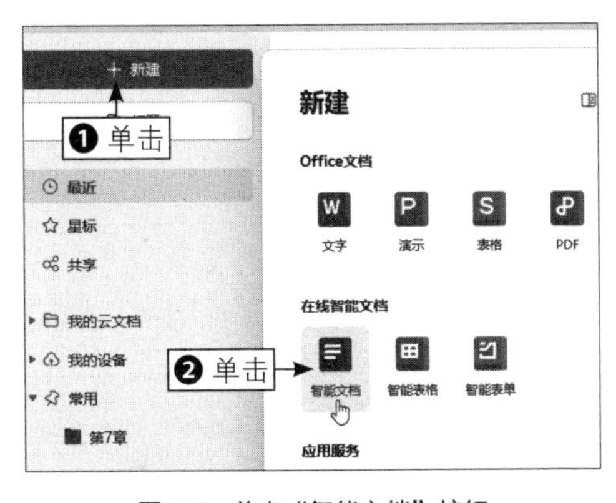

图 7-1　单击“智能文档”按钮

图 7-2　选择“工作日报速写神器”模板

步骤 03 弹出“工作日报速写神器”对话框，如图 7-3 所示。左边是 AI 生成的模板内容，用户可以在“今日工作总结”和“明日工作计划”文本框中，根据自己的工作情况输入内容。

步骤 04 ❶ 在“今日工作总结”文本框中输入“写稿 10 页、公众号发文 1 篇”；❷ 在“明日工作计划”文本框中输入“写稿 15 页、公众号发文 2 篇、看热门短视频寻找灵感”，如图 7-4 所示。

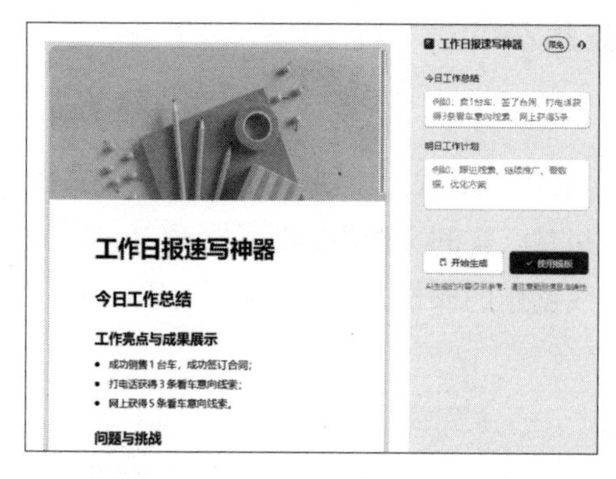

图 7-3　弹出“工作日报速写神器”对话框

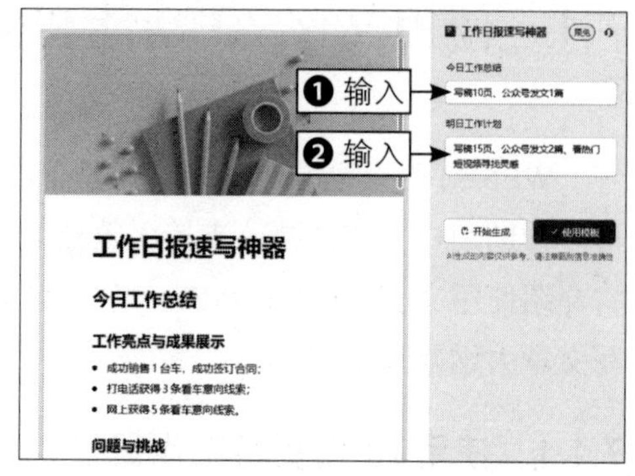

图 7-4　在文本框中输入工作情况

步骤 05 单击“开始生成”按钮，即可在左边的面板中智能生成工作日报模板，效果如图 7-5 所示。如果不满意可以单击“重新生成”按钮，重新生成模板内容。

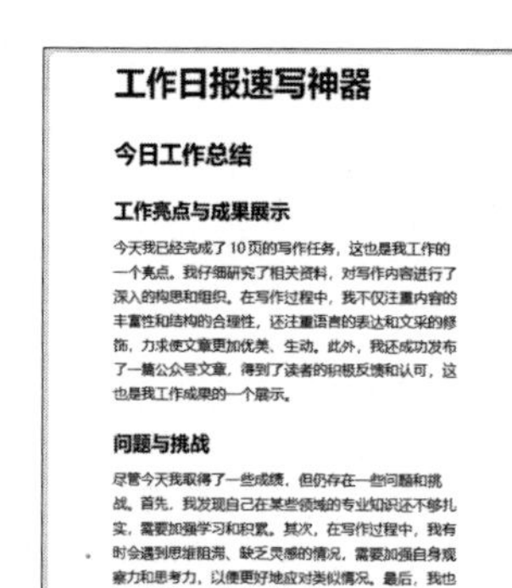

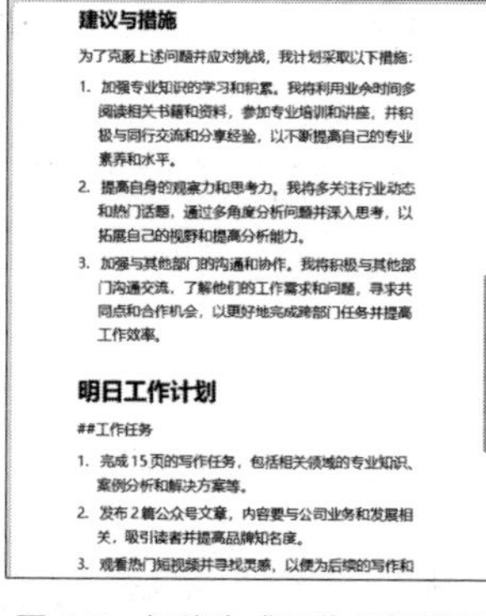

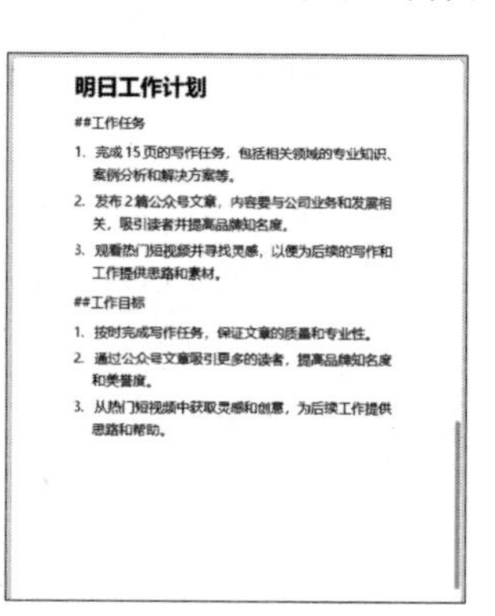

图 7-5　智能生成工作日报模板

步骤 06 单击“使用模板”按钮，即可创建智能文档模板，效果如图 7-6 所示，用户可以根据需要修改标题或内容。

图 7-6　创建智能文档模板

步骤 07 ❶ 单击“文件操作”按钮☰；❷ 在弹出的列表框中单击“下载”按钮，如图 7-7 所示。

步骤 08 弹出“下载”对话框，可以将文档导出为 PDF 或 Word，这里单击“导出为 Word”按钮，如图 7-8 所示。

图 7-7　单击“下载”按钮

图 7-8　单击“导出为 Word”按钮

步骤 09 弹出“另存为”对话框，❶ 设置保存路径和文件名称；❷ 单击“保存”按钮，如图 7-9 所示，即可保存文档。

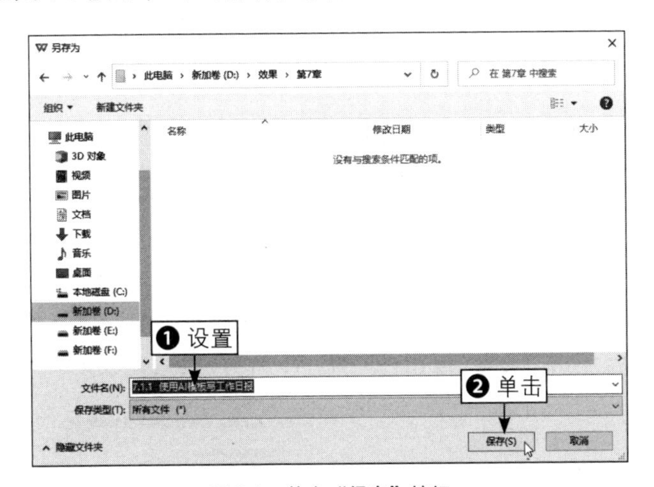

图 7-9　单击“保存”按钮

7.1.2　通过与 AI 对话写文章大纲

文章大纲通常是在写作之前创建的，用于指导作者构建文章的主题、段落和章节。在 WPS 中通过与 AI 对话生成文章大纲时，用户可以先提供一个主题。下面介绍具体的操作方法。

扫码看教学视频

步骤01 打开 WPS Office，通过单击“新建”|“文字”按钮，新建一个空白文档，在文档中连续按下两次【Ctrl】键，即可唤起 WPS AI 与之进行对话。除此之外，❶单击文档左侧的⠿按钮；❷在弹出的面板中选择 WPS AI 选项，如图 7-10 所示，也可以唤起 WPS AI。

步骤02 WPS AI 被唤起后，会自动弹出下拉列表，在其中选择“文章大纲”选项，如图 7-11 所示。

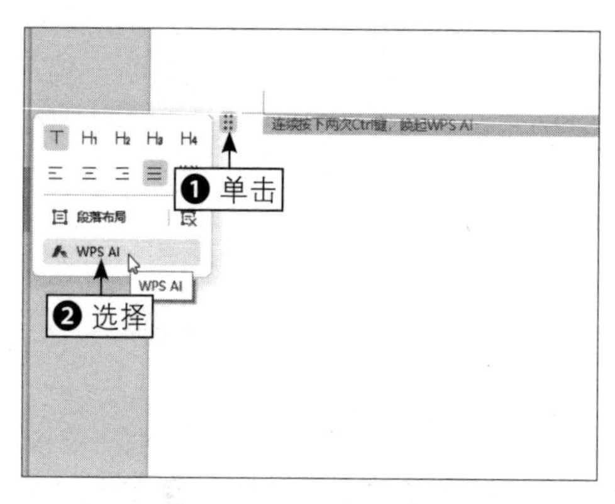

图 7-10　选择 WPS AI 选项

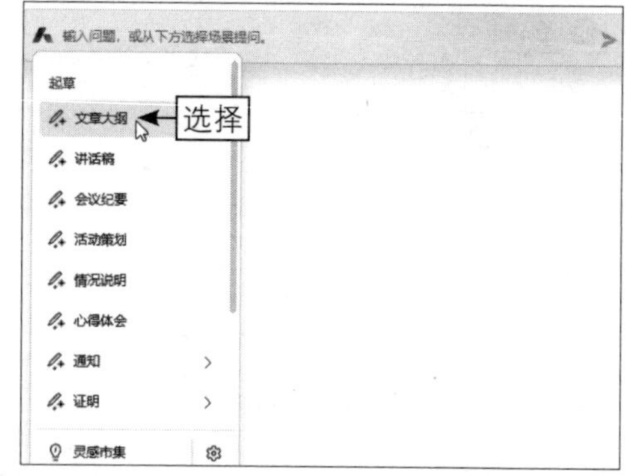

图 7-11　选择“文章大纲”选项

步骤03 执行操作后，即可进入文章大纲起草模式，在输入框的主题文本框中输入需要的主题内容，这里输入“人工智能在教育领域的应用”，如图 7-12 所示。

图 7-12　输入主题内容

步骤04 按【Enter】键或单击➤发送按钮，即可进行 AI 创作，稍等片刻即可生成文章大纲内容，单击“完成”按钮，如图 7-13 所示，即可完成文章大纲的生成操作。

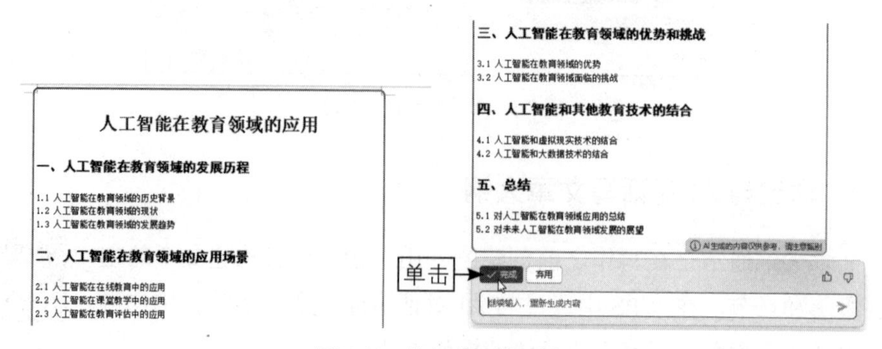

图 7-13　单击“完成”按钮

步骤 05 按【Ctrl+S】组合键，即可直接保存为 Word 文档，如果用户还需要续写、改写、扩充或者翻译等操作，可以在 WPS AI 对话输入框中单击，在弹出的下拉列表中进行选择，效果如图 7-14 所示。

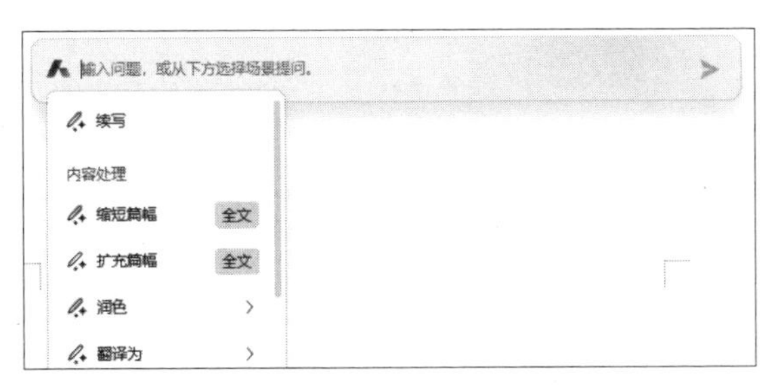

图 7-14　下拉列表中的功能展示

7.1.3　通过与 AI 对话写请假条

扫码看教学视频

向领导、上级、老师请假是人们常有的事，当用户需要编写一份请假条时，可以向 WPS AI 提供所需信息，AI 将帮助用户生成该请假条。下面介绍具体的操作方法。

步骤 01 新建一个空白文档，在功能区上方单击 WPS AI 按钮或在任务窗格中单击 WPS AI 按钮，如图 7-15 所示。

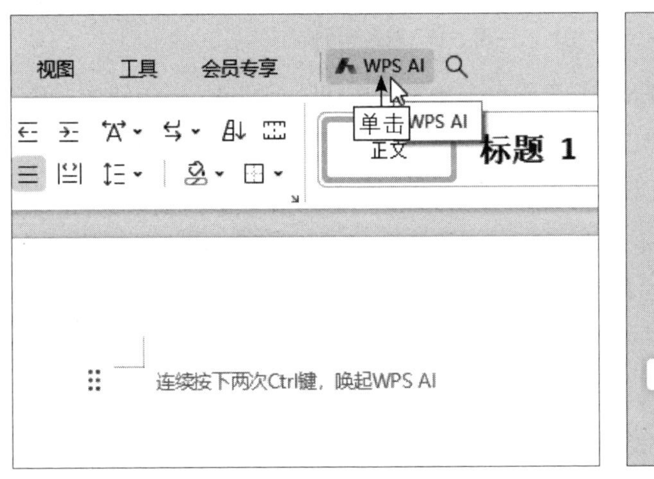

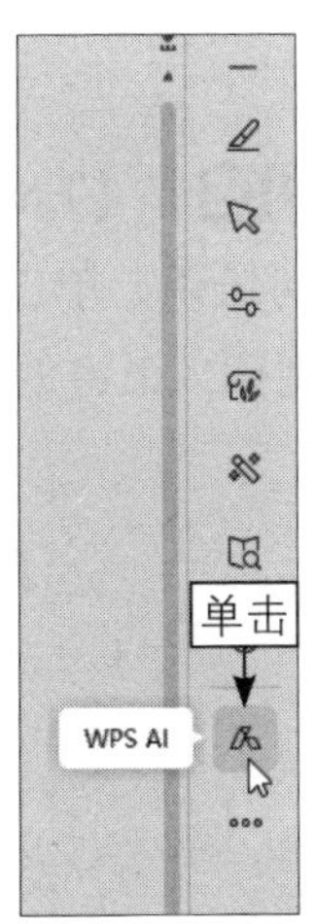

图 7-15　单击 WPS AI 按钮

步骤 02 弹出 WPS AI 面板，选择“内容生成”选项，如图 7-16 所示。

步骤 03 在文档中即可弹出 WPS AI 对话输入框，在下拉列表中选择“申请”|“请假条”选项，如图 7-17 所示。

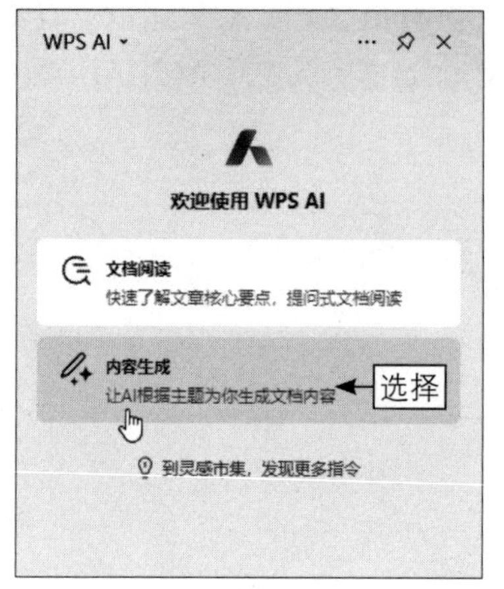

图 7-16　选择“内容生成”选项

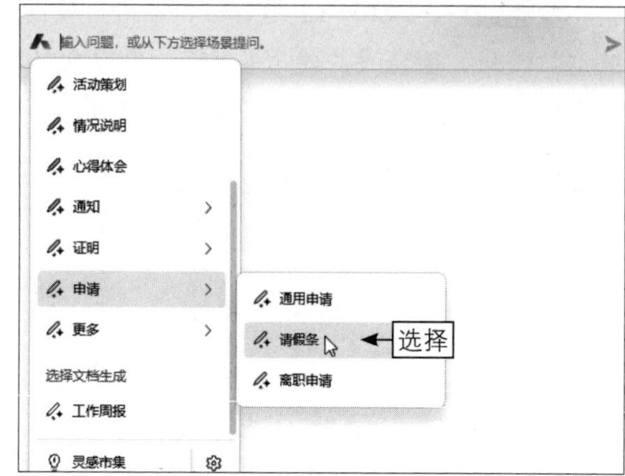

图 7-17　选择“请假条”选项

步骤 04 进入请假条起草模式，根据需要在输入框的各个文本框中输入请假信息，如图 7-18 所示。

图 7-18　输入请假信息

步骤 05 按【Enter】键或单击➤发送按钮，即可进行 AI 创作，稍等片刻即可生成请假条，单击“完成”按钮，如图 7-19 所示，完成请假条的生成操作，然后将请假人下方的日期更改为实际请假的日期即可。

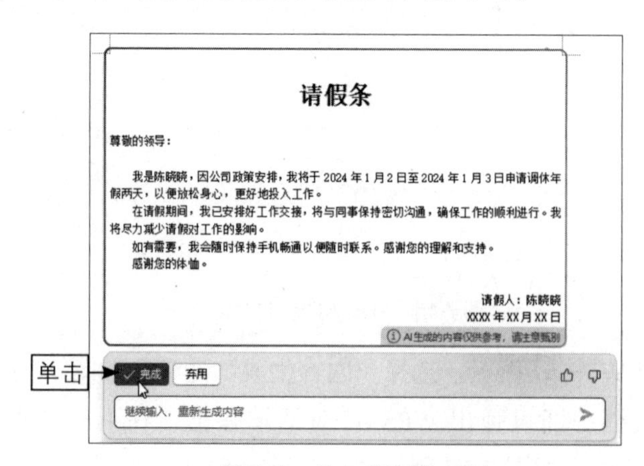
请假条

尊敬的领导：

我是陈晓晓，因公司政策安排，我将于 2024 年 1 月 2 日至 2024 年 1 月 3 日申请调休年假两天，以便放松身心，更好地投入工作。

在请假期间，我已安排好工作交接，将与同事保持密切沟通，确保工作的顺利进行。我将尽力减少请假对工作的影响。

如有需要，我会随时保持手机畅通以便随时联系。感谢您的理解和支持。

感谢您的体恤。

请假人：陈晓晓

XXXX 年 XX 月 XX 日

图 7-19　单击“完成”按钮

7.2　使用表格 AI 功能智能办公

WPS 的表格 AI 功能可以帮助用户快速实现条件标记、生成公式及数据筛选排序等操作，让数据分析和处理更加高效。本节将向大家介绍在 WPS 中使用表格 AI 功能智能办公的操作方法。

7.2.1　通过与 AI 对话编写公式

扫码看教学视频

在 WPS 表格中，用户可以通过对话的方式，告诉 WPS AI 想要的结果，让 WPS AI 在表格中编写计算公式，帮助用户完成数据计算。下面介绍具体的操作方法。

步骤 01 打开一个表格文件，如图 7-20 所示，对表格中 1000 以上的销售数量进行汇总求和。

步骤 02 选择 C11 单元格，❶ 输入“=”符号；❷ 此时会显示 WPS AI 图标，单击该图标，如图 7-21 所示。

	A	B	C	D
1	销售员	销售方式	销售数量	
2	张珊莎	门店	500	
3	李思思	聊天群	600	
4	王武	直播带货	2000	
5	赵柳	门店	1000	
6	周文兵	超市	1300	
7	李小龙	厂商合作	3000	
8	张梅	直播带货	1000	
9	陈武	聊天群	1000	
10	周小红	门店	800	
11	1000以上的销售总数量			
12				
13				
14				
15				

图 7-20　打开一个表格文件

李思思	聊天群	600
王武	直播带货	2000
赵柳	门店	1000
周文兵	超市	1300
李小龙	厂商合作	3000
张梅	直播带货	1000
陈武	聊天群	1000
周小红	门店	800
1000以上的销售总数量		=

❷ 单击

❶ 输入

帮你写公式

可在顶部功能区找到"公式-帮你写公式"设置隐藏

图 7-21　单击 WPS AI 图标

步骤 03 弹出 WPS AI 对话输入框，进入公式运算模式，在对话框中输入“计算 C 列中大于 1000 的数据之和”，如图 7-22 所示。

步骤 04 按【Enter】键发送，❶ 即可让 WPS AI 编写计算公式，并在下方对公式进行解释；❷ 单击“完成”按钮，如图 7-23 所示。

步骤 05 执行操作后，即可应用公式进行计算，统计 1000 以上的销售总数量，如图 7-24 所示。

李思思	聊天群	600
王武	直播带货	2000
赵柳	门店	1000
周文兵	超市	1300
李小龙	厂商合作	3000
张梅	直播带货	1000
陈武	聊天群	1000
周小红	门店	800
1000以上的销售总数量		=

输入

公式运算 计算C列中大于1000的数据之和

图 7-22 在对话框中输入指令

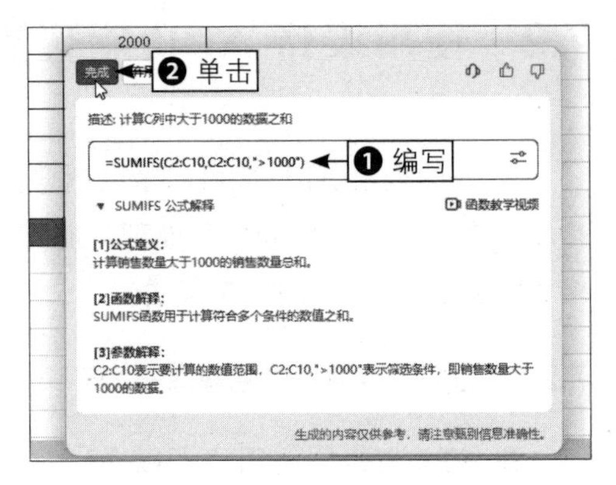

图 7-23 单击“完成”按钮

C11 =SUMIFS(C2:C10,C2:C10,">1000")

	A	B	C	D
1	销售员	销售方式	销售数量	
2	张珊莎	门店	500	
3	李思思	聊天群	600	
4	王武	直播带货	2000	
5	赵柳	门店	1000	
6	周文兵	超市	1300	
7	李小龙	厂商合作	3000	
8	张梅	直播带货	1000	
9	陈武	聊天群	1000	
10	周小红	门店	800	
11	1000以上的销售总数量		6300	
12				

统计

图 7-24 统计 1000 以上的销售总数量

7.2.2 通过与 AI 对话进行条件标记

在 WPS 表格中，用户可以通过与 AI 进行对话，在表格中根据条件高亮标记目标数据，设置表格条件格式。下面介绍具体的操作方法。

步骤 01 打开 WPS Office，❶ 单击“新建”按钮；❷ 在弹出的“新建”面板中单击“智能表格”按钮，如图 7-25 所示。

步骤 02 新建一个智能表格文件，输入表格数据并将数据居中对齐、添加边框，效果如图 7-26 所示。

步骤 03 选择 B2:B8 单元格，在表格右上方单击 WPS AI 按钮，如图 7-27 所示，唤起 WPS AI。

步骤 04 在 WPS AI 对话面板中，❶ 单击输入框上方的按钮；❷ 在弹出的列表中选择“条件格式”选项，如图 7-28 所示。

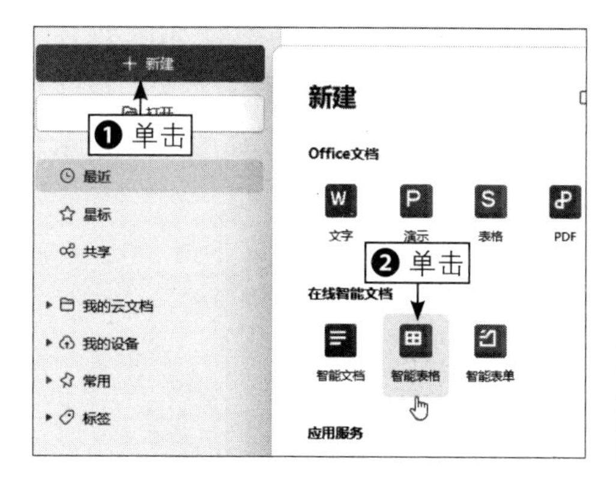

图 7-25　单击“智能表格”按钮

	A	B	C	D
1	学生姓名	总分成绩		
2	李木子	673		
3	章立早	630		
4	周月	652		
5	张子晨	710		
6	李美辰	735		
7	张欣怡	668		
8	陈宇	701		
9				
10				
11				

图 7-26　表格创建效果

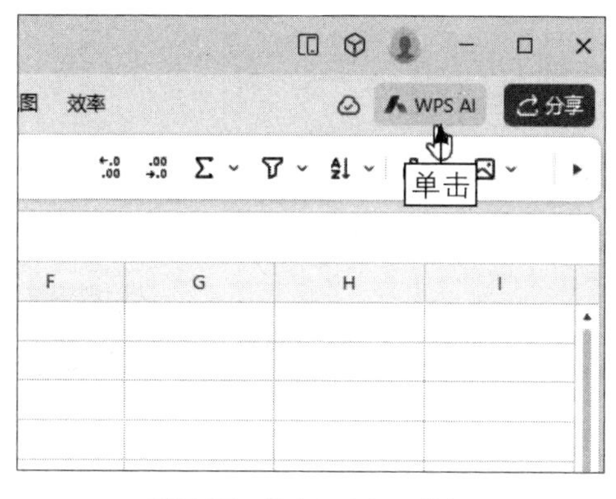

图 7-27　单击 WPS AI 按钮

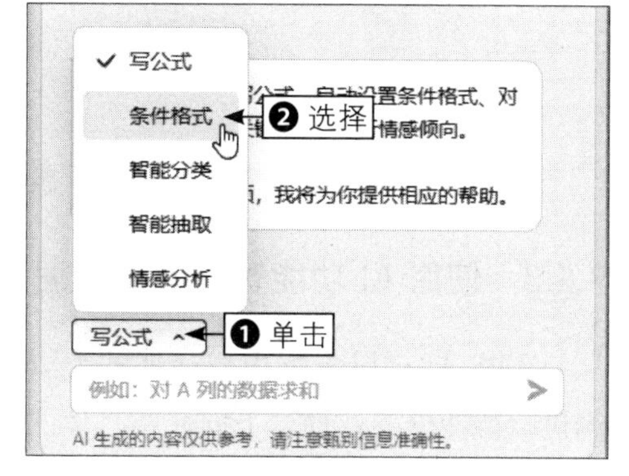

图 7-28　选择“条件格式”选项

步骤 05 进入条件格式模式，在输入框中输入“将超过 700 的数据标记为橙色”，如图 7-29 所示。

步骤 06 按【Enter】键发送信息，WPS AI 即可开始解析指令，图 7-30 所示。

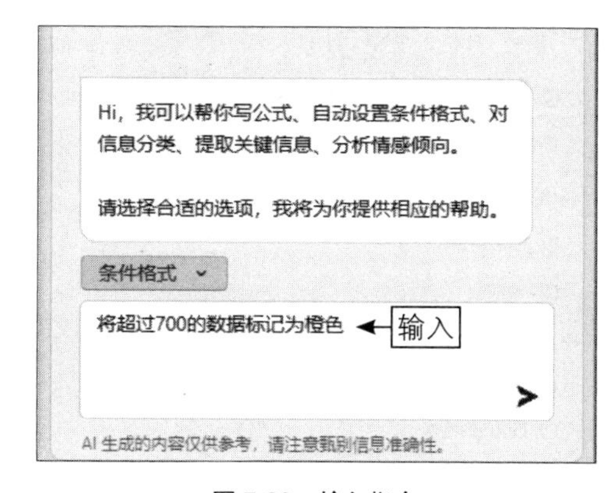

图 7-29　输入指令

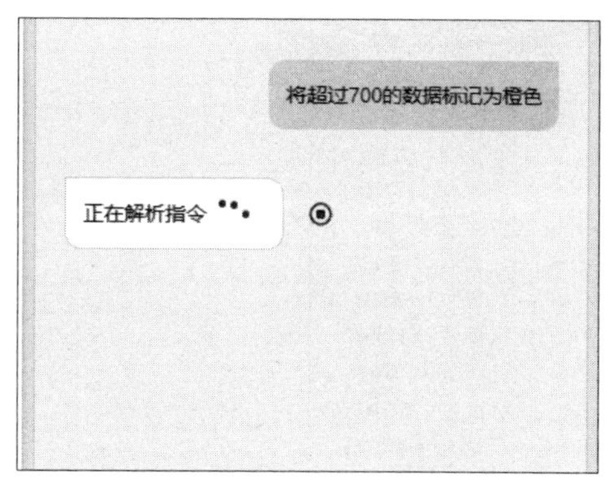

图 7-30　WPS AI 开始解析指令

步骤07 稍等片刻，在对话面板中会显示执行的步骤，在表格中会弹出“保存”和“撤销”按钮，如果执行无误，可以单击“保存”按钮，保存执行结果；反之，则单击“撤销”按钮，撤销执行的操作，此处单击“保存”按钮，如图7-31所示。执行操作后，即可标记数据。

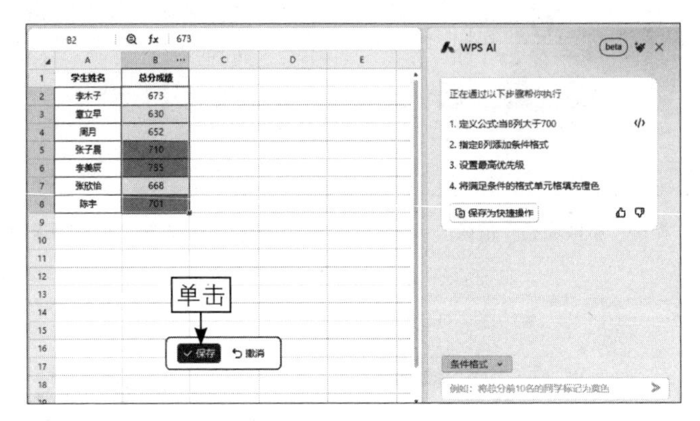

图7-31 单击“保存”按钮

7.2.3 使用AI功能智能分类数据

扫码看教学视频

WPS AI可以根据用户描述的类型，在表格中对文本、数据等内容进行智能分类处理。下面介绍具体的操作方法。

步骤01 新建一个智能表格文件，输入表格数据并将数据居中对齐，❶选中A列；❷在列标签上单击显示的···按钮，如图7-32所示。

步骤02 弹出“列类型”面板，单击“AI自动填充”按钮，如图7-33所示。

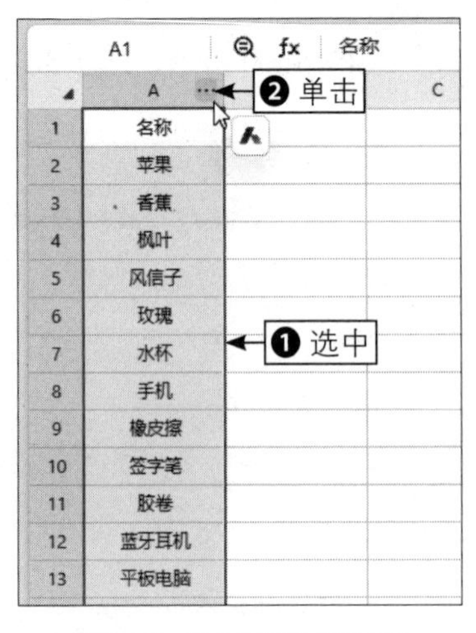

图7-32 单击显示的···按钮

图7-33 单击“AI自动填充”按钮

步骤 03 弹出“列类型配置”面板，单击“智能分类”按钮，如图 7-34 所示。

步骤 04 在“数据来源列”下拉列表框中，默认选择了 A 列，在“描述想要的分类”选项区中，添加“水果”“植物”“文具物品”“电子产品”“生活用品”这 5 个分类，如图 7-35 所示。

图 7-34　单击“智能分类”按钮

图 7-35　添加 5 个分类

步骤 05 单击“应用”按钮，即可根据类别在 B 列单元格中对 A 列单元格中的内容进行分类，效果如图 7-36 所示。

步骤 06 在 B1 单元格中输入表头“智能分类”，如图 7-37 所示，至此，即完成了智能分类的操作。

	A	B
1	名称	
2	苹果	水果
3	香蕉	水果
4	枫叶	植物
5	风信子	植物
6	玫瑰	植物
7	水杯	生活用品
8	手机	电子产品
9	橡皮擦	文具物品
10	签字笔	文具物品
11	胶卷	文具物品
12	蓝牙耳机	电子产品
13	平板电脑	电子产品

图 7-36　对内容进行分类

	A	B
1	输入 →	智能分类
2	苹果	水果
3	香蕉	水果
4	枫叶	植物
5	风信子	植物
6	玫瑰	植物
7	水杯	生活用品
8	手机	电子产品
9	橡皮擦	文具物品
10	签字笔	文具物品
11	胶卷	文具物品
12	蓝牙耳机	电子产品
13	平板电脑	电子产品

图 7-37　输入表头

7.2.4　通过与AI对话智能筛选数据

利用WPS的AI功能可以在表格中快速筛选出用户需要的数据，不需要用户逐一去手动筛选，只需用户给出指令即可。下面介绍具体的操作方法。

步骤 01 打开一个表格文件，如图7-38所示，将D列中小于10000大于1000的数据筛选出来。

步骤 02 在表格右上方单击WPS AI按钮，唤起WPS AI，在WPS AI对话面板中，选择"对话操作表格"选项，如图7-39所示。

客户	订购商品	销售时间	商品总价	收款方式
张先生	商品A, 商品B	10月6日	1250	信用卡
王女士	商品C, 商品D	10月7日	980	现金
李先生	商品E, 商品F	10月9日	1450.75	支票
赵女士	商品G, 商品H	10月10日	7800	电子转账
陈先生	商品I, 商品J, 商品K	10月11日	3200.5	信用卡
杨女士	商品L	10月15日	580	现金
刘先生	商品M, 商品N, 商品O	10月17日	9750.25	电子转账

图7-38　打开一个表格文件

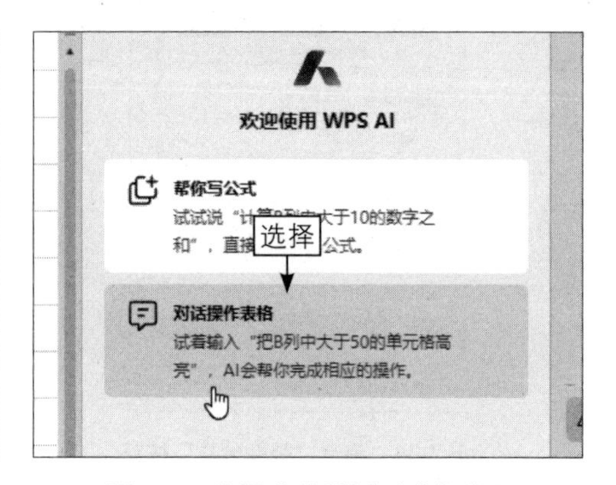

图7-39　选择"对话操作表格"选项

步骤 03 在对话面板的输入框中，输入"把D列中小于10000大于1000的数据筛选出来"，如图7-40所示。

步骤 04 按【Enter】键发送，即可执行指令，待筛选完成后，单击"完成"按钮，如图7-41所示。

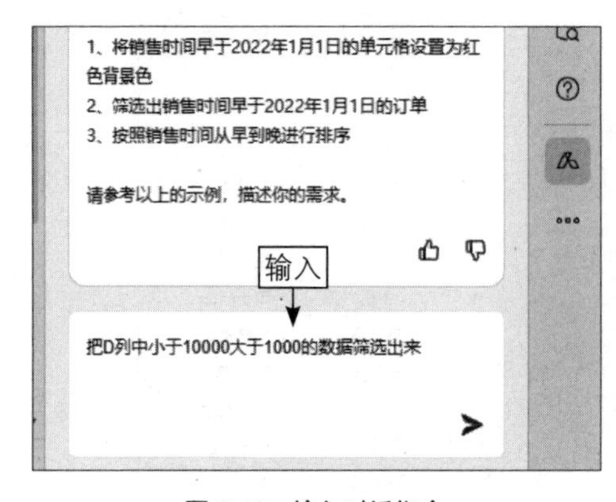

图7-40　输入对话指令

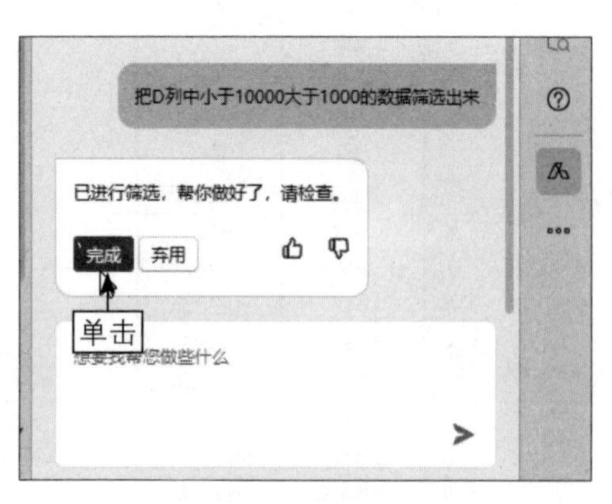

图7-41　单击"完成"按钮

步骤 05 执行操作后，即可将符合条件的数据筛选出来，效果如图 7-42 所示。

	客户	订购商品	销售时间	商品总价	收款方式
2	张先生	商品A, 商品B	10月6日	1250	信用卡
4	李先生	商品E, 商品F	10月9日	1450.75	支票
5	赵女士	商品G, 商品H	10月10日	7800	电子转账
6	陈先生	商品I, 商品J, 商品K	10月11日	3200.5	信用卡
8	刘先生	商品M, 商品N, 商品O	10月17日	9750.25	电子转账

图 7-42　将符合条件的数据筛选出来

7.2.5　通过与 AI 对话分类计算数据

扫码看教学视频

WPS AI 可以在表格中调用数据透视表功能，对表格中的数据进行分类计算，使数据结果一目了然。下面介绍具体的操作方法。

步骤 01 打开一个表格文件，如图 7-43 所示，分别计算每个商品的净利润和利润率。

步骤 02 在表格右上方单击 WPS AI 按钮，唤起 WPS AI，在 WPS AI 对话面板中，选择“对话操作表格”选项，在对话面板的输入框中单击，在弹出的列表中，选择“分类计算”选项，如图 7-44 所示。

商品品名	销售编号	订单编号	成本	总销售额
商品A	10001	12345	500	1200
商品B	10002	12346	300	950
商品C	10003	12347	200	700
商品D	10004	12348	450	1500
商品E	10005	12349	350	800
商品F	10006	12350	600	2000
商品G	10007	12351	750	1800

图 7-43　打开一个表格文件

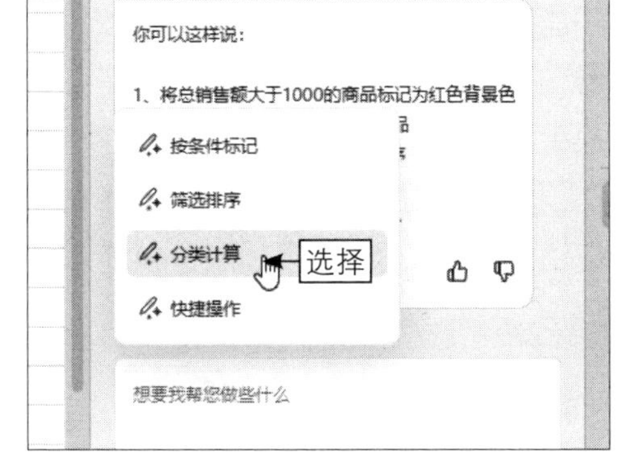

图 7-44　选择“分类计算”选项

步骤 03 进入分类计算模式，在输入框中输入“分别计算每个商品的净利润和利润率”，如图 7-45 所示。

步骤 04 按【Enter】键发送，即可执行指令，在分类计算数据的同时弹出“数据透视表”面板，效果如图 7-46 所示。

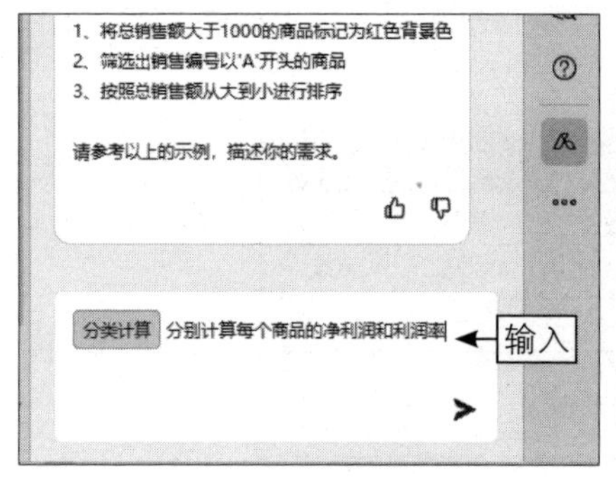

图 7-45　输入对话指令

图 7-46　分类计算数据并弹出“数据透视表”面板

7.2.6　使用快捷工具进行格式校验

扫码看教学视频

在智能表格中为用户提供了“快捷工具”功能，其中，在“格式校验”选项区中可以高亮显示错误手机号或高亮显示错误身份证号，帮助用户进行智能检查，下面以高亮错误手机号为例介绍具体的操作方法。

步骤 01 新建一个智能表格文件，输入表格数据并将数据居中对齐，同时添加边框和填充颜色等，创建效果如图 7-47 所示。

	A	B	C	D
1	序号	部门	员工姓名	手机号码
2	1	销售部	张三	12345678901
3	2	人力资源部	李四	98765432101
4	3	财务部	王五	5555555555
5	4	技术部	赵六	17778889999
6	5	客户服务部	刘七	13331112222
7	6	运营部	陈八	6669993333
8				
9				
10				
11				

图 7-47　智能表格创建效果

步骤 02 选择 D2:D7 单元格，❶ 在功能区中单击“快捷工具”下拉按钮；❷ 在弹出的下拉列表中选择“高亮错误手机号”选项，如图 7-48 所示。

步骤 03 执行操作后，即可高亮标记错误的手机号，效果如图 7-49 所示。

图 7-48　选择“高亮错误手机号”选项

	A	B	C	D
1	序号	部门	员工姓名	手机号码
2	1	销售部	张三	12345678901
3	2	人力资源部	李四	98765432101
4	3	财务部	王五	5555555555
5	4	技术部	赵六	17778889999
6	5	客户服务部	刘七	13331112222
7	6	运营部	陈八	6669993333
8				

图 7-49　高亮标记错误的手机号

7.2.7　使用快捷工具统计重复次数

扫码看教学视频

在智能表格中使用“快捷工具”功能，可以帮助用户快速统计数据重复次数，并将结果生成到新建的工作表中。下面介绍具体的操作方法。

步骤 01 新建一个智能表格文件，输入表格数据并将数据居中对齐，同时添加边框和填充颜色等，创建效果如图 7-50 所示。

步骤 02 选择 B2:B10 单元格，❶ 在功能区中单击“快捷工具”下拉按钮；❷ 在弹出的下拉列表中选择“统计重复次数”选项，如图 7-51 所示。

	A	B	C	D
1	序号	城市		
2	1	北京		
3	2	上海		
4	3	广州		
5	4	北京		
6	5	深圳		
7	6	上海		
8	7	广州		
9	8	北京		
10	9	上海		
11				

图 7-50　智能表格创建效果

图 7-51　选择“统计重复次数”选项

步骤 03 执行操作后，即可创建一个新的工作表，并统计各个城市的重复次数，效果如图 7-52 所示。

	A	B	C
1	重复值	重复次数	
2	北京	3	
3	上海	3	
4	广州	2	
5	深圳	1	

图 7-52　统计各个城市的重复次数

7.2.8　使用快捷工具提取证件信息

扫码看教学视频

在智能表格中使用“快捷工具”功能，可以执行身份证信息提取任务，包括从身份证号码中提取年龄、性别、出生日期及籍贯等。下面以从身份证号码中提取年龄为例介绍具体的操作方法。

步骤 01 新建一个智能表格文件，输入表格数据并将数据居中对齐，同时添加边框和填充颜色等，创建效果如图 7-53 所示。

步骤 02 选择 D2:D7 单元格，在功能区中单击“快捷工具”下拉按钮，在弹出的下拉列表中选择“身份证信息提取”|“年龄”选项，如图 7-54 所示。

工号	部门	姓名	身份证号码
1001	销售部	张三	310102198701012345
1002	人力资源部	李四	410203199002023456
1003	财务部	王五	510304198503034567
1004	技术部	赵六	610405198104056789
1005	客户服务部	刘七	710506197902057890
1006	运营部	陈八	810607197602068901

图 7-53　智能表格创建效果

图 7-54　选择“年龄”选项

步骤 03 执行操作后，即可从身份证号中提取年龄，如图 7-55 所示。

步骤 04 根据需要美化 E 列中的表格格式并添加表头，效果如图 7-56 所示。

姓名	身份证号码	
张三	310102198701012345	36
李四	410203199002023456	33
王五	510304198503034567	38
赵六	610405198104056789	42
刘七	710506197902057890	44
陈八	810607197602068901	47

提取

图 7-55　从身份证号中提取年龄

工号	部门	姓名	身份证号码	年龄
1001	销售部	张三	310102198701012345	36
1002	人力资源部	李四	410203199002023456	33
1003	财务部	王五	510304198503034567	38
1004	技术部	赵六	610405198104056789	42
1005	客户服务部	刘七	710506197902057890	44
1006	运营部	陈八	810607197602068901	47

图 7-56　美化 E 列中的表格格式并添加表头

7.3　使用演示 AI 功能智能办公

WPS 的演示 AI 功能可以帮助用户一键生成内容大纲、生成完整的幻灯片、自动美化排版及生成演讲稿备注等，让人们从 PPT 的制作到演讲都能省时省力。本节将向大家介绍在 WPS 中使用演示 AI 功能智能办公的操作方法。

7.3.1　通过与 AI 对话一键生成幻灯片

在 WPS 演示文稿中，WPS AI 为用户提供了“一键生成”功能，可以帮助用户一键生成兼具内容和美化效果的幻灯片，为用户省时省力。下面介绍具体的操作方法。

步骤 01 新建一个空白的演示文稿，唤起 WPS AI，在 WPS AI 对话面板中，选择“一键生成”选项，如图 7-57 所示。

步骤 02 执行操作后，弹出“请选择你所需的操作项：”对话框，单击“一键生成幻灯片”超链接，如图 7-58 所示。

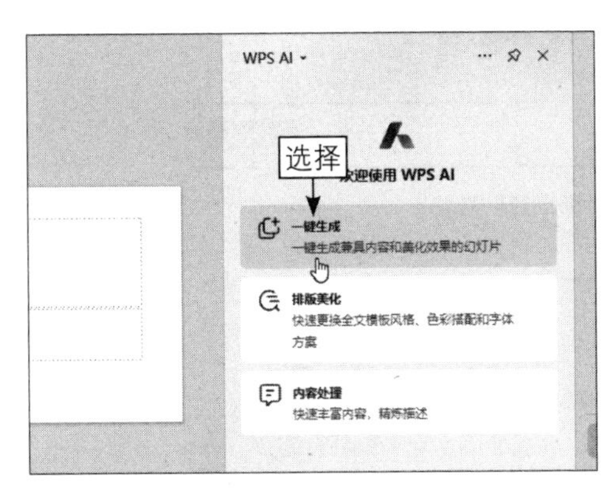

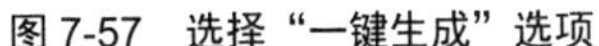
图 7-57　选择“一键生成”选项

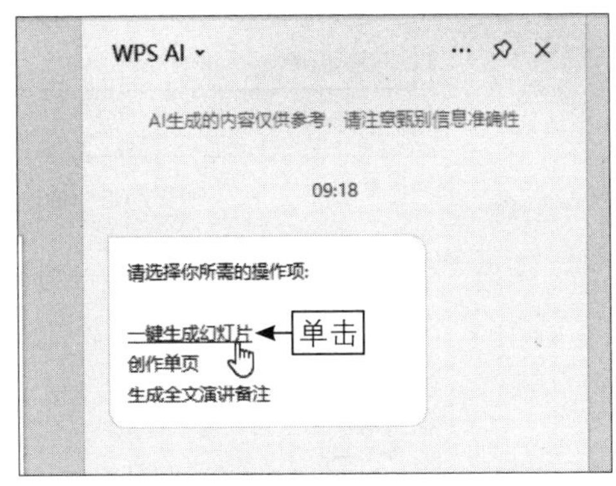

图 7-58　单击“一键生成幻灯片”超链接

步骤 03 执行操作后，弹出 WPS AI 对话输入框，输入主题“传统建筑与园林设计”，如图 7-59 所示，默认设置幻灯片为“短篇幅”并“含正文页内容”。

图 7-59　输入幻灯片主题

步骤 04 单击“智能生成”按钮，稍等片刻，即可生成封面、目录、章节和正文等内容，单击“立即创建”按钮，如图 7-60 所示。

步骤 05 执行操作后，即可生成完整的幻灯片内容，部分效果如图 7-61 所示。

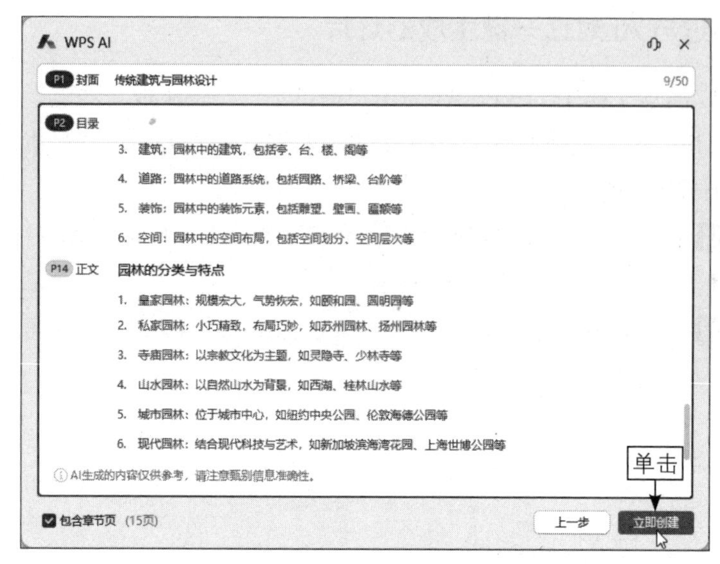

图 7-60　单击“立即创建”按钮

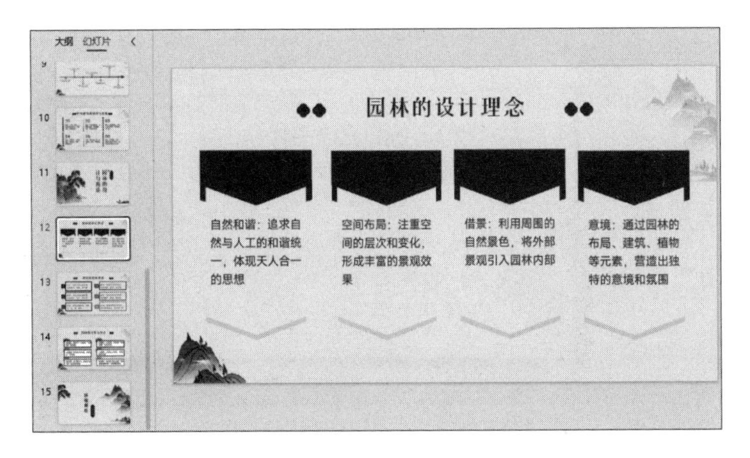

图 7-61　生成完整的幻灯片内容（部分效果）

★ 专 家 提 醒 ★

对于利用 AI 功能智能生成的幻灯片，用户可以根据自己的需要对内容进行修改，对于排版和样式也可以进行适当的美化，使创建的幻灯片更符合自己的预期。

7.3.2　通过与 AI 对话改写正文内容

扫码看教学视频

在 WPS 演示文稿中，WPS AI 为用户提供了“内容处理”功能，可以帮助用户对幻灯片中的正文内容进行改写或扩写，丰富幻灯片中的内容。下面以改写正文为例介绍具体的操作方法。

步骤 01 打开一个演示文稿，如图 7-62 所示。

步骤 02 选择第 2 张幻灯片中的正文文本框，唤起 WPS AI，在 WPS AI 对话面板中，选择“内容处理”选项，如图 7-63 所示。

图 7-62　打开一个演示文稿

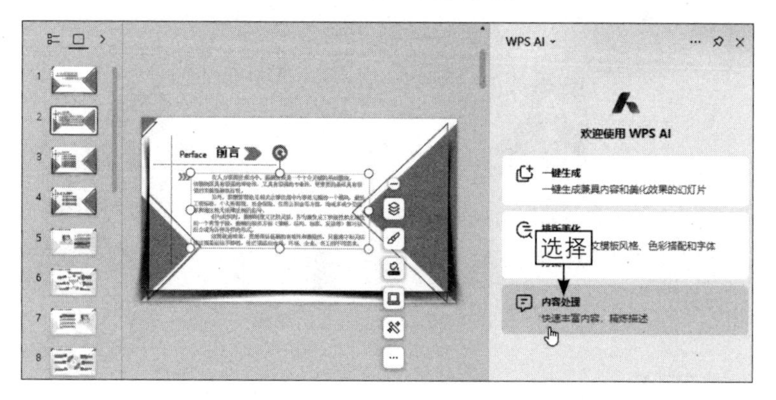

图 7-63　选择“内容处理”选项

步骤 03 执行操作后，弹出“请选择你所需的操作项：”对话框，单击“改写正文”超链接，如图 7-64 所示。

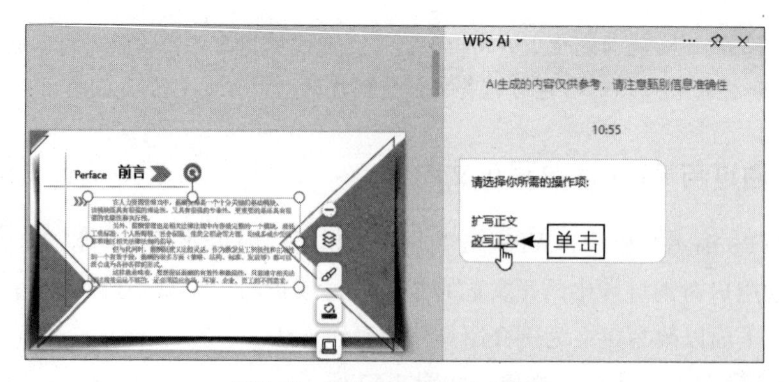

图 7-64　单击“改写正文”超链接

步骤 04 稍等片刻，即可改写正文，单击“应用”按钮，如图 7-65 所示，即可应用 AI 改写的内容。如果用户对改写的内容不满意，可以单击“重试”按钮，重新生成内容，或者单击“弃用”按钮，撤销改写正文操作。

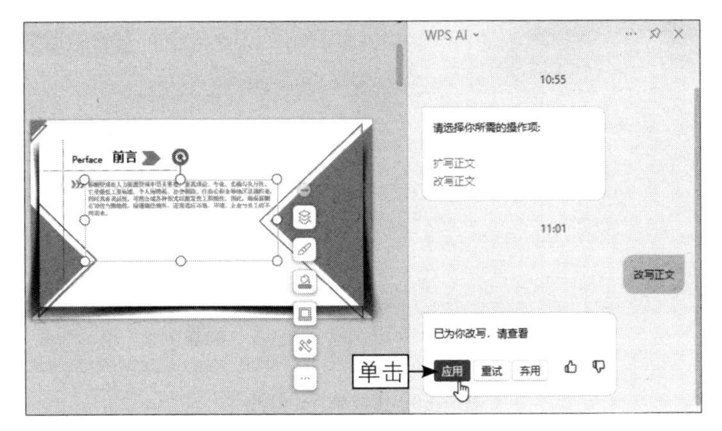

图 7-65　单击“应用”按钮

7.3.3　通过与 AI 对话创作单页幻灯片

扫码看教学视频

在 WPS 演示文稿中，WPS AI 除了可以一键创建完整的幻灯片，还可以进行单页幻灯片的创作。下面介绍具体的操作方法。

步骤 01 新建一个空白的演示文稿，唤起 WPS AI，在 WPS AI 对话面板中，选择“一键生成”选项，如图 7-66 所示。

步骤 02 WPS AI 默认进入创作单页模式，在输入框中输入页面主题“文化遗产保护与修复”，如图 7-67 所示。

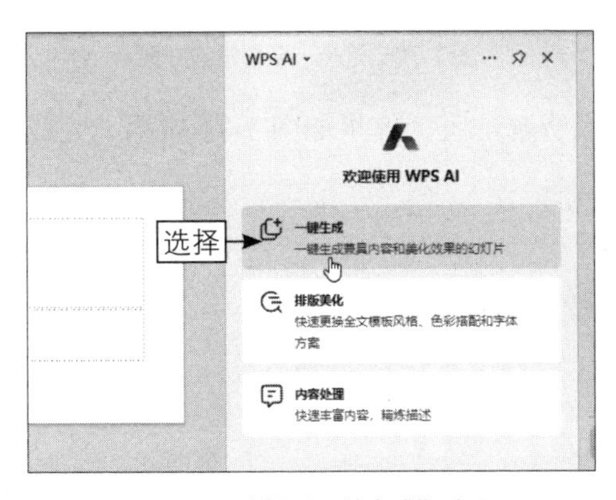

图 7-66　选择“一键生成”选项

图 7-67　输入页面主题

步骤 03 按【Enter】键发送，稍等片刻，即可生成单页幻灯片，如图 7-68 所示。

步骤 04 在“你可在下方选择其他方案”对话框中，单击“换一换”按钮，如图 7-69 所示。

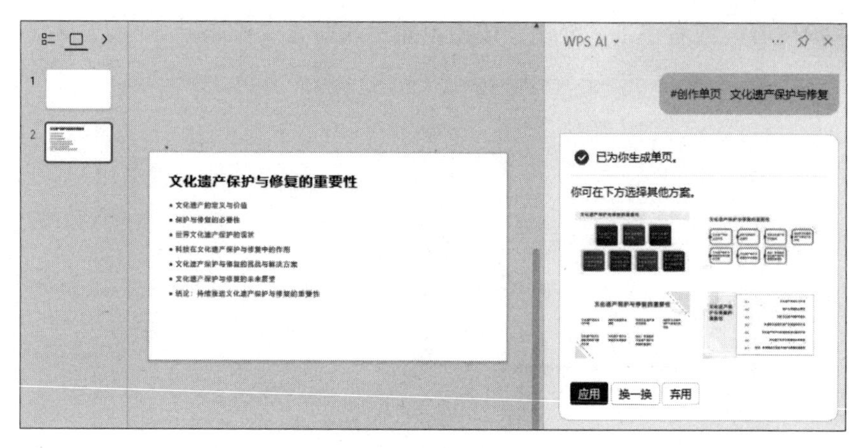

图 7-68 生成单页幻灯片

步骤 05 在对话框中更换更多方案，选择一款合适的方案，如图 7-70 所示。

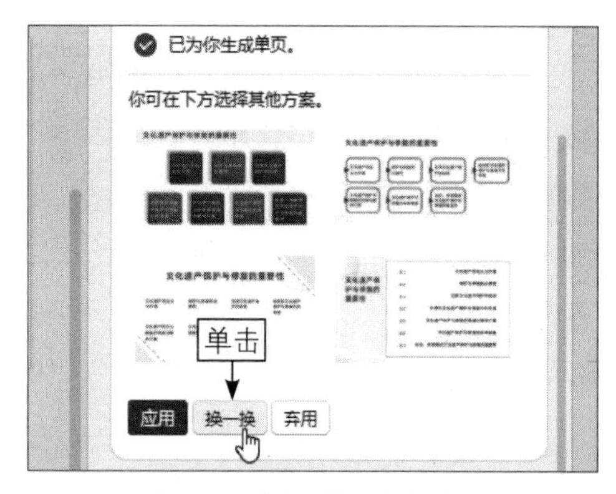

图 7-69 单击“换一换”按钮

图 7-70 选择一款合适的方案

步骤 06 单击“应用”按钮，即可应用所选方案，效果如图 7-71 所示，完成单页幻灯片的创作。

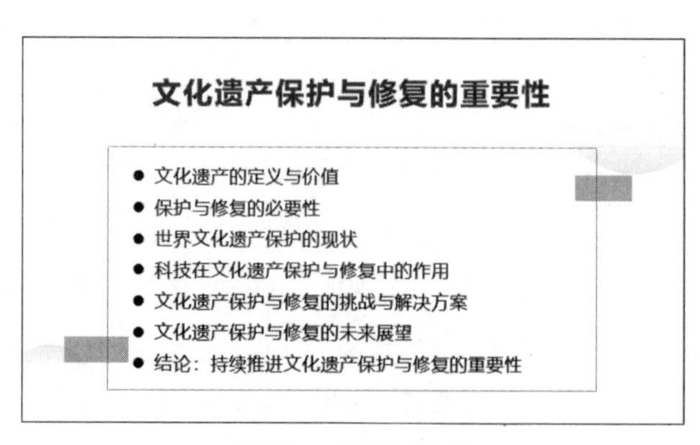

图 7-71 应用所选方案

7.3.4　通过与 AI 对话生成演讲备注

扫码看教学视频

演讲备注通常不会在演示屏幕上显示给观众，而是在演示者模式下或在编辑模式下可见。备注的主要目的是为演讲者提供关于每张幻灯片的额外信息、提示、提醒或详细讲解，以帮助演讲者顺利地进行演讲。

在 WPS 演示文稿中，WPS AI 可以为用户生成幻灯片全文演讲备注，帮助用户控制好演讲进度和时间。下面介绍具体的操作方法。

步骤 01 打开一个演示文稿，如图 7-72 所示。

图 7-72　打开一个演示文稿

步骤 02 唤起 WPS AI，在 WPS AI 对话面板中，选择“一键生成”选项，即可弹出“请选择你所需的操作项：”对话框，在其中单击“生成全文演讲备注”超链接，如图 7-73 所示。

步骤 03 稍等片刻，即可生成演讲备注，单击“应用”按钮，如图 7-74 所示。

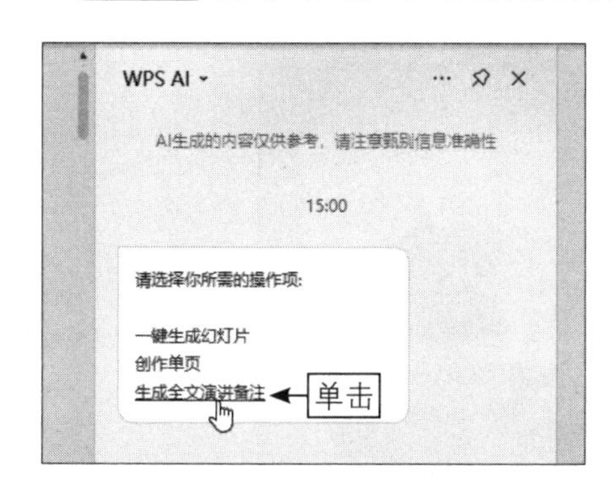

图 7-73　单击“生成全文演讲备注”超链接

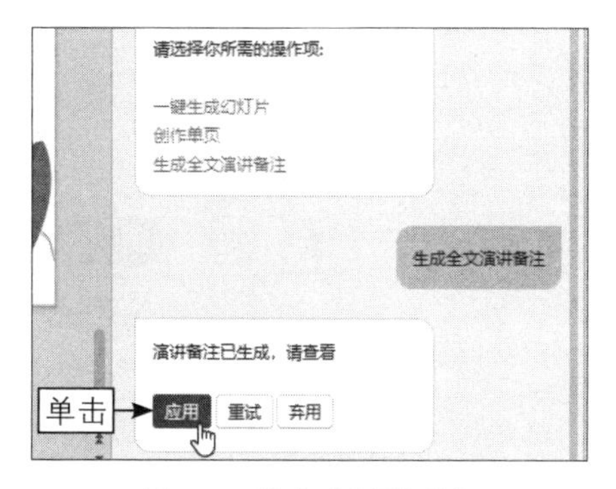

图 7-74　单击“应用”按钮

步骤 04 执行操作后，可以在每一页幻灯片的备注栏中查看生成的演讲备注内容，如图 7-75 所示。

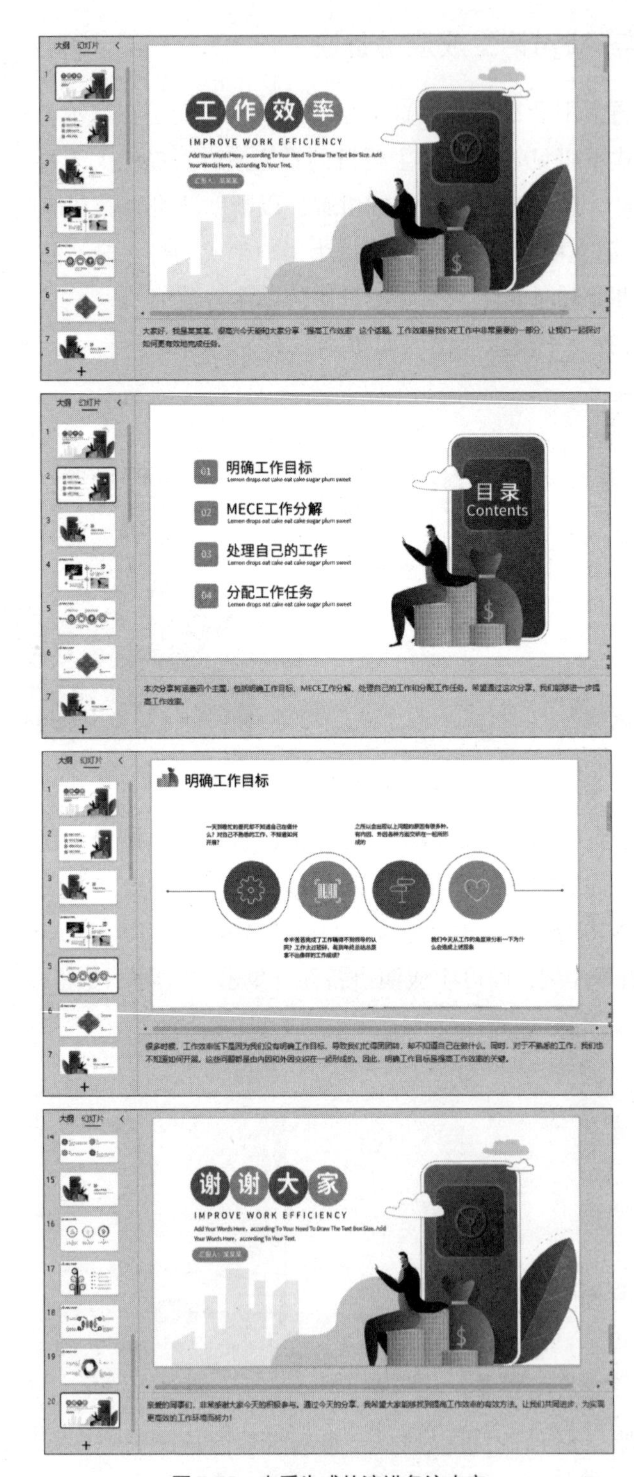

图 7-75　查看生成的演讲备注内容

★ 专家提醒 ★

如果 AI 生成的演讲备注内容有误，用户可以在备注栏中直接编辑，对内容进行修改或将其删除。

7.3.5　通过与 AI 对话更换主题和配色

扫码看教学视频

在 WPS 演示文稿中，WPS AI 为用户提供了“排版美化”功能，可以帮助用户更换主题和配色方案，使整个幻灯片看起来统一且整洁，增强幻灯片的视觉吸引力。下面介绍具体的操作方法。

步骤 01 打开一个演示文稿，如图 7-76 所示。

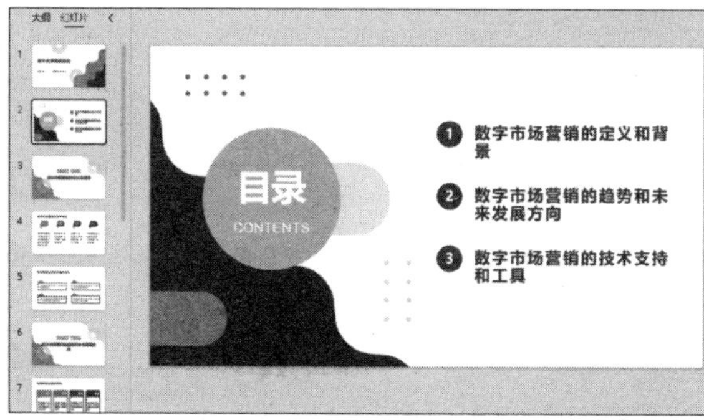

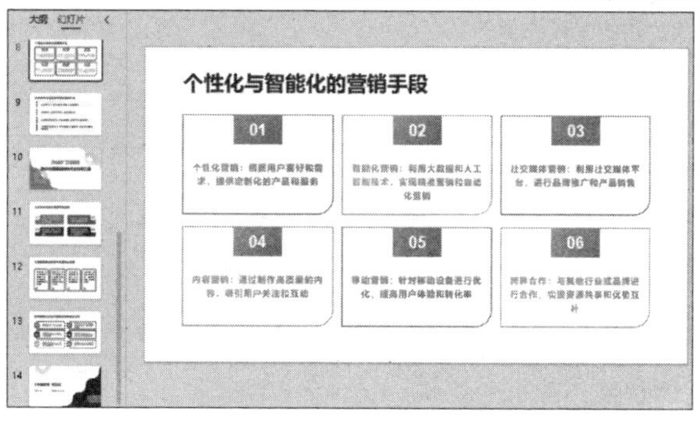

图 7-76　打开一个演示文稿

步骤 02 唤起 WPS AI，在 WPS AI 对话面板中，选择“排版美化”选项，如图 7-77 所示。

步骤 03 默认进入更换主题模式，在输入框中输入“换一个简约风主题”，如图 7-78 所示。

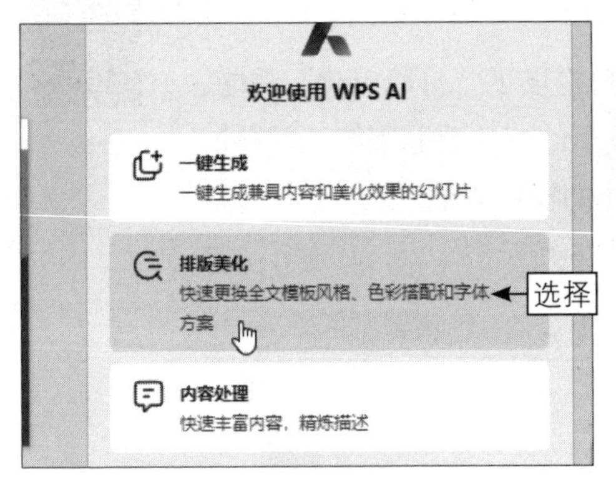

图 7-77　选择“排版美化”选项

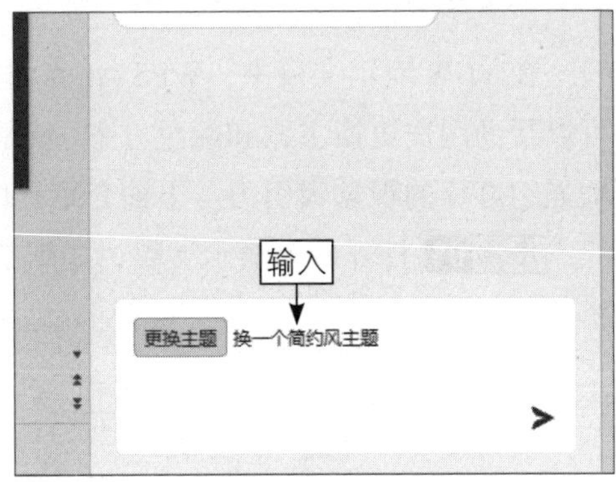

图 7-78　输入更换主题的指令

步骤 04 按【Enter】键发送，即可显示多款主题方案，选择一款合适的主题方案，如图 7-79 所示。

步骤 05 单击“应用”按钮，即可更换幻灯片主题，如图 7-80 所示。

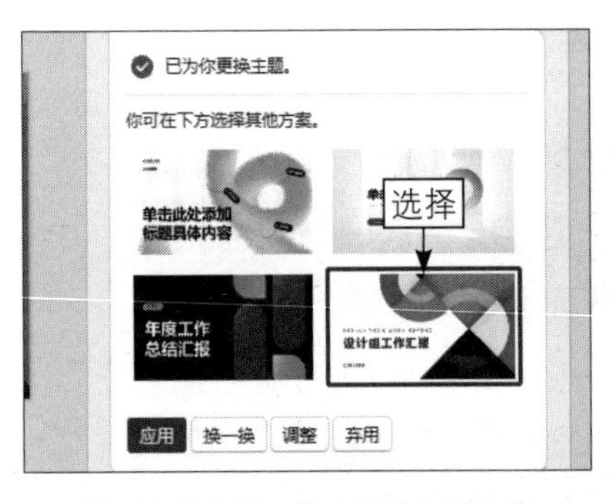

图 7-79　选择一款合适的主题方案

图 7-80　更换幻灯片主题

步骤 06 在 WPS AI 对话面板中，❶ 单击输入框中“更换主题”的按钮；❷ 在弹出的列表中选择“更换配色方案”选项，如图 7-81 所示。

步骤 07 进入更换配色方案模式，在输入框中输入“换一套橙色风格的配色方案”，如图 7-82 所示。

步骤 08 按【Enter】键发送，即可显示多款配色方案，选择一款合适的配色方案，如图 7-83 所示。

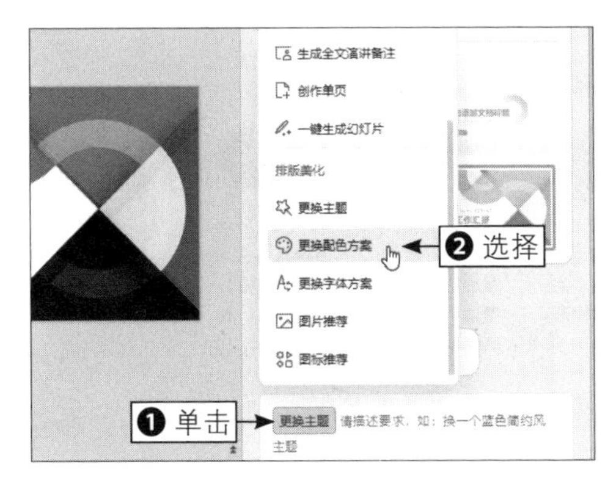

图 7-81　选择“更换配色方案”选项

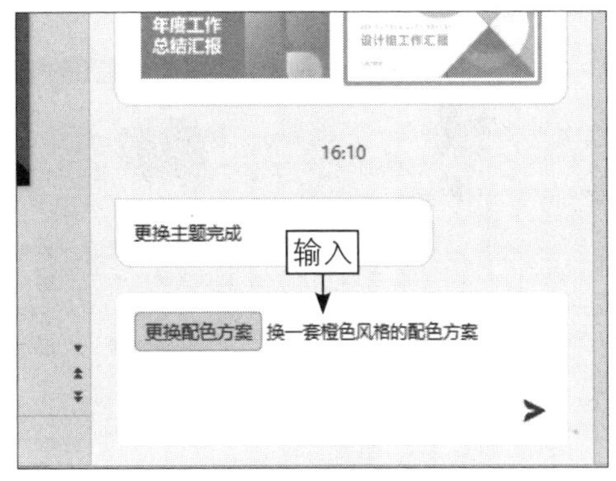

图 7-82　输入更换配色方案指令

步骤 09 单击“应用”按钮，即可更换幻灯片的配色方案，如图 7-84 所示。

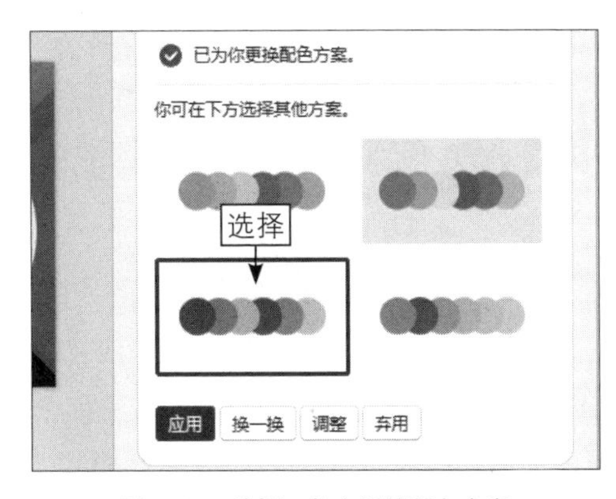

图 7-83　选择一款合适的配色方案

图 7-84　更换幻灯片的配色方案

步骤 10 关闭 WPS AI 对话面板，检查幻灯片中的内容，将多余的文本框删除，查看幻灯片最终效果，部分内容如图 7-85 所示。

图 7-85

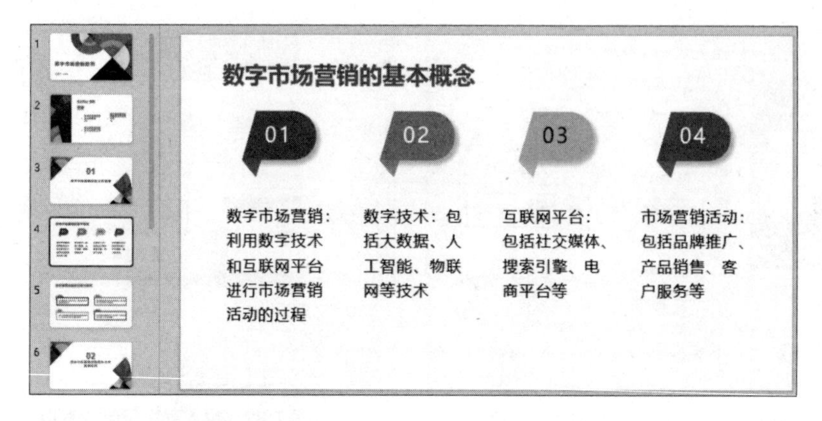

图 7-85　查看幻灯片最终效果（部分内容）

7.4　使用 PDF AI 功能智能办公

WPS 的 PDF AI 功能可以帮助用户执行总结长文信息、追溯原文信息及外文翻译提炼等文章处理任务，帮助用户轻松高效阅读 PDF 论文、报告、手册、合同及书籍等文档。本节将向大家介绍在 WPS 中使用 PDF AI 智能办公的操作方法。

7.4.1　通过与 AI 对话总结长文信息

在 WPS PDF 中，WPS AI 可以为用户总结文章中的核心要点，帮助用户理解文章、分析文章中的核心要点和主题内容，为用户提供便捷的阅读体验。下面介绍具体的操作方法。

扫码看教学视频

步骤 01 打开一篇 PDF 文章，部分内容如图 7-86 所示。

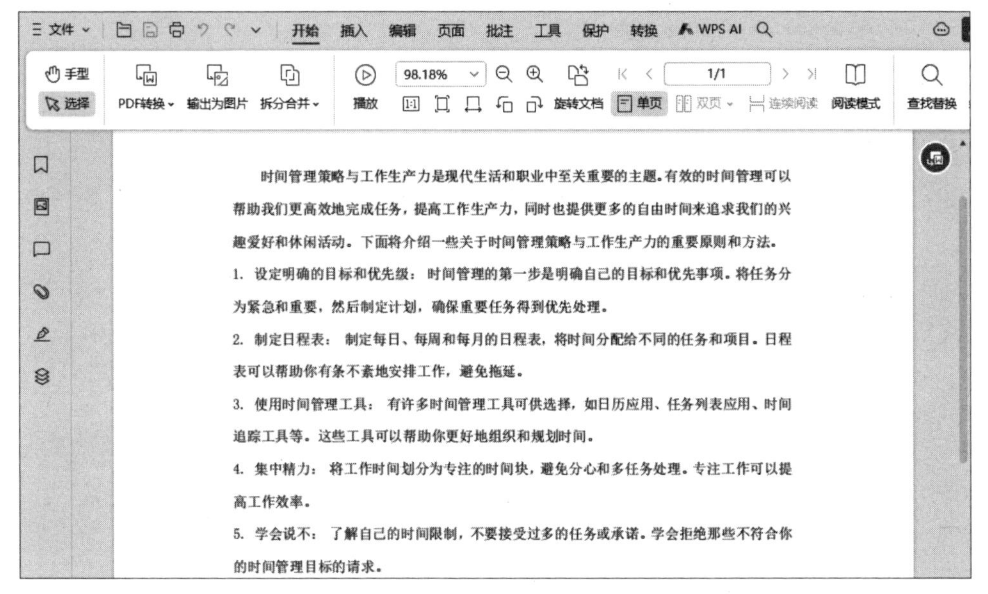

图 7-86　打开一篇 PDF 文章（部分内容）

步骤 02 唤起 WPS AI，在 WPS AI 对话面板中，选择“内容提问”选项，如图 7-87 所示。

步骤 03 在弹出的对话框中，选择“文章总结：对整篇文章内容进行总结”选项，如图 7-88 所示。

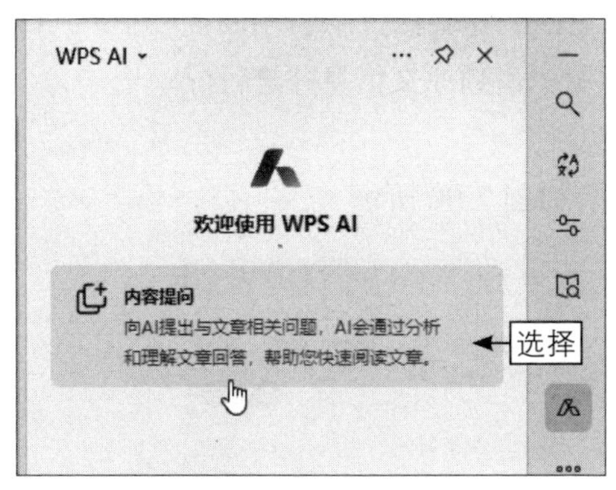

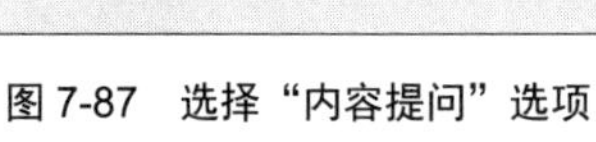
图 7-87　选择“内容提问”选项

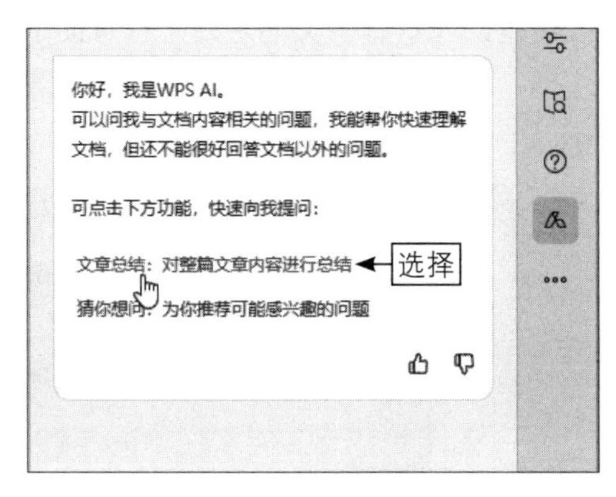

图 7-88　选择相应的选项

步骤 04 执行操作后，即可进行文章总结，效果如图 7-89 所示。用户可以单击“复制”按钮，将总结的内容复制并保存到 Word 文档或记事本等文件中。

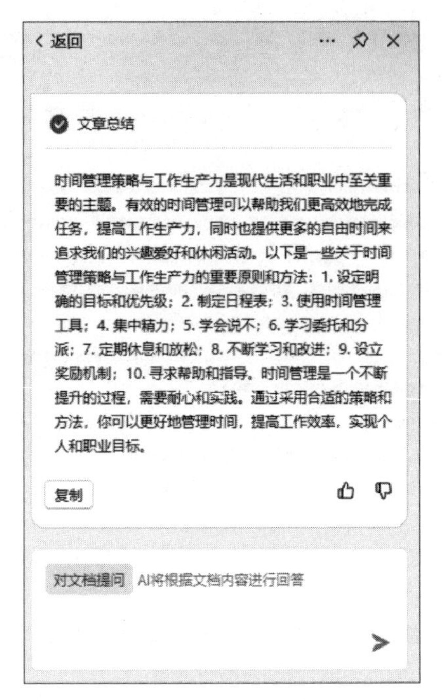

图 7-89　文章总结效果

7.4.2　通过与 AI 对话追溯原文信息

扫码看教学视频

追溯原文信息是指在 PDF 文档中找到引用的原始文本或句子，以便验证或查看引文的来源，这有助于避免抄袭和确保文献引用的合法性。在 WPS PDF 中，WPS AI 可以帮助用户追溯原文信息并进行分析。下面介绍具体的操作方法。

步骤 01 打开一篇 PDF 文章，部分内容如图 7-90 所示。

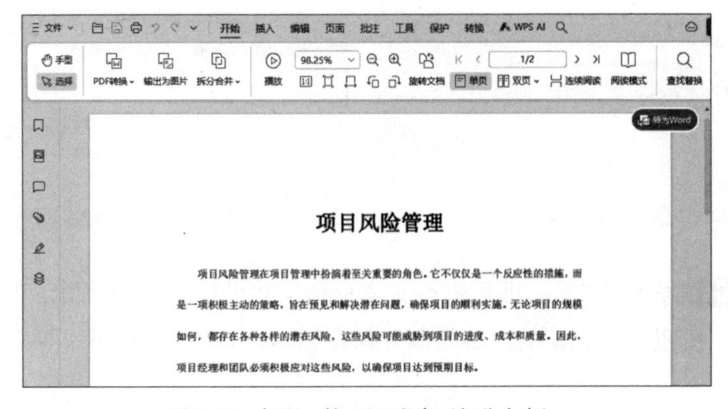

图 7-90　打开一篇 PDF 文章（部分内容）

步骤 02 唤起 WPS AI，在 WPS AI 对话面板中，选择“内容提问”选项，在显示出来的对话输入框中，输入提问内容或指令“追溯原文，检索应对风险的策略”，如图 7-91 所示。

步骤 03 按【Enter】键发送，即可开始检索并总结分析内容，同时提供了原文所在页数，效果如图 7-92 所示。

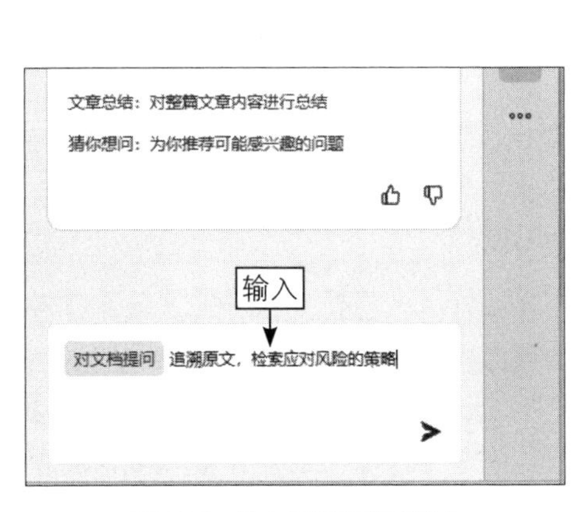

图 7-91　输入提问内容或指令

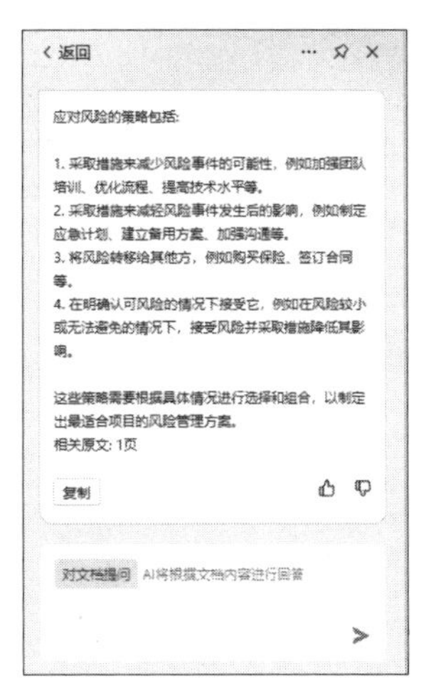

图 7-92　检索并总结分析内容

7.4.3　通过与 AI 对话进行兴趣提问

扫码看教学视频

在 WPS PDF 中，WPS AI 为用户提供了“猜你想问”功能，它可以为用户推荐可能感兴趣的问题，以便用户可以精准提问，同时让 AI 也可以精准回复问题。下面介绍具体的操作方法。

步骤 01 打开一篇 PDF 文章，部分内容如图 7-93 所示。

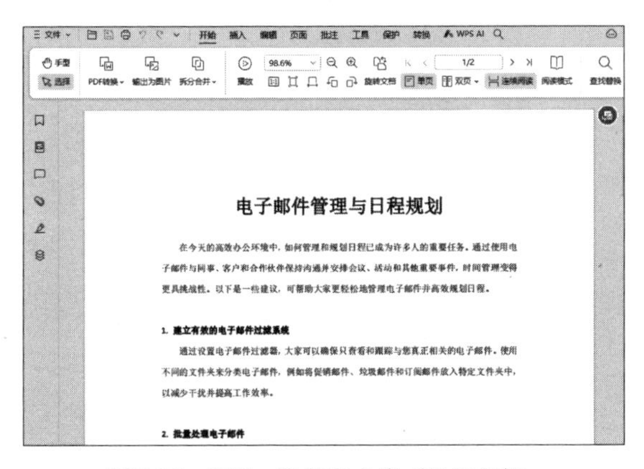

图 7-93　打开一篇 PDF 文章（部分内容）

步骤 02 唤起 WPS AI，在 WPS AI 对话面板中，选择“内容提问”选项，弹出相应的对话框，选择“猜你想问：为你推荐可能感兴趣的问题”选项，如图 7-94 所示。

步骤 03 执行操作后，即可为用户推荐多个与文章相关的问题，这里选择一个感兴趣的问题即可，如图 7-95 所示。如果没有感兴趣的问题，可以单击“换一批”按钮，更换其他感兴趣的问题。

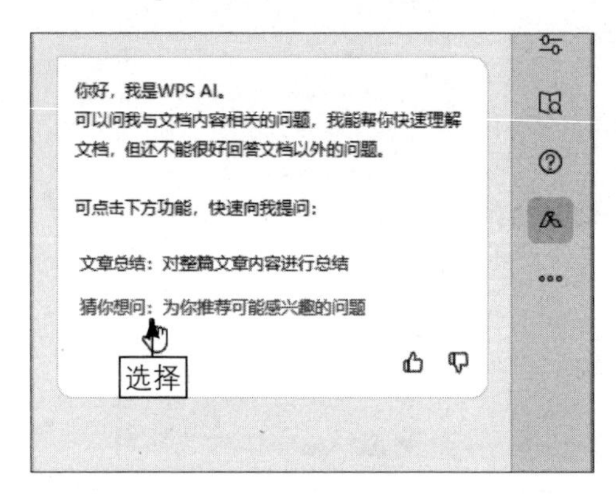

图 7-94 选择相应的选项

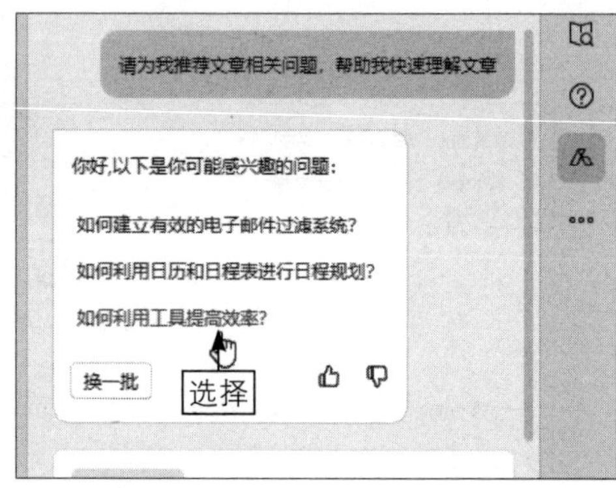

图 7-95 选择一个感兴趣的问题

步骤 04 稍等片刻，AI 即可根据问题进行回答，并提供原文所在页数，效果如图 7-96 所示。

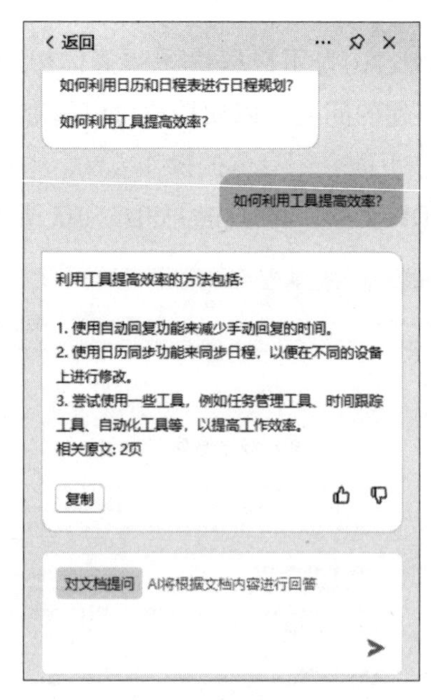

图 7-96 AI 根据问题进行回答

7.4.4　通过与 AI 对话分析关键词

扫码看教学视频

在 WPS PDF 中，WPS AI 可以帮助用户分析文章中的关键词信息，用户可以直接用关键词提问，或者在文章中选择关键词信息再进行提问，WPS AI 都可以进行检索并分析。下面介绍具体的操作方法。

步骤 01 打开一篇 PDF 文章，部分内容如图 7-97 所示。

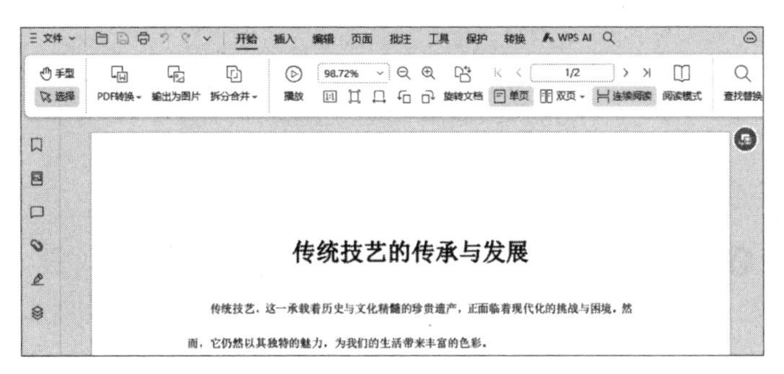

图 7-97　打开一篇 PDF 文章（部分内容）

步骤 02 唤起 WPS AI，在 WPS AI 对话面板中，选择“内容提问”选项，在显示的输入框中输入提问内容或指令“分析关键词：保留传统技艺的核心价值与精髓”，如图 7-98 所示。

步骤 03 按【Enter】键发送，即可根据文档内容分析关键词，如图 7-99 所示。

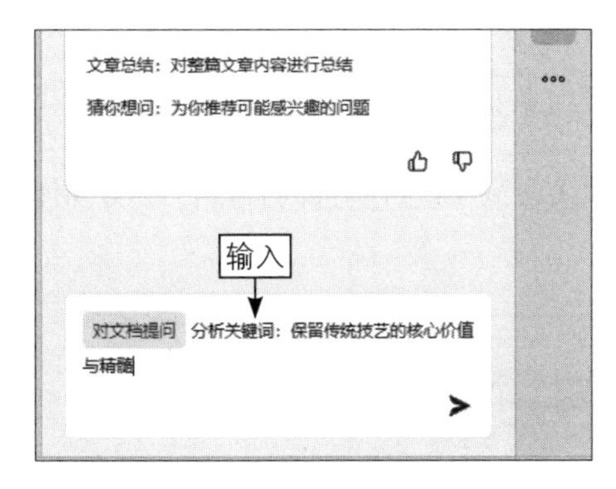

图 7-98　输入提问内容或指令

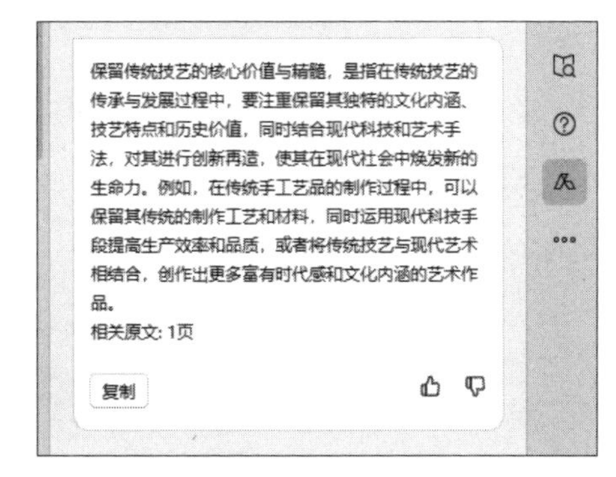

图 7-99　分析关键词

7.4.5　使用 WPS AI 进行在线翻译

扫码看教学视频

在 WPS PDF 中，WPS AI 为用户提供了中英文互译功能，还可以将翻译出来的内容生成文章批注，以便查看。下面介绍具体的操作方法。

步骤 01 打开一篇 PDF 文章，部分内容如图 7-100 所示。

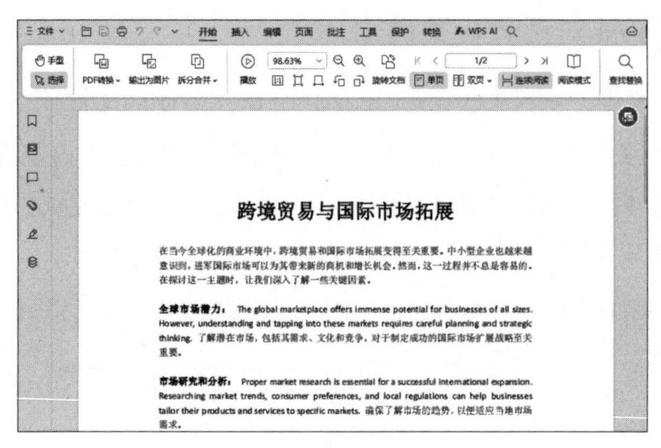

图 7-100　打开一篇 PDF 文章（部分内容）

步骤 02 ❶ 选择需要翻译的英文内容；❷ 在弹出的面板中单击 WPS AI 下拉按钮；❸ 在弹出的下拉列表中选择“翻译”|“中文”选项，如图 7-101 所示。

图 7-101　选择“中文”选项

步骤 03 弹出 WPS AI 面板，在“翻译”选项卡中，对所选内容进行中文翻译，如图 7-102 所示。

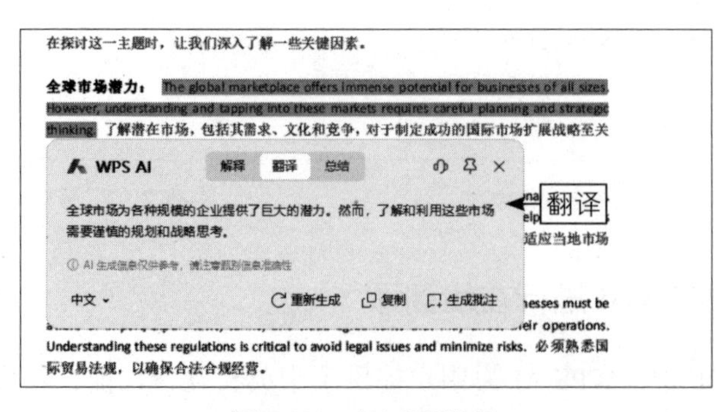

图 7-102　中文翻译效果

步骤 04 单击“生成批注”按钮，如图 7-103 所示。

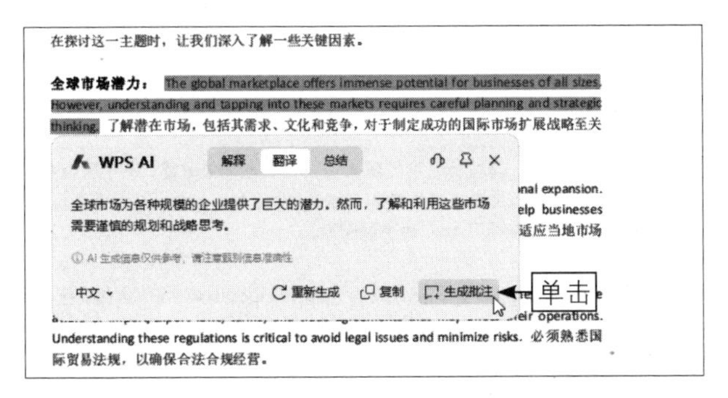

图 7-103　单击“生成批注”按钮

★ 专 家 提 醒 ★

在 WPS AI 面板中，单击“重新生成”按钮，可以重新翻译内容；单击面板左下角的“中文”下拉按钮，可以切换翻译模式；切换至“解释”选项卡中，可以查看 AI 生成的内容解释说明；切换至“总结”选项卡，可以查看 AI 生成的总结与分析。

步骤 05 执行操作后，即可在所选内容旁边生成批注，如图 7-104 所示。

图 7-104　生成批注

步骤 06 单击“关闭注释框”按钮×，此时标注过的内容将被添加黄色底纹，将鼠标指针移至标注内容的任意位置，文档中会显示标注内容，如图 7-105 所示。

图 7-105　显示标注内容

步骤 07 用与上面相同的方法，翻译文中其他英文内容并生成标注，效果如图 7-106 所示。

在当今全球化的商业环境中，跨境贸易和国际市场拓展变得至关重要。中小型企业也越来越意识到，进军国际市场可以为其带来新的商机和增长机会。然而，这一过程并不总是容易的。在探讨这一主题时，让我们深入了解一些关键因素。

全球市场潜力： The global marketplace offers immense potential for businesses of all sizes. However, understanding and tapping into these markets requires careful planning and strategic thinking. 了解潜在市场，包括其需求、文化和竞争，对于制定成功的国际市场扩展战略至关重要。

市场研究和分析： Proper market research is essential for a successful international expansion. Researching market trends, consumer preferences, and local regulations can help businesses tailor their products and services to specific markets. 确保了解市场的趋势，以便适应当地市场需求。

国际贸易法规： Navigating international trade regulations is a complex task. Businesses must be aware of import/export laws, tariffs, and trade agreements that may affect their operations. Understanding these regulations is critical to avoid legal issues and minimize risks. 必须熟悉国际贸易法规，以确保合法合规经营。

文化敏感性： Cultural sensitivity is crucial in international business. Understanding and respecting cultural differences can help build strong relationships with local partners and customers. 尊重文化差异可以建立强有力的业务关系。

语言障碍： Language barriers can pose challenges in international trade. Effective communication is essential. Many businesses hire translators or language experts to bridge this gap. 语言障碍可以通过雇佣翻译或语言专家来解决。

物流和供应链管理： Efficient logistics and supply chain management are key to delivering products and services to international customers. This involves finding reliable shipping partners, optimizing distribution, and managing inventory effectively. 物流和供应链管理对于交付国际客户的产品和服务至关重要。

风险管理： International expansion can be risky. Businesses must assess and manage risks related to currency fluctuations, political instability, and economic challenges in target markets. 了解并管理风险是国际拓展的关键。

数字市场和在线销售： The digital landscape has opened up new opportunities for businesses to enter international markets. E-commerce and online marketing have become essential tools for reaching a global audience. 数字市场和在线销售已成为进入国际市场的重要工具。

战略合作伙伴关系： Building strategic partnerships with local businesses or distributors can be a smart approach to entering international markets. Collaborations can provide valuable insights and local support. 与当地企业或分销商建立战略合作伙伴关系是进军国际市场的明智之举。

In conclusion, international expansion is a journey that requires careful planning, cultural understanding, and adaptability. While challenges exist, the rewards of entering global markets can be significant. Businesses that navigate the complexities of cross-border trade effectively can find new growth opportunities and thrive in the international arena.

图 7-106 翻译文中其他英文内容并生成标注

※ 本章小结

本章主要向读者介绍了 WPS AI 在线创作的相关基础知识，首先介绍了使用文字 AI 功能智能办公的操作方法，包括使用 AI 模板写工作日报、通过与 AI 对话写文章大纲和请假条等内容；其次介绍了使用表格 AI 功能智能办公的操作方法，包括通过与 AI 对话编写公式、进行条件标记、智能分类数据及智能筛选数据等内容；然后介绍了使用演示 AI 功能智能办公的操作方法，包括通过与 AI 对话一键生成幻灯片、改写正文内容、创作单页幻灯片以及生成演讲备注等内容；最后介绍了使用 PDF AI 功能智能办公的操作方法，包括通过与 AI 对话总结长文信息、追溯原文信息、进行兴趣提问及分析关键词等内容。通过对本章的学习，读者可以掌握使用 WPS AI 进行在线创作、智能办公的基础操作。

※ 课后习题

鉴于本章知识的重要性，为了帮助读者更好地掌握所学知识，本节将通过课后习题，帮助读者进行简单的知识回顾和补充。

1. 使用 WPS AI 生成洗发水广告文案，效果如图 7-107 所示。

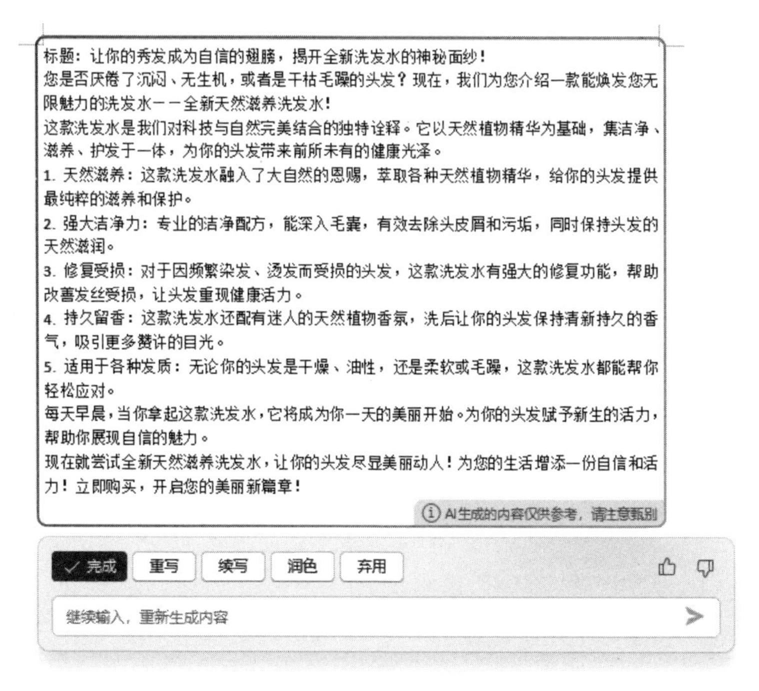

图 7-107　使用 WPS AI 生成洗发水广告文案

2. 使用 WPS AI 一键生成主题为"创业融资与风险管理"的 PPT，效果如图 7-108 所示。

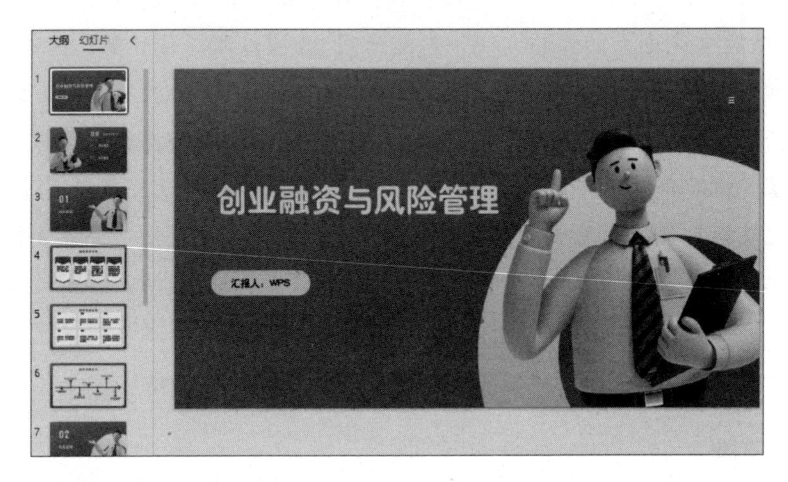

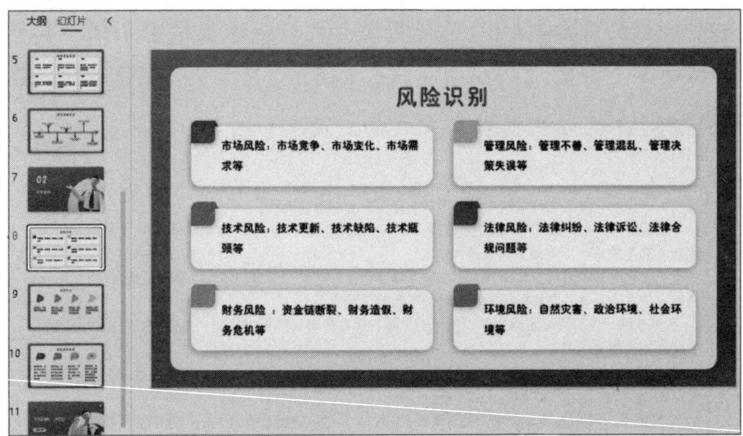

图 7-108　一键生成"创业融资与风险管理"PPT